住房和城乡建设部"十四五"规划教材
职业教育任务引领型系列教材

钢筋混凝土结构
平法钢筋工程量计算

张 彦 胡敬惠 主 编
韩明明 杨 朝 副主编
董学军 李英芳 主 审

U0286418

中国建筑工业出版社

图书在版编目（CIP）数据

钢筋混凝土结构平法钢筋工程量计算／张彦，胡敬惠主编；韩明明，杨朝副主编. — 北京：中国建筑工业出版社，2022.4

住房和城乡建设部"十四五"规划教材 职业教育任务引领型系列教材

ISBN 978-7-112-27291-4

Ⅰ. ①钢… Ⅱ. ①张… ②胡… ③韩… ④杨… Ⅲ. ①钢筋混凝土结构－结构计算－高等职业教育－教材 Ⅳ. ①TU375.01

中国版本图书馆 CIP 数据核字（2022）第 060728 号

本书理论与实际相结合，布局合理，内容简明适用、与时俱进；以岗位工作任务为依据，以实际施工图纸为载体，与现行最新结构规范相结合；突出针对性、职业性、实用性。每一项任务都由实际工作中的典型工作任务引出，内容的编排包括了钢筋混凝土结构的基础、柱、墙、梁、板、楼梯等，力求"以案例覆盖实际工作任务，以模块化构建教学布局"。

本书可供职业院校、成人高校、继续教育学院土建施工类和工程管理类教学用书，也可作为学生和相关专业从业人员的自学指导用书。

为更好地支持相应课程的教学，我们向采用本书作为教材的教师提供教学课件，有需要者可与出版社联系，邮箱：jckj@cabp.com.cn，电话：（010）58337285，建工书院 http://edu.cabplink.com。

责任编辑：张　晶　牟琳琳

责任校对：姜小莲

住房和城乡建设部"十四五"规划教材
职业教育任务引领型系列教材

钢筋混凝土结构平法钢筋工程量计算

张　彦　胡敬惠　主　编
韩明明　杨　朝　副主编
董学军　李英芳　主　审

*

中国建筑工业出版社出版、发行（北京海淀三里河路9号）
各地新华书店、建筑书店经销
北京红光制版公司制版
廊坊市海涛印刷有限公司印刷

*

开本：787毫米×1092毫米　1/16　印张：15½　字数：373千字
2022年8月第一版　　2022年8月第一次印刷
定价：**42.00**元（赠教师课件）
ISBN 978-7-112-27291-4
（38906）

出　版　说　明

党和国家高度重视教材建设。2016年，中办国办印发了《关于加强和改进新形势下大中小学教材建设的意见》，提出要健全国家教材制度。2019年12月，教育部牵头制定了《普通高等学校教材管理办法》和《职业院校教材管理办法》，旨在全面加强党的领导，切实提高教材建设的科学化水平，打造精品教材。住房和城乡建设部历来重视土建类学科专业教材建设，从"九五"开始组织部级规划教材立项工作，经过近30年的不断建设，规划教材提升了住房和城乡建设行业教材质量和认可度，出版了一系列精品教材，有效促进了行业部门引导专业教育，推动了行业高质量发展。

为进一步加强高等教育、职业教育住房和城乡建设领域学科专业教材建设工作，提高住房和城乡建设行业人才培养质量，2020年12月，住房和城乡建设部办公厅印发《关于申报高等教育职业教育住房和城乡建设领域学科专业"十四五"规划教材的通知》（建办人函〔2020〕656号），开展了住房和城乡建设部"十四五"规划教材选题的申报工作。经过专家评审和部人事司审核，512项选题列入住房和城乡建设领域学科专业"十四五"规划教材（简称规划教材）。2021年9月，住房和城乡建设部印发了《高等教育职业教育住房和城乡建设领域学科专业"十四五"规划教材选题的通知》（建人函〔2021〕36号）。为做好"十四五"规划教材的编写、审核、出版等工作，《通知》要求：（1）规划教材的编著者应依据《住房和城乡建设领域学科专业"十四五"规划教材申请书》（简称《申请书》）中的立项目标、申报依据、工作安排及进度，按时编写出高质量的教材；（2）规划教材编著者所在单位应履行《申请书》中的学校保证计划实施的主要条件，支持编著者按计划完成书稿编写工作；（3）高等学校土建类专业课程教材与教学资源专家委员会、全国住房和城乡建设职业教育教学指导委员会、住房和城乡建设部中等职业教育专业指导委员会应做好规划教材的指导、协调和审稿等工作，保证编写质量；（4）规划教材出版单位应积极配合，做好编辑、出版、发行等工作；（5）规划教材封面和书脊应标注"住房和城乡建设部'十四五'规划教材"字样和统一标识；（6）规划教材应在"十四五"期间完成出版，逾期不能完成的，不再作为《住房和城乡建设领域学科专业"十四五"规划教材》。

住房和城乡建设领域学科专业"十四五"规划教材的特点，一是重点以修订教育部、住房和城乡建设部"十二五""十三五"规划教材为主；二是严格按照专业标准规范要求编写，体现新发展理念；三是系列教材具有明显特点，满足不同层次和类型的学校专业教学要求；四是配备了数字资源，适应现代化教学的要求。规划教材的出版凝聚了作者、主审及编辑的心血，得到了有关院校、出版单位的大力支持，教材建设管理过程有严格保障。希望广大院校及各专业师生在选用、使用过程中，对规划教材的编写、出版质量进行反馈，以促进规划教材建设质量不断提高。

住房和城乡建设部"十四五"规划教材办公室

2021 年 11 月

前　　言

　　钢筋混凝土结构平法钢筋工程量计算是学生未来从事建筑相关专业如建筑工程造价、建筑工程施工、建筑工程监理等工作所必须具备的核心技能。

　　本书采用模块法教学，教材编写以实用为原则，生动形象，易于理解，并侧重对解决实际问题能力的培养。书中的钢筋工程量计算规则以图集22G101为基准，结合其他最新的现行相关国家规范、标准和图集，充分实现与实际工作的对接。

　　本书主要的特点如下：

　　1. 与22G101系列平法图集对接，是对22G101系列平法图集的解读与应用，引导帮助学习者深入理解图集。

　　2. 本书以"每根钢筋"为计算单元，先列出构件种类，再讨论每一种构件种类下，各种钢筋在不同情况下的计算方法。以此来协助学习者建构自我内化的学习体系，"授之以鱼，不如授之以渔"，建立良好的学习思路，触类旁通，举一反三。

　　3. 本书在阐述过程中列出计算依据，明确方法的来源与出处，引导学习者建立图集、相关国家规范、标准与实际钢筋计算之间的联系。

　　4. 钢筋讲解过程中配以案例，任务导向，情景教学，引导学习者完成从识图、学规则、再到算量的全过程，以学习者为主体，着重培养学习者综合职业能力，顺利完成学习与实际工作之间的过渡。

　　5. "每根钢筋"讲解过程配以微课讲解，促进学习者自主学习，提供学习者自主学习的环境，是传统课堂学习的一种重要补充和拓展。

　　本书由河北城乡建设学校高级讲师、高级工程师张彦、讲师胡敬惠任主编，讲师韩明明、讲师杨朝任副主编。其中张彦编写了任务3、4、5、6，胡敬惠编写了任务2中2.1、2.2和任务8，并承担整书整理、图片绘制工作，韩明明编写了任务2中2.3、2.4、2.5和任务8，杨朝编写了任务7，王绍强编写了任务1。肖博文、段永福两位老师也参与了本书的编写工作。河北城乡建设学校正高级讲师董学军和河北芳信工程造价咨询有限公司正高级工程师李英芳为主审，对本书进行了整体策划，审阅了全书；并提出许多宝贵意见。

　　由于编者水平有限，虽几易其稿，书中难免有疏漏和不足之处，敬请读者提出宝贵意见并予以指正。

目录
CONTENTS

钢筋 混凝土 结构 平法 钢筋 工程量 计算

GANGJIN HUNNINGTU JIEGOU PINGFA GANGJIN GONGCHENGLIANG JISUAN

任务 1

钢筋工程通用知识

【目标描述】

通过本任务的学习，学生能够：

（1）熟悉钢筋混凝土结构的结构形式、分类。

（2）了解平法图集、钢筋的类型、混凝土保护层厚度。

（3）熟悉钢筋的锚固、连接和相关构造知识。

（4）熟悉钢筋算量的基本知识。

1.1 通用知识部分

钢筋混凝土结构形式

1.1.1 钢筋混凝土结构形式

钢筋混凝土结构是指用配有钢筋增强的混凝土制成的结构。承重的主要构件是用钢筋混凝土建造的。钢筋承受拉力，混凝土承受压力。钢筋混凝土结构具有坚固、耐久、防火性能好、比钢结构节省钢材和成本低等优点。

钢筋混凝土结构形式多样，下边按照承重类型以框架结构、剪力墙结构、框架-剪力墙结构和筒体结构做简单介绍。

1. 框架结构

框架结构是由梁和柱为主要构件组成的承受水平和竖向作用荷载的结构，框架结构的房屋墙体不承重，仅起到围护和分隔作用，如图 1-1 所示。框架结构的主要优点是空间分隔灵活、自重轻、节省材料，可以较灵活地配合建筑平面布置，利于安排需要较大空间的建筑结构。混凝土框架结构广泛用于住宅、学校、办公楼、剧场、商场等建筑中。

2. 剪力墙结构

剪力墙结构是用钢筋混凝土墙板来代替框架结构中的梁柱，能承担各类荷载

1

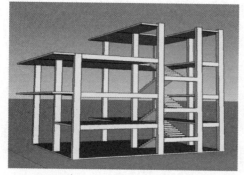

图 1-1　框架结构

引起的内力，并能有效控制结构的水平力，这种用钢筋混凝土墙板来承受竖向和水平力的结构称为剪力墙结构，如图 1-2 所示。这种结构在高层房屋中被大量运用，它的刚度大，整体性能好，有较好的抗震性能，但是结构自重较大，开间小。

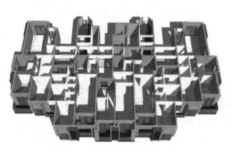

图 1-2　剪力墙结构

3. 框架-剪力墙结构

框架-剪力墙结构也称框剪结构，这种结构是在框架结构中布置一定数量的剪力墙，构成灵活自由的使用空间，满足不同建筑功能的要求，同时又有足够的剪力墙，具有一定的刚度和抗震能力，广泛应用于高层住宅和办公楼等建筑，如图 1-3 所示。

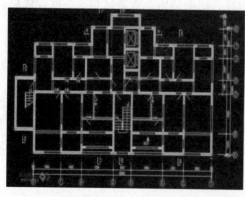

图 1-3　框架-剪力墙结构

4. 筒体结构

筒体结构是由一个或几个密柱形筒体或者剪力墙作为承重结构的建筑。其特点是剪力墙集中而获得较大的自由分割空间，多用于高层、超高层建筑，如图 1-4 所示。

图 1-4　筒体结构
(a) 内筒体系；(b) 框筒体系；(c) 筒中筒体系；(d) 成束筒体系

1.1.2　平法和图集

1. 平法的概念

平法的表达形式，概括来讲，是把结构构件的尺寸和配筋等，按照平面整体表示方法制图规则，整体直接表达在各类构件的结构平面布置图上，再与标准构造详图相配合，即构成一套新型、完整的结构设计。

平法和图集

2. 平法图集

（1）平法发展历程（表 1-1）

平法发展历程　　　　　　　　　　　　　　　　　　　　　　　表 1-1

1995 年 7 月	通过建设部科技成果
1996 年 6 月	列为建设部 1996 年科技成果重点推广项目

续表

1996 年 9 月	96G101 在全国出版发行
1999 年 9 月	96G101 获全国第四届优秀工程建设标准设计金奖
2000 年 7 月	修订为 00G101
2003 年 1 月	根据新规范修订为 03G101-1
2003 年 7 月	03G101-2 全国出版发行
2004 年 2 月	04G101-3 全国出版发行
2004 年 11 月	04G101-4 全国出版发行
2006 年 9 月	06G101-6 经建设部批准向全国发行
2008 年 9 月	08G101-5 向全国出版发行
2011 年 9 月	11G101-1、11G101-2、11G101-3 全国出版发行
2016 年 9 月	16G101-1、16G101-2、16G101-3 全国出版发行
2022 年 5 月	22G101-1、22G101-2、22G101-3 全国出版发行

（2）现行图集介绍（表 1-2）

国家建筑标准设计图集 22G 系列 　　　表 1-2

22G101-1（替代 16G101-1）	混凝土结构施工图 平面整体表示方法制图规则和构造详图 （现浇混凝土框架、剪力墙、梁、板）
22G101-2（替代 16G101-2）	混凝土结构施工图 平面整体表示方法制图规则和构造详图 （现浇混凝土板式楼梯）
22G101-3（替代 16G101-3）	混凝土结构施工图 平面整体表示方法制图规则和构造详图 （独立基础、条形基础、筏形基础、桩基础）

1.1.3 钢筋类型

建筑工程用的钢筋，须具有良好的塑性、较高的强度。普通钢筋分类见表 1-3。光圆钢筋如图 1-5 所示，螺纹钢筋如图 1-6 所示。

钢筋类型

普通钢筋分类 　　　表 1-3

牌号	级别	符号	公称直径 d（mm）	屈服强度标准值 （N/mm^2）
HPB300	一级	Φ	6～14	300

牌号	级别	符号	公称直径 d（mm）	屈服强度标准值（N/mm²）
HRB400 HRBF400 RPB400	三级	Φ Φ^F Φ^R	6～50	400
HRB500 HRBF500	四级	Φ Φ^F	6～50	500
HPB	热轧光圆钢筋			
HRB	热轧螺纹钢筋			
HRBF	细晶粒热轧螺纹钢筋			
RRB	余热处理螺纹钢筋			

图 1-5　光圆钢筋

图 1-6　螺纹钢筋

1.1.4　混凝土保护层厚度

钢筋混凝土保护层是指钢筋混凝土结构构件中起到保护钢筋、避免钢筋直接裸露的那一部分混凝土。简单地说，钢筋混凝土保护层就是指结构构件中钢筋外边缘至构件表面范围用于保护钢筋的混凝土，简称保护层，如图 1-7 所示。

混凝土的最小保护层厚度与建筑物的使用年限和各构件所处的环境类别有关，在 22G101-1 图集第 2-1 页中对保护层的最小厚度有明确的要求，见表 1-4、表 1-5。

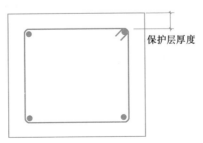

图 1-7　混凝土保护层厚度

混凝土结构的环境类别 表 1-4

环境类别	条　件
一	室内干燥环境； 无侵蚀性静水浸没环境
二 a	室内潮湿环境； 非严寒和非寒冷地区的露天环境； 非严寒和非寒冷地区与无侵蚀性的水或土壤直接接触的环境； 严寒和寒冷地区的冰冻线以下与无侵蚀性的水或土壤直接接触的环境
二 b	干湿交替环境； 水位频繁变动环境； 严寒和寒冷地区的露天环境； 严寒和寒冷地区冰冻线以上与无侵蚀性的水或土壤直接接触的环境
三 a	严寒和寒冷地区冬季水位变动区环境； 受除冰盐影响环境； 海风环境
三 b	盐渍土环境； 受除冰盐作用环境； 海岸环境
四	海水环境
五	受人为或自然的侵蚀性物质影响的环境

注：1. 室内潮湿环境是指构件表面经常处于结露或湿润状态的环境。

2. 严寒和寒冷地区的划分应符合现行国家标准《民用建筑热工设计规范》GB 50176 的有关规定。

3. 海岸环境和海风环境宜根据当地情况，考虑主导风向及结构所处迎风、背风部位等因素的影响，由调查研究和工程经验确定。

4. 受除冰盐影响环境是指受到除冰盐盐雾影响的环境；受除冰盐作用环境是指被除冰盐溶液溅射的环境以及使用除冰盐地区的洗车房、停车楼等建筑。

5. 混凝土结构的环境类别是指混凝土暴露表面所处的环境条件。

混凝土保护层的最小厚度（mm） 表 1-5

环境类别	板、墙	梁、柱
一	15	20
二 a	20	25
二 b	25	35
三 a	30	40
三 b	40	50

注：1. 表中混凝土保护层厚度指最外层钢筋外边缘至混凝土表面的距离，适用于设计工作年限为 50 年的混凝土结构。

2. 构件中受力钢筋的保护层厚度不应小于钢筋的公称直径。

3. 一类环境中，设计工作年限为 100 年的结构最外层钢筋的保护层厚度不应小于表中数值的 1.4 倍；二、三类环境中，设计工作年限为 100 年的结构应采取专门的有效措施。四类和五类环境类别的混凝土结构，其耐久性要求应符合国家现行有关标准的规定。

4. 混凝土强度等级为 C25 时，表中保护层厚度数值应增加 5mm。

5. 基础底面钢筋的保护层厚度，有混凝土垫层时应从垫层顶面算起，且不应小于 40mm。

1.1.5 钢筋锚固

1. 锚固的概念

钢筋的锚固是指梁、板、柱等构件的受力钢筋伸入支座或
基础。钢筋混凝土结构中钢筋能够受力，主要是依靠钢筋和混
凝土之间的粘结锚固作用，因此钢筋的锚固是混凝土结构受力
的基础，在22G101图集中对钢筋的锚固长度做了明确要求。

钢筋锚固

2. 锚固长度参数（表1-6）

锚固长度参数　　　　　　　　　　　　表1-6

l_{ab}	基本锚固长度	l_a	锚固长度
l_{abE}	抗震设计时基本锚固长度	l_{aE}	抗震锚固长度

在22G101图集中，锚固长度我们可以直接通过查表求得，锚固长度主要跟钢
筋种类、钢筋直径、混凝土强度等级和抗震等级有关（表1-7、表1-8）。

（抗震）基本锚固长度：受拉钢筋基本锚固长度 l_{ab}　　　　　表1-7

钢筋种类	混凝土强度等级							
	C25	C30	C35	C40	C45	C50	C55	≥C60
HPB300	34d	30d	28d	25d	24d	23d	22d	21d
HRB400、HRBF400、RRB400	40d	35d	32d	29d	28d	27d	26d	25d
HRB500、HRBF500	48d	43d	39d	36d	34d	32d	31d	30d

（抗震）基本锚固长度：抗震设计时受拉钢筋基本锚固长度 l_{abE}　　　表1-8

钢筋种类		混凝土强度等级							
		C25	C30	C35	C40	C45	C50	C55	≥C60
HPB300	一、二级	39d	35d	32d	29d	28d	26d	25d	24d
	三级	36d	32d	29d	26d	25d	24d	23d	22d
HRB400、HRBF400	一、二级	46d	40d	37d	33d	32d	31d	30d	29d
	三级	42d	37d	34d	30d	29d	28d	27d	26d
HRB500、HRBF500	一、二级	55d	49d	45d	41d	39d	37d	36d	35d
	三级	50d	45d	41d	38d	36d	34d	33d	32d

注：1. 四级抗震时，$l_{abE} = l_{ab}$。

　　2. 混凝土强度等级应取锚固区的混凝土强度等级。

　　3. 当锚固钢筋的保护层厚度不大于 $5d$ 时，锚固钢筋的长度范围内应设置横向构造钢筋，其直径不
　　　 应小于 $d/4$（d 为锚固钢筋的最大直径）；对梁、柱等构件间距不应大于 $5d$，对板、墙等构件间
　　　 距不应大于 $10d$，且均不应大于 $100mm$（d 为锚固钢筋的最小直径）。

3. 相关构造知识

（1）钢筋弯折构造要求（图1-8）

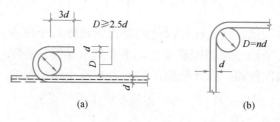

图1-8　钢筋弯折的弯弧内直径 D

（a）光圆钢筋末端180°弯钩；（b）末端90°弯折

注：钢筋弯折的弯弧内直径 D 应符合下列规定：

1. 光圆钢筋不应小于钢筋直径的2.5倍。

2. 400MPa级带肋钢筋，不应小于钢筋直径的4倍。

3. 500MPa级带肋钢筋，当直径 $d \leqslant 25$ 时，不应小于钢筋直径的6倍；当直径 $d > 25$ 时，不应小于钢筋直径的7倍。

4. 位于框架结构顶层端节点处的梁上部纵向钢筋和柱外侧纵向钢筋，在节点角部弯折处，当钢筋直径 $d \leqslant 25$ 时，不应小于钢筋直径的12倍；当直径 $d > 25$ 时，不应小于钢筋直径的16倍。

5. 箍筋弯折处尚不应小于纵向受力钢筋直径；箍筋弯折处纵向受力钢筋为搭接或并筋时，应按钢筋实际排布情况确定箍筋弯弧内直径。

（2）纵向钢筋弯钩与机械锚固形式（图1-9）

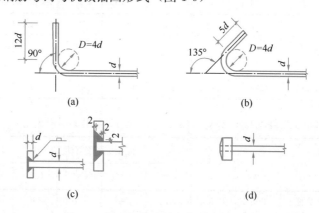

图1-9　纵向钢筋弯钩与机械锚固形式

（a）末端带90°弯钩；（b）末端带135°弯钩；（c）末端与锚板穿孔塞焊；（d）末端带螺栓锚头

注：1. 当纵向受拉普通钢筋末端采用弯钩或机械锚固措施时，包括弯钩或锚固端头在内的锚固长度（投影长度）可取为基本锚固长度的60%。

2. 焊缝和螺纹长度应满足承载力的要求；钢筋锚固板的规格和性能应符合现行行业标准《钢筋锚固板应用技术规程》JGJ 256 的有关规定。

3. 锚筋锚固板（螺栓锚头或焊端锚板）的承压净面积不应小于锚固钢筋截面积的4倍；钢筋净间距不宜小于4d，否则应考虑群锚效应的不利影响。

4. 受压钢筋不应采用末端弯钩的锚固形式。

5. 500MPa级带肋钢筋末端采用弯钩锚固措施时，当直径 $d \leqslant 25mm$ 时，钢筋弯折的弯弧内直径不应小于钢筋直径的6倍；当直径 $d > 25mm$ 时，不应小于钢筋直径的7倍。

6. 本图集标准构造详图中标注的钢筋端部弯折段长度15d 均为400MPa级钢筋的弯折段长度。当采用500MPa级带肋钢筋时，应保证钢筋锚固弯后直段长度和弯弧内直径的要求。

（3）封闭箍筋及拉筋弯钩构造（图 1-10～图 1-12）

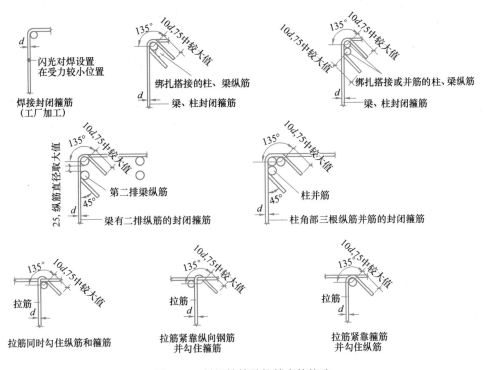

图 1-10　封闭箍筋及拉筋弯钩构造

注：1. 非框架梁以及不考虑地震作用的悬挑梁，箍筋及拉筋弯钢平直段长度可为 5d；当其受扭时，应为 10d。
　　2. 本图中拉筋弯钩构造做法采用何种形式由设计指定。

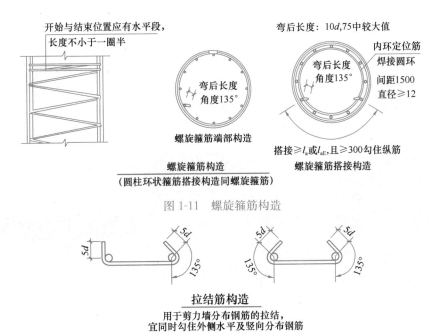

图 1-11　螺旋箍筋构造

拉结筋构造

用于剪力墙分布钢筋的拉结，
宜同时勾住外侧水平及竖向分布钢筋

图 1-12　拉结筋构造

（4）锚固形式（图1-13）

钢筋在支座处的常见锚固形式有直锚、弯锚、加锚头（锚板），下面以中柱柱顶纵向钢筋为例。

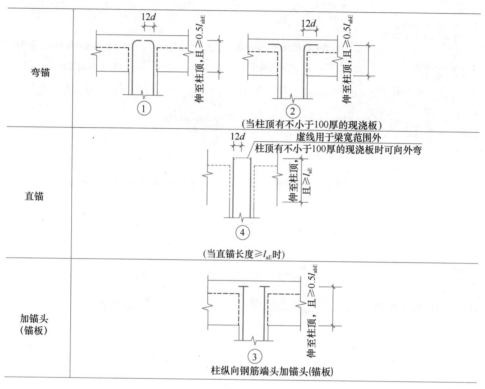

图1-13 中柱柱顶纵向钢筋锚固形式

1.1.6 钢筋连接

1. 实际工程情况

实际工程中，往往由于钢筋的长度不足需要进行钢筋连接。钢筋连接可以采用绑扎搭接、机械连接（套筒）和焊接（图1-14）。

钢筋连接

  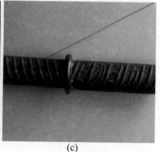

(a)　　　　　　　　　(b)　　　　　　　　　(c)

图1-14 钢筋的连接形式

（a）绑扎搭接；（b）机械连接（套筒）；（c）焊接

混凝土结构中受力钢筋的接头宜设置在受力较小处，同一连接区的纵向受拉钢筋的钢筋接头宜相互错开。当受拉钢筋直径＞25mm 或者受压钢筋直径＞28mm 时，不宜采用绑扎搭接。

2. 搭接面积百分率及搭接长度

搭接面积百分率指同一连接区段内纵向钢筋搭接接头面积百分率，为该区段内有连接接头的纵向受力钢筋截面面积与全部纵向钢筋截面面积的比值（图 1-15）。

连接区段长度：绑扎搭接为 $1.3l_l$ 或 $1.3l_{lE}$；机械连接为 $35d$；焊接为 $35d$ 且≥500mm。

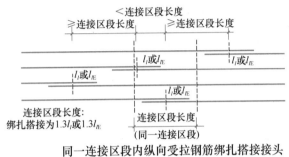

同一连接区段内纵向受拉钢筋绑扎搭接接头

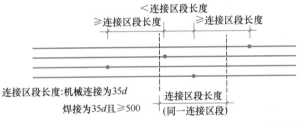

同一连接区段内纵向受拉钢筋机械连接、焊接接头

图 1-15　钢筋接头

注：1. d 为相互连接两根钢筋中较小直径；当同一构件内不同连接钢筋计算连接区段长度不同时取大值。

2. 凡接头中点位于连接区段长度内，连接接头均属同一连接区段。

3. 同一连接区段内纵向钢筋搭接接头面积百分率，为该区段内有连接接头的纵向受力钢筋截面面积与全部纵向钢筋截面面积的比值（当直径相同时，图示钢筋连接接头面积百分率为 50%）。

4. 当受拉钢筋直径＞25 及受压钢筋直径＞28 时，不宜采用绑扎搭接。

5. 轴心受拉及小偏心受拉构件中纵向受力钢筋不应采用绑扎搭接。

6. 纵向受力钢筋连接位置宜避开梁端、柱端箍筋加密区，如必须在此连接时，应采用机械连接或焊接。

7. 机械连接和焊接接头的类型及质量应符合国家现行有关标准的规定。

在 22G101-1 图集第 2-5 和 2-6 页中，受拉钢筋搭接长度 l_l 和抗震搭接长度 l_{lE} 可以直接查表获得（表 1-9、表 1-10）。

纵向受拉钢筋搭接长度 l_l　　　　　表 1-9

钢筋种类及同一区段内搭接钢筋面积百分率		C25		C30		C35		C40		C45		C50		C55		C60	
		$d{\leqslant}25$	$d{>}25$	$d{\leqslant}25$	$d{>}25$	$d{\leqslant}25$	$d{>}25$	$d{\leqslant}25$	$d{>}25$	$d{\leqslant}25$	$d{>}25$	$d{\leqslant}25$	$d{>}25$	$d{\leqslant}25$	$d{>}25$	$d{\leqslant}25$	$d{>}25$
HPB300	≤25%	41d	—	36d	—	34d	—	30d	—	29d	—	28d	—	26d	—	25d	—
	50%	48d	—	42d	—	39d	—	35d	—	34d	—	32d	—	31d	—	29d	—
	100%	54d	—	48d	—	45d	—	40d	—	38d	—	37d	—	35d	—	34d	—
HRB400 HRBF400 RRB400	≤25%	48d	53d	42d	47d	38d	42d	35d	38d	34d	37d	32d	36d	31d	35d	30d	34d
	50%	56d	62d	49d	55d	45d	49d	41d	45d	39d	43d	38d	42d	36d	41d	35d	39d
	100%	64d	70d	56d	62d	51d	56d	46d	51d	45d	50d	43d	48d	42d	46d	40d	45d
HRB500 HRBF500	≤25%	58d	64d	52d	56d	47d	52d	43d	48d	41d	44d	38d	42d	37d	41d	36d	40d
	50%	67d	74d	60d	66d	55d	60d	50d	56d	46d	52d	45d	49d	43d	48d	42d	46d
	100%	77d	85d	69d	75d	62d	69d	58d	64d	54d	59d	51d	56d	50d	54d	48d	53d

注：1. 表中数值为纵向受拉钢筋绑扎搭接接头的搭接长度。

2. 两根不同直径钢筋搭接时，表中 d 取钢筋最小直径。

3. 当为环氧树脂涂层带肋钢筋时，表中数据尚应乘以 1.25。

4. 当纵向受拉钢筋在施工过程中易受扰动时，表中数据尚应乘以 1.1。

5. 当搭接长度范围内纵向受力钢筋周边保护层厚度为 $3d$（d 为锚固钢筋的直径）时，表中数据可乘以 0.8；保护层厚度不小于 $5d$ 时，表中数据可乘以 0.7；中间时按内插值。

6. 当上述修正系数（注3～注5）多于一项时，可按连乘计算。

7. 当位于同一连接区段内的钢筋搭接接头面积百分率为表中数据中间值时，搭接长度可按内插取值。

8. 任何情况下，搭接长度不应小于300mm。

9. HPB300级钢筋末端应做180°弯钩，做法详见本图集第2-2页。

纵向受拉钢筋抗震搭接长度 l_E　　　　　表 1-10

钢筋种类及同一区段内搭接钢筋面积百分率			C25		C30		C35		C40		C45		C50		C55		C60	
			$d{\leqslant}25$	$d{>}25$	$d{\leqslant}25$	$d{>}25$	$d{\leqslant}25$	$d{>}25$	$d{\leqslant}25$	$d{>}25$	$d{\leqslant}25$	$d{>}25$	$d{\leqslant}25$	$d{>}25$	$d{\leqslant}25$	$d{>}25$	$d{\leqslant}25$	$d{>}25$
一、二级抗震等级	HPB300	≤25%	47d	—	42d	—	38d	—	35d	—	34d	—	31d	—	30d	—	29d	—
		50%	55d	—	49d	—	45d	—	41d	—	39d	—	36d	—	35d	—	34d	—
	HRB400 HRBF400	≤25%	55d	61d	48d	54d	44d	48d	40d	44d	38d	43d	37d	42d	36d	40d	35d	38d
		50%	64d	71d	56d	63d	52d	56d	46d	52d	45d	50d	43d	49d	42d	46d	41d	45d
	HRB500 HRBF500	≤25%	66d	73d	59d	65d	54d	59d	49d	55d	47d	52d	44d	48d	43d	47d	42d	46d
		50%	77d	85d	69d	76d	63d	69d	57d	64d	55d	60d	52d	56d	50d	55d	49d	53d
三级抗震等级	HPB300	≤25%	43d	—	38d	—	35d	—	31d	—	30d	—	29d	—	28d	—	26d	—
		50%	50d	—	45d	—	41d	—	37d	—	35d	—	34d	—	32d	—	31d	—
	HRB400 HRBF400	≤25%	50d	55d	44d	49d	41d	44d	36d	41d	35d	40d	34d	38d	32d	36d	31d	35d
		50%	59d	64d	52d	57d	48d	52d	42d	48d	41d	46d	39d	45d	38d	42d	36d	41d
	HRB500 HRBF500	≤25%	60d	67d	54d	59d	49d	54d	46d	50d	43d	47d	41d	44d	40d	43d	38d	42d
		50%	70d	78d	63d	69d	57d	63d	53d	59d	50d	55d	48d	52d	46d	50d	45d	49d

注：1. 表中数值为纵向受拉钢筋绑扎搭接接头的搭接长度。

2. 两根不同直径钢筋搭接时，表中 d 取钢筋较小直径。

3. 当为环氧树脂涂层带肋钢筋时，表中数据尚应乘以 1.25。

4. 当纵向受拉钢筋在施工过程中易受扰动时，表中数据尚应乘以 1.1。

5. 当搭接长度范围内纵向受力钢筋周边保护层厚度为 $3d$（d 为锚固钢筋的直径）时，表中数据可乘以 0.8；保护层厚度不小于 $5d$ 时，表中数据可乘以 0.7；中间时按内插值。

6. 当上述修正系数（注3～注5）多于一项时，可按连乘计算。

7. 当位于同一连接区段内的钢筋搭接接头面积百分率为100%时，$l_{lE}=1.6l_{aE}$。

8. 当位于同一连接区段内的钢筋搭接接头面积百分率为表中数据中间值时，搭接长度可按内插取值。

9. 任何情况下，搭接长度不应小于300mm。

10. 四级抗震等级时，$l_{lE}\sim l_l$。详见本图集第2-5页。

11. HPB300级钢筋末端应做180°弯钩，做法详见本图集第2-2页。

1.2 钢筋算量基本知识准备

钢筋算量基本知识准备

1. 钢筋按现浇构件钢筋、预制构件钢筋、预应力钢筋等分别列项。

钢筋工程量计算区别不同品种和规格，分别按设计长度乘以单位质量，以吨计算。

（1）钢筋工程量＝钢筋长度×钢筋每米质量

（2）钢筋每米质量计算公式：$0.006165d^2$（d 为钢筋直径）

（3）钢筋每米质量表（本教材案例中公称直径 6mm 的钢筋按直径 6.5mm 的钢筋公称质量计算）（表 1-11）

钢筋的公称直径及公称质量　　　　　　　　　　　　　　　　　表 1-11

公称直径（mm）	6	6.5	8	8.2	10	12	14	16	18	20	22	25	28	32	36	40
单根钢筋公称质量（kg·m⁻¹）	0.222	0.260	0.395	0.432	0.617	0.888	1.210	1.580	2.000	2.470	2.980	3.850	4.830	6.310	7.990	9.870

（4）钢筋长度根据图纸、图集、规范要求等按照构件类型分别进行计算。

（5）构件内钢筋按照构件内钢筋种类分别计算。

2. 钢筋接头：设计图纸已规定的按设计图纸计算；设计图纸未做规定的，本教材暂按以下规定计算：焊接或绑扎的混凝土水平通长钢筋搭接，直径 10mm 以内按每 12m 一个接头；直径 10mm 以上至 25mm 以内按每 10m 一个接头；直径 25mm 以上按每 9m 一个接头计算；搭接长度按规范及设计规定计算。焊接或绑扎的混凝土竖向通长钢筋（指墙、柱的竖向钢筋）亦按以上规定计算，但层高小于规定接头间距的竖向钢筋接头，按每自然层一个计算。

3. 固定钢筋的施工措施用筋，设计图纸有规定的按设计规定计算；设计图纸未规定的可参考表 1-12。计算时按经批准的施工组织设计计算，并入钢筋工程量。

构件措施筋含量表（单位：kg/m³）　　　　　　　　　　　　表 1-12

序号	构件名称	含量
1	满堂基础	4.0
2	板、楼梯	2.0
3	阳台、雨篷、挑檐	3.0

4. 钢筋根数：求钢筋根数，出现小数时，常用有三种处理方法：一是取整；二是四舍五入；三是无论小数点后是几，均向上进一个，即向上取整，本教材在计算钢筋根数时采用的是第三种方式。

5. 本教材的尺寸以毫米（mm）为单位，标高以米（m）为单位。

任务 2

基础钢筋工程量计算

【目标描述】

通过本任务的学习，学生能够：

（1）熟练进行基础钢筋计算。

（2）熟练应用《混凝土结构施工图平面整体表示方法制图规则和构造详图（独立基础、条形基础、筏形基础、桩基础）》22G101-3 平法图集和结构规范解决实际问题。

【任务实训】

学生通过钢筋计算完成实训任务，进一步提高钢筋计算能力和图集的实际应用能力。

2.1 知识准备

知识准备

1. 基础的分类

基础按埋置深度和施工方法的不同分为深基础和浅基础，浅基础按构造形式可分为独立基础、条形基础、筏形基础等。

基础分类的思维导图，如图 2-1 所示。

2. 基础案例背景资料

【案例背景资料 1】2 号住宅楼工程，框架-剪力墙结构，环境类别为二类，抗震等级为二级，混凝土强度 C30，保护层厚度为 40mm，直径 10mm 以内钢筋定尺长度 12m，直径 10mm 以上钢筋定尺长度 10m，基础采用条形基础，其平面图如图 2-2 所示，图中所有墙厚均为 240mm，条形基础如图 2-3 和图 2-4 所示，条形基础配筋详见表 2-1。

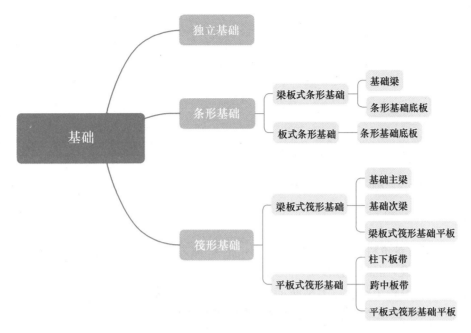

图 2-1　基础分类

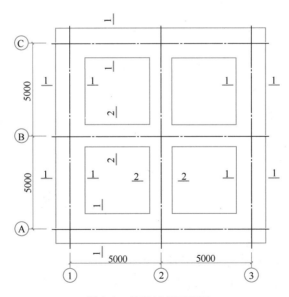

图 2-2　条形基础平面图

基础参数表　　　　　　　　　　　　　　　　　表 2-1

剖面号	基础宽度（mm）	配筋①	配筋②
1—1	1600	Φ 14@150	Φ 8@200
2—2	1200	Φ 10@150	Φ 8@200

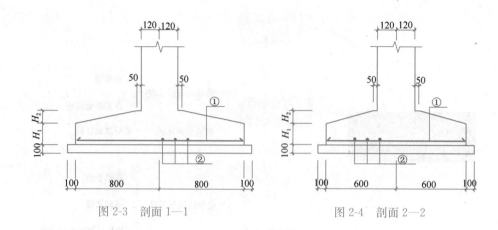

图 2-3 剖面 1—1　　　　　　图 2-4 剖面 2—2

【案例背景资料 2】 6 号住宅楼工程,框架-剪力墙结构,环境类别为二类,抗震等级为二级,混凝土强度 C30,保护层厚度为 40mm,直径 10mm 以内钢筋定尺长度 12m,直径 10mm 以上钢筋定尺长度 10m,基础采用条形基础,条形基础底板 TJB$_p$01 平法施工图如图 2-5 所示,条形基础底板 TJB$_p$03 平法施工图如图 2-6 所示。

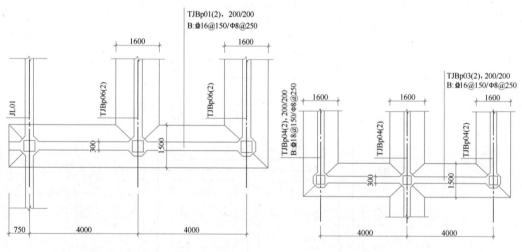

图 2-5 条形基础底板配筋图（一）　　　图 2-6 条形基础底板配筋图（二）

【案例背景资料 3】 某办公楼工程,剪力墙结构,环境类别为一类,抗震等级为三级,混凝土强度 C30,该工程中的基础梁 JL2 保护层厚度为 40mm,基础梁贯通筋采用直螺纹连接,直径 10mm 以内钢筋定尺长度 12m,直径 10mm 以上钢筋定尺长度 10m,基础梁侧面封边采用底部与顶部纵筋弯钩交错 150mm,封边侧面构造纵筋 3φ8,基础梁 JL2 的钢筋如图 2-7 所示,柱截面尺寸 600mm×600mm。

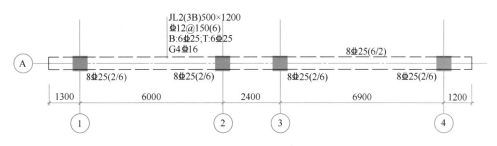

图 2-7　基础梁钢筋图

【案例背景资料 4】某办公楼工程，框架-剪力墙结构，环境类别为一类，抗震等级为二级，混凝土强度 C30，该工程中的基础次梁 JCL01 保护层厚度为 40mm，基础次梁贯通筋采用直螺纹连接，直径 10mm 以内钢筋定尺长度 12m，直径 10mm 以上钢筋定尺长度 10m，基础主梁宽 500 mm，轴线居中，设计充分利用钢筋的抗拉强度，其余尺寸如图 2-8 所示。

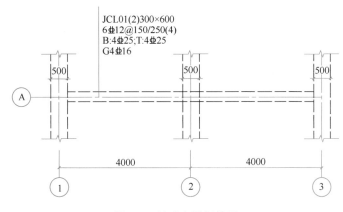

图 2-8　基础次梁钢筋图

【案例背景资料 5】某住宅楼工程，框架-剪力墙结构，环境类别为一类，抗震等级为三级，混凝土强度 C30，保护层厚度为 40mm，基础采用梁板式筏形基础，筏形基础贯通筋采用直螺纹连接，直径 10mm 以内钢筋定尺长度 12m，直径 10mm 以上钢筋定尺长度 10m，梁板式筏形基础平板 LPB02 如图 2-9 所示，板厚 600mm，JL 截面尺寸 500mm×1200mm，封边 U 形筋Φ12@200，封边侧面构造纵筋 3Φ8。

【案例背景资料 6】某办公楼工程，剪力墙结构，环境类别为一类，抗震等级为三级，混凝土强度 C30，保护层厚度为 40mm，基础采用平板式筏形基础，筏形基础贯通筋采用直螺纹连接，直径 10mm 以内钢筋定尺长度 12m，直径 10mm 以上钢筋定尺长度 10m，平板式筏形基础平板尺寸如图 2-10 所示，板厚 600mm，柱子尺寸 600mm×600mm，轴线居中，双网双向布筋Φ20@200，封边 U 形筋Φ12，封边侧面构造纵筋 3Φ8。

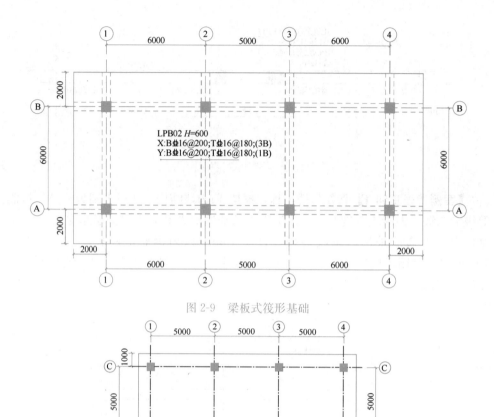

图 2-9　梁板式筏形基础

图 2-10　平板式筏形基础

【案例背景资料 7】某住宅楼工程，框架-剪力墙结构，环境类别为一类，抗震等级为二级，混凝土强度 C30，保护层厚度为 40mm，该工程中基坑 JK1 钢筋双网双向 Φ25@200，X 向宽度 2.1m，Y 向宽度 4.7m，其余尺寸如图 2-11 所示。该工程中

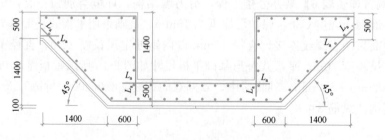

图 2-11　基坑

贯通筋采用直螺纹连接，直径 10mm 以内钢筋定尺长度 12m，直径 10mm 以上钢筋定尺长度 10m。

2.2 独立基础钢筋计算

根据 22G101-3 图集可知，独立基础内钢筋分为 X 向基础底板钢筋和 Y 向基础底板钢筋，如图 2-12 所示。

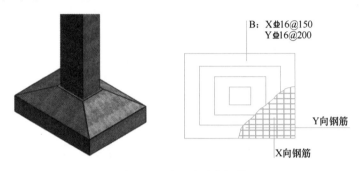

图 2-12 独立基础内钢筋

独立基础内钢筋布置有两种情况，分别是宽度＜2500mm 和宽度≥2500mm，因此我们在计算时也要分两种情况进行计算，具体计算思维导图见图 2-13。

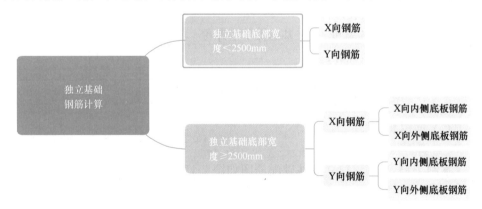

图 2-13 独立基础钢筋计算思维导图

2.2.1 独立基础底部宽度＜2500mm 时钢筋计算

1. 构件内钢筋

独立基础内钢筋包括 X 向基础底板配筋和 Y 向基础底板配筋。

2. 计算方法

（1）X 向钢筋计算

独立基础底部宽度
＜2500mm 时钢筋计算

1）X 向钢筋单根长度计算：

$$l_x = X 向基础底板宽度 - 2 \times 基础保护层厚度$$

2）X 向钢筋根数计算：

$$n = \frac{基础 Y 向宽度 - 2 \times \min(s/2, 75)}{X 向钢筋间距} 向上取整 + 1$$

由图集 22G101-3 第 2-11 页可知，如图 2-14 所示。s 为 X 向钢筋间距，起步距离距基础底板边缘距离取 min（$s/2$，75）。

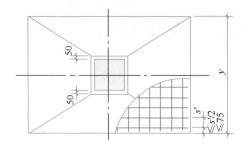 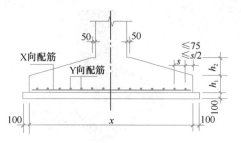

图 2-14　独立基础底部宽度＜2500mm 时钢筋示意图

3）X 向钢筋总长：

$$\Sigma l_x = l_x \times n$$

（2）Y 向钢筋计算

1）Y 向钢筋单根长度计算：

$$l_y = Y 向基础底板宽度 - 2 \times 基础保护层厚度$$

2）Y 向钢筋根数计算：

$$n = \frac{基础 X 向宽度 - 2 \times \min(s/2, 75)}{Y 向钢筋间距} 向上取整 + 1$$

3）Y 向钢筋总长：$\Sigma l_y = l_y \times n$

3. 计算例题

【案例 2-1】某工程独立柱基础配筋图如图 2-15 所示，保护层厚度为 40mm，计算此基础钢筋的工程量。计算过程见表 2-2。

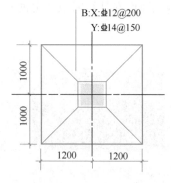

图 2-15　独立基础详图

钢筋工程量计算　　　　　　　　　　　　　　　　　　　　表 2-2

序号	计算内容	计算式
1	X 向钢筋Φ12@200 计算	$l_x = 2.4 - 2 \times 0.04 = 2.32\text{m}$ $n = \dfrac{2 - 2 \times \min(0.2/2, 0.075)}{0.2} 向上取整 + 1 = 11 根$ X 向钢筋总长： $\Sigma l_x = 2.32 \times 11 = 25.52\text{m}$

序号	计算内容	计算式
2	Y 向钢筋 $\Phi 14@150$ 计算	$l_y = 2.0 - 2 \times 0.04 = 1.92\text{m}$ $n = \dfrac{2.4 - 2 \times \min(0.15/2, 0.075)}{0.15}$ 向上取整 $+1 = 16$ 根 Y 向钢筋总长： $\sum l_y = 1.92 \times 16 = 30.72\text{m}$ $\Phi 12$ 长度：25.52m 重量：25.52m×0.888kg/m=22.66kg=0.023t $\Phi 14$ 长度：30.72m 重量：30.72m×1.21kg/m=37.17kg=0.037t

2.2.2 独立基础底部宽度≥2500mm 时钢筋计算

1. 独立基础底部宽度≥2500mm 时钢筋计算

由图集 22G101-3 第 2-14 页可知，如图 2-16 所示，当独立基础底板长度≥2500mm 时，除外侧钢筋外，底板配筋长度可取相应方向底板长度的 0.9 倍，交错放置。（独立基础对称配筋为较常用情况，这里以对称配筋为案例进行讲解）

独立基础底部宽度 ≥2500mm 时钢筋计算

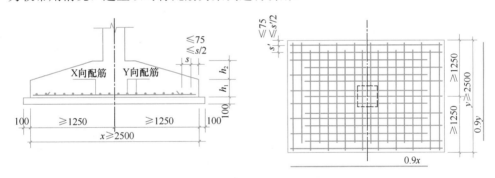

图 2-16 独立基础底部宽度≥2500mm 时钢筋示意图

（1）X 向钢筋计算

1）X 向钢筋单根长度计算：

$l_{x内侧} = $ X 向基础底板宽度 $\times 0.9$（长度减短 10% 钢筋长度）

$l_{x外侧} = $ X 向基础底板宽度 $- 2 \times$ 基础保护层厚度

2）X 向钢筋根数计算：

$$n_{x内侧} = \frac{\text{基础 Y 向宽度} - 2 \times \min(s/2, 75)}{\text{X 向间距}} \text{ 向上取整} + 1 - 2$$

$n_{x外侧} = 2$

3）X 向钢筋总长：

$$\sum l_x = l_{x内侧} \times n_{x内侧} + l_{x外侧} \times 2$$

（2）Y 向钢筋计算

1）Y 向钢筋单根长度计算：

$l_{y内侧} = $ Y 向基础底板宽度 $\times 0.9$（长度减短 10% 钢筋长度）

$$l_{y外侧} = Y 向基础底板宽度 - 2 \times 基础保护层厚度$$

2）Y 向钢筋根数计算：

$$n_{y内侧} = \frac{基础 X 向宽度 - 2 \times \min(s/2, 75)}{Y 向间距} 向上取整 + 1 - 2$$

$$n_{y外侧} = 2$$

3）Y 向钢筋总长：

$$\sum l_y = l_{y内侧} \times n_{y内侧} + l_{y外侧} \times 2$$

【案例 2-2】 某工程独立柱基础配筋图如图 2-17 所示，保护层厚度为 40mm，计算 DJ$_J$01 基础钢筋的工程量。计算过程见表 2-3。

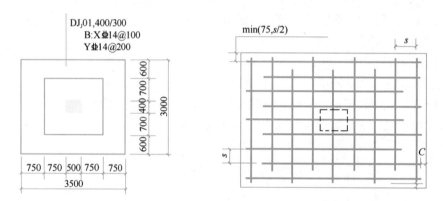

图 2-17 独立基础详图

钢筋工程量计算　　　　　　　　　　　　　　　　　　　　　　表 2-3

序号	计算内容	计算式
一	X 向钢筋⾍14@100	
1	X 向单根长度计算	$l_{x内侧}$ = X 向基础底板宽度×0.9 = 3.5×0.9 = 3.15m $l_{x外侧}$ = X 向基础底板宽度 - 2×基础保护层厚度 = 3.5 - 0.04×2 = 3.42m
2	X 向钢筋根数计算	$n_{x内侧} = \dfrac{基础 Y 向宽度 - 2 \times \min(s/2, 75)}{X 向间距}$ 向上取整 + 1 - 2 $= \dfrac{3 - 2 \times \min\left(\dfrac{0.1}{2}, 0.075\right)}{0.1}$ 向上取整 + 1 - 2 = 28 根 $n_{x外侧}$ = 2 根
3	X 向钢筋总长	$\sum l_x = 3.15 \times 28 + 3.42 \times 2 = 95.04$m
二	Y 向钢筋⾍14@200	
1	Y 向单根长度计算	$l_{y内侧}$ = Y 向基础底板宽度×0.9 = 3×0.9 = 2.7m $l_{y外侧}$ = Y 向基础底板宽度 - 2×基础保护层厚度 = 3 - 0.04×2 = 2.92m
2	Y 向钢筋根数计算	$n_{y内侧} = \dfrac{基础 X 向宽度 - 2 \times \min(s/2, 75)}{Y 向间距}$ 向上取整 + 1 - 2 $= \dfrac{3.5 - 2 \times \min(0.2/2, 0.075)}{0.2}$ 向上取整 + 1 - 2 = 16 根 $n_{y外侧}$ = 2 根

序号	计算内容	计算式
3	Y向钢筋总长	$\sum l_y = 2.7 \times 16 + 2.92 \times 2 = 49.04\text{m}$
三	合计	⏀14 钢筋总长：$95.04 + 49.04 = 144.08\text{m}$ ⏀14 钢筋重量：$144.08\text{m} \times 1.21\text{kg/m} = 174.34\text{kg} = 0.174\text{t}$

2.3 条形基础钢筋计算

根据图集 22G101-3 第 1-16 页 3.1.4 可知，条形基础整体上可分为两类：

(1) 板式条形基础。该类条形基础适用于钢筋混凝土剪力墙结构和砌体结构。平法施工图仅表达条形基础底板。

(2) 梁板式条形基础。该类条形基础适用于钢筋混凝土框架结构、框架-剪力墙结构、部分框支剪力墙结构和钢结构。平法施工图将梁板式条形基础分解为基础梁和条形基础底板分别进行表达。

根据图集 22G101-3 第 1-16 页 3.2 可知，条形基础编号分为基础梁和条形基础底板编号，见表 2-4 的规定。

条形基础梁及底板编号　　　　　　　　　　表 2-4

类型		代号	序号	跨数及有无外伸
基础梁		JL	××	(××) 端部无外伸
条形基础底板	坡形	TJB_P	××	(××A) 一端有外伸
	阶形	TJB_J	××	(××B) 两端有外伸

注：条形基础通常采用坡形截面或单阶形截面。

板式条形基础只在条形基础底板配置钢筋。梁板式条形基础在基础梁和条形基础底板均配置钢筋。基础梁的钢筋将在筏形基础中具体讲解，本节我们来了解条形基础的底板钢筋，如图 2-18 所示。

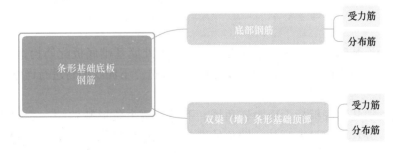

图 2-18　条形基础的底板钢筋

与条形基础宽度方向平行为受力筋，平行于条形基础长度方向为分布筋。分

任务 2——基础钢筋工程量计算

布筋的主要作用是固定受力筋位置,并将板上的荷载分散到受力筋上。当为双梁(或双墙)条形基础底板时,除在底板底部配置钢筋外,一般尚需在两根梁或两道墙之间的底板顶部配置钢筋。如图 2-19 和图 2-20 所示。

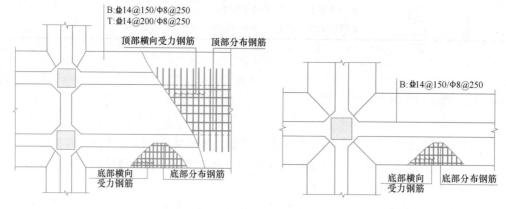

图 2-19　双梁条形基础底板配筋示意　　　　图 2-20　条形基础底板底部配筋示意

2.3.1　板式条形基础底板配筋构造

该类条形基础适用于钢筋混凝土剪力墙结构和砌体结构。立面图有两种形式:一种板式条形基础上为剪力墙,另一种板式条形基础上为砌体墙,标准构造详图见图集 22G101-3 第 2-21 页,如图 2-21 所示。

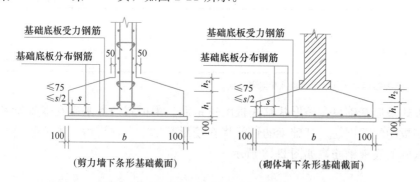

图 2-21　剪力墙、砌体墙下条形基础截面

板式条形基础底板配筋构造分成三种:转角处墙基础底板配筋构造、丁字交接基础底板配筋构造、十字交接基础底板配筋构造。下面我们将进行详细的介绍。

1. 转角处墙基础底板配筋构造

转角处墙基础底板指上面为转角墙,下面为两个条形基础在此交接,并且端部没有延伸。转角处墙基础底板配筋标准构造详图见图集 22G101-3 第 2-21 页,如图 2-22 所示。

(1)配筋原则

1)双向受力筋布置到各自方向的端部,距混凝土构件边缘

的起步筋距离为 min（75，$s/2$）；

2）在两向受力筋交接处的网状部位不再布置分布筋，分布筋与同向受力筋搭接长度 150mm，距混凝土构件边缘的起步筋距离为 min（75，$s/2$）。

（2）计算方法

1）横向条形基础

① 受力筋

（$b_1 < 2500$）长度＝基础底板宽度（b_1）－2×保护层厚度

注：若受力筋为一级钢筋，两端各需加一个 180° 弯钩，长度为 6.25×钢筋直径。

（$b_1 \geq 2500$）不减短，长度计算同（$b_1 < 2500$）；

（$b_1 \geq 2500$）减短，长度＝基础底板宽度（b_1）×0.9。

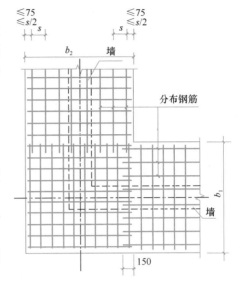

图 2-22　转角处墙基础底板配筋构造

注：端部第一根钢筋和底板交接区的受力钢筋不应减短。

根数：需根据受力筋的布筋范围及条形基础两端交接情况进行计算。

$$根数＝\frac{布筋范围长－起步筋间距 \min(75, s/2) \times 个数}{间距} + 1$$

注：①求钢筋根数除间距均向上取整，即小数点后无论是几，均向上进一，然后再加一。

②s 代表钢筋间距。

③布置钢筋遇到混凝土构件边缘就需减起步筋间距。

④（$b_1 \geq 2500$）时根数应分别计算。

② 分布筋

因分布筋与同向受力筋搭接长度 150mm，故应考虑同向受力筋布置情况。

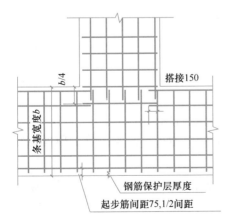

图 2-23　分布筋与受力筋搭接

长度＝基础底板长－同向受力筋布筋范围长＋（保护层厚度＋150）×个数

注：① 个数应考虑分布筋与同向受力筋是一个或两个方向搭接。

② 受力筋的一端距混凝土构件边缘长度为一个保护层厚度，故分布筋与同向受力筋搭接长度 150mm，需伸入混凝土构件的长度为（保护层厚度＋150）。如图 2-23 所示。

根数：条形基础端部交接不同，受力筋布筋范围也会不同，因分布筋与同向受力筋搭接，故会形成不同的分布筋布筋范围及单根长度。大家在计算时，应区别分布筋的不同长度计算对应的根数。计算方法详见案例讲解。

2）竖向条形基础

① 受力筋

（$b_2 < 2500$）长度＝基础底板宽度（b_2）－2×保护层厚度

注：若受力筋为一级钢筋，两端各需加一个180°弯钩，长度为6.25×钢筋直径。

（$b_2 \geqslant 2500$）不减短，长度计算同（$b_2 < 2500$）；

（$b_2 \geqslant 2500$）减短，长度＝基础底板宽度（b_2）×0.9。

注：端部第一根钢筋和底板交接区的受力钢筋不应减短。

根数：需根据受力筋的布筋范围及条形基础两端交接情况进行计算。

$$根数 = \frac{布筋范围长 - 起步筋间距 \min(75, s/2) \times 个数}{间距} + 1$$

② 分布筋计算方法参照横向条形基础。

2. 丁字交接基础底板配筋构造

丁字交接基础底板配筋可以分成两个方向来考虑，通长方向受力筋贯通布置（如图中横向条形基础的受力筋贯通布置），垂直方向受力筋布置到横向条形基础的 $b_1/4$。哪向受力筋贯通布置的判断原则：配置较大的受力筋贯通布置。丁字交接基础底板配筋标准构造详图见图集22G101-3 第2-21页，如图2-24所示。

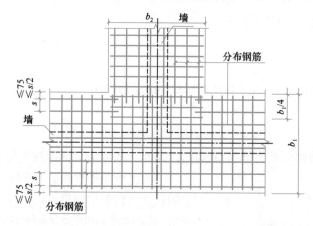

图2-24 丁字交接基础底板

（1）配筋原则

1）通长方向受力筋贯通布置，距混凝土构件边缘的起步筋距离为 $\min(75, s/2)$；

2）垂直方向受力筋布置到横向条形基础的 $b_1/4$ 宽度处，距混凝土构件边缘的起步筋距离为 $\min(75, s/2)$；

3）在两向受力筋交接处的网状部位不再布置分布筋，分布筋与同向受力筋搭接长度150mm，距混凝土构件边缘的起步筋距离为 $\min(75, s/2)$。

（2）计算方法

1）横向条形基础

① 受力筋

（$b_1 < 2500$）长度＝基础底板宽度（b_1）－2×保护层厚度

注：若受力筋为一级钢筋，两端各需加一个180°弯钩，长度为6.25×钢筋直径。

（$b_1 \geq 2500$）不减短，长度计算同（$b_1 < 2500$）；

（$b_1 \geq 2500$）减短，长度＝基础底板宽度（b_1）×0.9；

注：端部第一根钢筋和底板交接区的受力钢筋不应减短。

$$根数＝\frac{布筋范围长－起步筋间距\, min（75,\, s/2）×个数}{间距}＋1$$

注：① 求钢筋根数除间距均向上取整，即小数点后无论是几，均向上进一个，然后再加一。

② s 代表钢筋间距。

③ 布置钢筋遇到混凝土构件边缘就需减起步筋间距。

④ （$b_1 \geq 2500$）时根数应分别计算。

② 分布筋

长度＝基础底板长度－同向受力筋布筋范围长＋（保护层厚度＋150）×个数

根数：条形基础端部交接不同，受力筋布筋范围也会不同，因分布筋与同向受力筋搭接，故会形成不同的分布筋布筋范围及单根长度。大家在计算时，应区别分布筋的不同长度计算对应的根数。计算方法详见案例讲解。

2）竖向条形基础

① 受力筋

（$b_2 < 2500$）长度＝基础底板宽度（b_2）－2×保护层厚度

注：若受力筋为一级钢筋，两端各需加一个180°弯钩，长度为6.25×钢筋直径。

（$b_2 \geq 2500$）不减短，长度计算同（$b_2 < 2500$）；

（$b_2 \geq 2500$）减短，长度＝基础底板宽度（b_2）×0.9；

注：端部第一根钢筋和底板交接区的受力钢筋不应减短。

$$根数＝\frac{布筋范围长－起步筋间距\, min(75,\, s/2)×个数}{间距}＋1$$

注：根数计算方法同横向条基。

② 分布筋

长度＝基础底板长度－同向受力筋布筋范围长＋（保护层厚度＋150）×个数

根数：条形基础端部交接不同，受力筋布筋范围也会不同，因分布筋与同向受力筋搭接，故会形成不同的分布筋布筋范围及单根长度。大家在计算时，应区别分布筋的不同长度计算对应的根数。计算方法详见案例讲解。

3. 十字交接基础底板配筋构造

十字交接基础底板配筋也可以分成两个方向来考虑，通长方向受力筋贯通布置（如图中横向条形基础的受力筋贯通布置），垂直方向受力筋布置到横向条形基础的 $b_1/4$。哪向受力筋贯通布置的判断原则：配置较大的受力筋贯通布置。十字交接基础底板配筋标准构造详图见图集22G101-3第2-21页，如图

十字交接基础底板
配筋构造

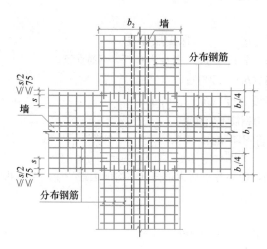

图 2-25 十字交接基础底板配筋构造

2-25 所示。

（1）配筋原则

1）通长方向受力筋贯通布置，距混凝土构件边缘的起步筋距离为 min（75，$s/2$）；

2）垂直方向受力筋布置到横向条基的 $b_1/4$ 宽度处，距混凝土构件边缘的起步筋距离为 min（75，$s/2$）

3）在两向受力筋交接处的网状部位不再布置分布筋，分布筋与同向受力筋搭接长度 150mm，距混凝土构件边缘的起步筋距离为 min（75，$s/2$）。

（2）计算方法

1）横向条形基础

① 受力筋

（$b_1 < 2500$）长度=基础底板宽度（b_1）$-2×$保护层厚度

注：若受力筋为一级钢筋，两端各需加一个 180°弯钩，长度为 6.25×钢筋直径。

（$b_1 \geqslant 2500$）不减短，长度计算同（$b_1 < 2500$）（$b_1 \geqslant 2500$）减短，长度=基础底板宽度（b_1）×0.9

注：端部第一根钢筋和底板交接区的受力钢筋不应减短。

$$根数 = \frac{布筋范围长 - 起步筋间距 \ min（75，s/2）× 个数}{间距} + 1$$

注：① 求钢筋根数除间距均向上取整，即小数点后无论是几，均向上进一个，然后再加一。

② s 代表钢筋间距。

③ 布置钢筋遇到混凝土构件边缘就需减起步筋间距。

④ （$b_1 \geqslant 2500$）时根数应分别计算。

② 分布筋

长度=基础底板长度-同向受力筋布筋范围长+（保护层厚度+150）×个数

根数：条形基础端部交接不同，受力筋布筋范围也会不同，因分布筋与同向受力筋搭接，故会形成不同的分布筋布筋范围及单根长度。大家在计算时，应区别分布筋的不同长度计算对应的根数。计算方法详见案例讲解。

2）竖向条形基础

① 受力筋

（$b_2 < 2500$）长度=基础底板宽度（b_2）$-2×$保护层厚度

注：若受力筋为一级钢筋，两端各需加一个 180°弯钩，长度为 6.25×钢筋直径。

（$b_2 \geqslant 2500$）不减短，长度计算同（$b_2 < 2500$）

（$b_2 \geqslant 2500$）减短，长度=基础底板宽度（b_2）×0.9

注：端部第一根钢筋和底板交接区的受力筋不应减短。

$$根数=\frac{布筋范围长-起步筋间距\min(75,s/2)\times个数}{间距}+1$$

注：根数计算方法同横向条形基础。

② 分布筋

长度＝基础底板长度－同向受力筋布筋范围长＋（保护层厚度＋150）×个数

根数：条形基础端部交接不同，受力筋布筋范围也会不同，因分布筋与同向受力筋搭接，故会形成不同的分布筋布筋范围及单根长度。大家在计算时，应区别分布筋的不同长度计算对应的根数。计算方法详见案例讲解。

【案例 2-3】案例背景资料 1 中的 2 号住宅楼工程，试计算条形基础的钢筋工程量。

解：

分析过程：案例是一个板式条形基础平面图，截面形式有 1—1、2—2，以列表形式表示截面形式和配筋情况。因为是板式条形基础，故只涉及底板钢筋计算。

计算条形基础钢筋思路和独立基础不一样，每一个独立基础都是单独的，而每一个条形基础都穿插在一起。在计算条形基础时，我们可以根据轴线的标注，一段一段地求，一般是求两个轴线之间的某段条形基础。案例比较简单，可以先求水平方向（Ⓐ轴、Ⓑ轴、Ⓒ轴），然后计算垂直方向（①轴、②轴、③轴），注意每一个方向都不能漏算，其中的难点是交接部位。需要用到在构造详图里面所学到的内容，条形基础包含丁字交接 4 个（②轴与Ⓒ轴、①轴与Ⓑ轴、③轴与Ⓑ轴、②轴与Ⓐ轴）、转角交接 4 个（分别位于四个角），十字交接 1 个（②轴与Ⓑ轴）。

由图 2-26 可知，条形基础的截面形式为两种，1—1 条形基础底板宽度为 1600mm，配筋①为受力筋Φ14@150，配筋②为分布筋Φ8@200；2—2 条形基础底板宽度为 1200mm，配筋①为受力筋Φ10@150，配筋②为分布筋Φ8@200。计算每一段条形基础钢筋时最重要的是思路要清晰，应先画出交接部位钢筋草图再进行计算。

（1）Ⓒ轴条形基础 1—1

截面为 1—1，其中两端为条形基础 1—1 与条形基础 1—1 转角交接，中间为条形基础 1—1 与条形基础 2—2 丁字交接。计算钢筋的草图如图 2-26 所示。

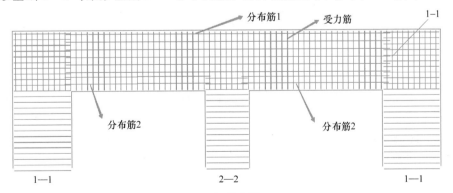

图 2-26　钢筋草图（一）

计算过程见表 2-5。

钢筋工程量计算表 表 2-5

序号	计算内容	计算式
1	受力筋Φ14@150	分析：根据配筋构造详图，Ⓒ轴条形基础 1—1 受力筋贯通布置，计算根数时注意两端各减一个起步筋间距。 $L=1.6-2\times0.04+2\times6.25\times0.014=1.70\text{m}$ $N=\dfrac{5+5+1.6-0.075\times2}{0.15}+1=78$ 根
2	分布筋Φ8@200	分析：因分布筋与同向受力筋搭接长度 150mm，故应考虑同向受力筋布置情况。与之同向的为①轴 1—1 受力筋（布置到端部）、②轴 2—2 受力筋（布置到 1.6/4）、③轴 1—1 受力筋（布置到端部）。分布筋分成两种，一种是分布筋，与①轴 1—1 受力筋、③轴 1—1 受力筋搭接；另一种是分布筋 2，分为两类，一类与①轴 1—1 受力筋、②轴 2—2 受力筋搭接；另一类与②轴 2—2 受力筋、③轴 1—1 受力筋搭接。 $L_1=5+5-1.6+2\times0.04+2\times0.15=8.78\text{m}$ $N_1=\dfrac{\frac{3}{4}\times1.6-\min(0.075,\ 0.2/2)}{0.2}+1=7$ 根 $L_2=5-\dfrac{1.6}{2}-\dfrac{1.2}{2}+2\times0.04+2\times0.15=3.98\text{m}$ $N_2=\left(\dfrac{\frac{1}{4}\times1.6-\min(0.075,\ 0.2/2)}{0.2}+1-1\right)\times2=2$ 根$\times2$ 处$=4$ 根 注：计算分布筋 1 根数时向上取整加一，已经封边。计算分布筋 2 根数时与分布筋 1 相邻一侧，根数应减一，不然两侧均封边，没地方布置钢筋。分布筋 2 虽分为两类，但计算方法相同。
3	Ⓒ轴条形基础 1—1 钢筋工程量	Φ14 长度合计：$\sum L=1.70\times78=132.60\text{m}$ 重量合计：$132.60\text{m}\times1.21\text{ kg/m}=160.45\text{ kg}=0.160\text{t}$ Φ8 长度合计：$\sum L=8.78\times7+3.98\times4=77.38\text{m}$ 重量合计：$77.38\text{m}\times0.395\text{ kg/m}=30.57\text{ kg}=0.031\text{t}$
4	Ⓐ轴条形基础 1—1 钢筋工程量	同Ⓒ轴条形基础 1—1 钢筋工程量 Φ14 长度合计：$\sum L=132.60\text{m}$ 重量合计：$132.60\text{m}\times1.21\text{kg/m}=160.45\text{ kg}=0.160\text{t}$ Φ8 长度合计：$\sum L=77.38\text{m}$ 重量合计：$77.38\text{m}\times0.395\text{kg/m}=30.57\text{kg}=0.031\text{t}$
5	①轴条形基础 1—1 钢筋工程量	同Ⓒ轴条形基础 1—1 钢筋工程量 Φ14 长度合计：$\sum L=132.60\text{m}$ 重量合计：$132.60\text{m}\times1.21\text{kg/m}=160.45\text{ kg}=0.160\text{t}$ Φ8 长度合计：$\sum L=77.38\text{m}$ 重量合计：$77.38\text{m}\times0.395\text{kg/m}=30.57\text{kg}=0.031\text{t}$

序号	计算内容	计算式
6	③轴条形基础1—1钢筋工程量	同ⓒ轴条形基础1—1钢筋工程量 Φ14 长度合计：$\sum L = 132.60\text{m}$ 重量合计：$132.60\text{m} \times 1.21\text{kg/m} = 160.45\text{kg} = 0.160\text{t}$ Φ8 长度合计：$\sum L = 77.38\text{m}$ 重量合计：$77.38\text{m} \times 0.395\text{kg/m} = 30.57\text{kg} = 0.031\text{t}$

（2）Ⓑ轴条形基础2—2

截面为2—2，其中有条形基础2—2与条形基础1—1丁字交接，条形基础2—2与条形基础2—2十字交接。钢筋草图如图2-27所示。

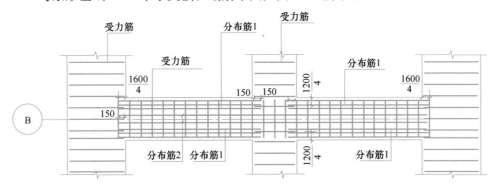

图2-27　钢筋草图（二）

计算过程见表2-6。

钢筋工程量计算表　　　　　　　　　　　　　　表2-6

序号	计算内容	计算式
1	受力筋Φ10@150	分析：受力筋布置范围从伸入①轴1—1的1.6/4至伸入③轴1—1的1.6/4。 $L = 1.2 - 2 \times 0.04 + 2 \times 6.25 \times 0.01 = 1.25\text{m}$ $N = \dfrac{5 + 5 - 1.6 + \dfrac{1.6}{4} \times 2}{0.15} + 1 = 63$ 根
2	分布筋Φ8@200	分析：因分布筋与同向受力筋搭接长度150mm，故应考虑同向受力筋布置情况。与之同向的为①轴1—1受力筋（贯通布置）、②轴2—2受力筋（布置到1.2/4）、③轴1—1受力筋（贯通布置）。分布筋分成两种，一种是分布筋1，与①轴1—1受力筋、②轴2—2受力筋搭接；另一种是分布筋2，与①轴1—1受力筋、③轴1—1受力筋搭接。 $L_1 = 5 - \dfrac{1.6}{2} - \dfrac{1.2}{2} + 2 \times 0.04 + 2 \times 0.15 = 3.98\text{m}$ $N_1 = \left(\dfrac{\dfrac{1}{4} \times 1.2 - \min\ (0.075,\ 0.2/2)}{0.2} + 1 \right) \times 4 = 3\ 根 \times 4\ 处 = 12\ 根$ $L_2 = 5 + 5 - 1.6 + 2 \times 0.04 + 2 \times 0.15 = 8.78\text{m}$ $N_2 = \dfrac{\dfrac{2}{4} \times 1.2}{0.2} + 1 - 2 = 2\ 根$ 注：计算分布筋1根数时向上取整加一，已经封边。计算分布筋2根数时与分布筋1相邻一侧，根数应减一，不然两侧均封边，没地方布置钢筋。两侧与分布筋1相邻，故减二

续表

序号	计算内容	计算式
3	⑧轴条形基础 2—2 钢筋工程量	Φ10 长度合计：$\sum L=1.25\times63=78.75\mathrm{m}$ 重量合计：$78.75\times0.617\mathrm{kg/m}=48.59\mathrm{kg}=0.049\mathrm{t}$ Φ8 长度合计：$\sum L=3.98\times12+8.78\times2=65.32\mathrm{m}$ 重量合计：$65.32\mathrm{m}\times0.395\mathrm{kg/m}=25.80\mathrm{kg}=0.026\mathrm{t}$

（3）②轴条形基础 2—2

截面为 2—2，其中有条形基础 2—2 与条形基础 1—1 丁字交接，条形基础 2—2 与条形基础 2—2 十字交接，条形基础 2—2 与条形基础 1—1 丁字交接。钢筋草图如图 2-28 所示。

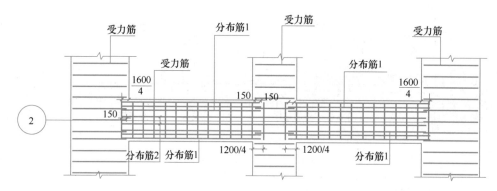

图 2-28　钢筋草图 3

计算过程见表 2-7。

钢筋工程量计算表　　　　　　　　　　　　　　　　表 2-7

序号	计算内容	计算式
1	受力筋Φ10@150	分析：受力筋布置范围一个从ⓒ轴 1—1 的 1.6/4 至⑧轴 2—2 的 1.2/4；另一个从⑧轴 2—2 的 1.2/4 至Ⓐ轴 1—1 的 1.6/4。 $L=1.2-2\times0.04+2\times6.25\times0.01=1.25\mathrm{m}$ $N=\dfrac{1.6/4+5-1.6/2-1.2/2+1.2/4}{0.15}+1=30\times2\ \text{处}=60\ \text{根}$ 注：因受力筋的布置范围没有涉及混凝土构件边缘，故不用减起步筋间距。
2	分布筋Φ8@200	分析：因分布筋与同向受力筋搭接长度 150mm，故应考虑同向受力筋布置情况。与之同向的为ⓒ轴 1—1 受力筋（贯通布置）、⑧轴 2—2 受力筋（贯通布置）、Ⓐ轴 1—1 受力筋（贯通布置）分布筋只有一种。 $L=5-\dfrac{1.6}{2}-\dfrac{1.2}{2}+2\times0.04+2\times0.15=3.98\mathrm{m}$ $N=\left(\dfrac{1.2-2\times\min\ (0.075,\ 0.2/2)}{0.2}+1\right)\times2\ \text{根}\times2\ \text{处}=14\ \text{根}$

序号	计算内容	计算式
3	②轴条形基础2-2钢筋工程量	Φ10 长度合计：$\sum L = 1.25 \times 60 = 75\text{m}$ 重量合计：$75 \times 0.617\text{kg/m} = 46.28\text{kg} = 0.046\text{t}$ Φ8 长度合计：$\sum L = 3.98 \times 14 = 55.72\text{m}$ 重量合计：$55.72\text{m} \times 0.395\text{kg/m} = 22.01\text{kg} = 0.022\text{t}$

（4）条形基础钢筋工程量汇总

Φ14重量合计：0.640t

Φ10重量合计：0.095t

Φ8重量合计：0.172t

2.3.2 梁板式条形基础底板配筋构造

该类条形基础适用于钢筋混凝土框架结构、框架-剪力墙结构、部分框支剪力墙结构和钢结构。平法施工图将梁板式条形基础分解为基础梁和条形基础底板分别进行表达。立面图分为两种，标准构造详图见图集22G101-3第2-20页，如图2-29所示。

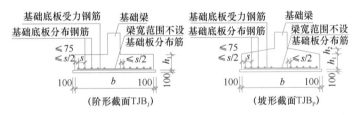

图2-29 条形基础截面

基础梁的钢筋将在筏形基础中具体讲解，我们先来了解梁板式条形基础的底板钢筋。底板配筋构造分成四种：无交接底板端部配筋构造、转角梁板端部无纵向延伸配筋构造、丁字交接基础底板配筋构造、十字交接基础底板（转角梁板端部均有纵向延伸）配筋构造。

1. 无交接底板端部配筋构造

无交接底板指条形基础一端无其他条形基础与之交接。标准构造详图见图集22G101-3第2-20页，如图2-30所示。

无交接底板端部配筋构造

（1）配筋原则

1）原方向受力筋布置到端部，距混凝土构件边缘的起步筋距离为 min（75，$s/2$）；

2）另一方向在基础宽度（b_1）范围内布置受力筋，钢筋直径、间距同基础底板受力筋，距混凝土构件边缘的起步筋距离为 min（75，$s/2$）；

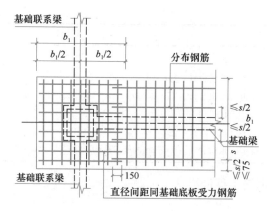

图 2-30 条形基础无交接底板端部构造

3）条形基础底板的分布筋在基础梁宽范围内不设置，第一根分布筋距基础梁边的起步筋距离为 $s/2$，分布筋距混凝土构件边缘的起步筋距离为 $\min(75，s/2)$；

4）在两向受力筋交接处的网状部位不再布置分布筋，分布筋与同向受力筋搭接长度 150mm。

（2）计算方法

1）原方向

① 受力筋

$(b_1 < 2500)$ 长度＝基础底板宽度（b_1）－2×保护层厚度

注：若受力筋为一级钢筋，两端各需加一个 180°弯钩，长度为 6.25×钢筋直径。

$(b_1 \geqslant 2500)$ 不减短，长度计算同 $(b_1 < 2500)$

$(b_1 \geqslant 2500)$ 减短，长度＝基础底板宽度（b_1）×0.9

注：端部第一根钢筋和底板交接区的受力钢筋不应减短。

$$根数 = \frac{布筋范围长 - 起步筋间距 \min(75,s/2) \times 个数}{间距} + 1$$

注：① 求钢筋根数除间距均向上取整，即小数点后无论是几，均向上进一个，然后再加一。

② s 代表钢筋间距。

③ 布置钢筋遇到混凝土构件边缘就需减起步筋间距。

④ $(b_1 \geqslant 2500)$ 时根数应分别计算。

② 分布筋

长度＝基础底板长度－同向受力筋布筋范围长＋（保护层厚度＋150）×个数

根数：条形基础端部交接不同，受力筋布筋范围也会不同，因分布筋与同向受力筋搭接，故会形成不同的分布筋布筋范围及单根长度。大家在计算时，应区别分布筋的不同长度计算对应的根数。在计算根数时，注意分布筋在基础梁宽范围内不设置，第一根分布筋距基础梁边的起步筋距离为 $s/2$，距混凝土构件边缘的起步筋距离为 $\min(75，s/2)$。计算方法详见案例讲解。

2）另一方向

① 受力筋

$$长度＝基础底板宽度（b_1）－2×保护层厚度$$

注：若受力筋为一级钢筋，两端各需加一个180°弯钩，长度为6.25×钢筋直径。

$$根数＝\frac{基础底板宽度－起步筋间距\min（75，s/2）×2}{间距}+1$$

② 分布筋

此处为两向受力筋交接的网状部位，故不再布置分布筋。

2. 转角梁板端部无纵向延伸配筋构造

转角梁板端部无纵向延伸指两个条形基础在此交接，并且端部没有延伸。标准构造详图见图集22G101-3第2-20页，如图2-31所示。

转角梁板端部无纵向
延伸配筋构造

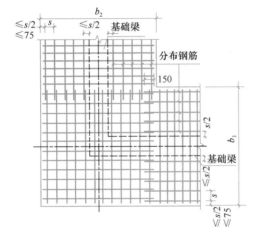

图2-31　转角梁板端部无纵向延伸配筋构造

（1）配筋原则

1）双向受力筋布置到各自方向的端部，距混凝土构件边缘的起步筋距离为$\min（75，s/2）$；

2）条形基础底板的分布筋在基础梁宽范围内不设置，第一根分布筋距基础梁边的起步筋距离为$s/2$，距混凝土构件边缘的起步筋距离为$\min（75，s/2）$；

3）在两向受力筋交接处的网状部位不再布置分布筋，分布筋与同向受力筋搭接长度150mm，距混凝土构件边缘的起步筋距离为$\min（75，s/2）$。

（2）计算方法

1）横向条形基础

① 受力筋

$$（b_1＜2500）长度＝基础底板宽度（b_1）－2×保护层厚度$$

注：若受力筋为一级钢筋，两端各需加一个180°弯钩，长度为6.25×钢筋直径。

$$（b_1≥2500）不减短，长度计算同（b_1＜2500）$$

（$b_1 \geqslant 2500$）减短，长度＝基础底板宽度（b_1）×0.9

注：端部第一根钢筋和底板交接区的受力钢筋不应减短。

$$根数 = \frac{布筋范围长 - 起步筋间距 \min(75, s/2) \times 个数}{间距} + 1$$

注：① 求钢筋根数除间距均向上取整，即小数点后无论是几，均向上进一个，然后再加一。

② s 代表钢筋间距。

③ 布置钢筋遇到混凝土构件边缘就需减起步筋间距。

④（$b_1 \geqslant 2500$）时根数应分别计算。

② 分布筋

长度＝基础底板长度－同向受力筋布筋范围长＋（保护层厚度＋150）×个数

根数：条形基础端部交接不同，受力筋布筋范围也会不同，因分布筋与同向受力筋搭接，故会形成不同的分布筋布筋范围及单根长度。大家在计算时，应区别分布筋的不同长度计算对应的根数。在计算根数时，注意分布筋在基础梁宽范围内不设置，第一根分布筋距基础梁边的起步筋距离为 $s/2$，距混凝土构件边缘的起步筋距离为 $\min(75, s/2)$。计算方法详见案例讲解。

2）竖向条形基础

① 受力筋

（$b_2 < 2500$）长度＝基础底板宽度（b_2）－2×保护层厚度

注：若受力筋为一级钢筋，两端各需加一个 180°弯钩，长度为 6.25×钢筋直径。

（$b_2 \geqslant 2500$）不减短，长度计算同（$b_2 < 2500$）

（$b_2 \geqslant 2500$）减短，长度＝基础底板宽度（b_2）×0.9

注：端部第一根钢筋和底板交接区的受力钢筋不应减短。

$$根数 = \frac{布筋范围长 - 起步筋间距 \min(75, s/2) \times 个数}{间距} + 1$$

注：根数计算方法同横向条形基础。

② 分布筋

长度＝基础底板长度－同向受力筋布筋范围长＋（保护层厚度＋150）×个数

根数：条形基础端部交接不同，受力筋布筋范围也会不同，因分布筋与同向受力筋搭接，故会形成不同的分布筋布筋范围及单根长度。大家在计算时，应区别分布筋的不同长度计算对应的根数。在计算根数时，注意分布筋在基础梁宽范围内不设置，第一根分布筋距基础梁边的起步筋距离为 $s/2$，距混凝土构件边缘的起步筋距离为 $\min(75, s/2)$。计算方法详见案例讲解。

3. 丁字交接基础底板配筋构造

丁字交接基础底板配筋可以分成两个方向来考虑，通长方向受力筋贯通布置（如图中横向条形基础的受力筋贯通布置），垂直方向受力筋布置到横向条形基础的 $b_1/4$，标准构造详图见图集 22G101-3 第 2-20 页，如图 2-32 所示。哪向受力筋贯通布置的判断原则：配置较大的受力筋贯通布置。

丁字交接基础底板配筋构造

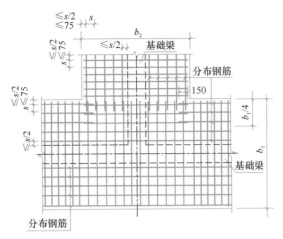

图 2-32　丁字交接基础底板

（1）配筋原则

1）通长方向受力筋贯通布置，距混凝土构件边缘的起步筋距离为 $\min(75, s/2)$；

2）垂直方向受力筋布置到横向条形基础的 $b_1/4$ 宽度处，距混凝土构件边缘的起步筋距离为 $\min(75, s/2)$；

3）条形基础底板的分布筋在基础梁宽范围内不设置，第一根分布筋距基础梁边的起步筋距离为 $s/2$，距混凝土构件边缘的起步筋距离为 $\min(75, s/2)$；

4）在两向受力筋交接处的网状部位不再布置分布筋，分布筋与同向受力筋搭接长度 150mm。

（2）计算方法

1）横向条形基础

① 受力筋

$(b_1 < 2500)$ 长度＝基础底板宽度（b_1）－2×保护层厚度

注：若受力筋为一级钢筋，两端各需加一个 180°弯钩，长度为 6.25×钢筋直径。

$(b_1 \geqslant 2500)$ 不减短，长度计算同 $(b_1 < 2500)$

$(b_1 \geqslant 2500)$ 减短，长度＝基础底板宽度（b_1）×0.9

注：端部第一根钢筋和底板交接区的受力钢筋不应减短。

$$根数 = \frac{布筋范围长 - 起步筋间距 \min(75, s/2) \times 个数}{间距} + 1$$

注：① 求钢筋根数除间距均向上取整，即小数点后无论是几，均向上进一个，然后再加一。

② s 代表钢筋间距。

③ 布置钢筋遇到混凝土构件边缘就需减起步筋间距。

④ $(b_1 \geqslant 2500)$ 时根数应分别计算。

② 分布筋

长度＝基础底板长度－同向受力筋布筋范围长＋（保护层厚度＋150）×个数

根数：条形基础端部交接不同，受力筋布筋范围也会不同，因分布筋与同向受力筋搭接，故会形成不同的分布筋布筋范围及单根长度。大家在计算时，应区别分布筋的不同长度计算对应的根数。在计算根数时，注意分布筋在基础梁宽范围内不设置，第一根分布筋距基础梁边的起步筋距离为 $s/2$，距混凝土构件边缘的起步筋距离为 min（75，$s/2$）。计算方法详见案例讲解。

2）竖向条形基础

① 受力筋

（b_2＜2500）长度＝基础底板宽度（b_2）－2×保护层厚度

注：若受力筋为一级钢筋，两端各需加一个 180°弯钩，长度为 6.25×钢筋直径。

（b_2≥2500）不减短，长度计算同（b_2＜2500）

（b_2≥2500）减短，长度＝基础底板宽度（b_2）×0.9

注：端部第一根钢筋和底板交接区的受力钢筋不应减短。

$$根数＝\frac{布筋范围长－起步筋间距 min（75，s/2）×个数}{间距}＋1$$

注：根数计算方法同横向条形基础。

② 分布筋

长度＝基础底板长度－同向受力筋布筋范围长＋（保护层厚度＋150）×个数

根数：条形基础端部交接不同，受力筋布筋范围也会不同，因分布筋与同向受力筋搭接，故会形成不同的分布筋布筋范围及单根长度。大家在计算时，应区别分布筋的不同长度计算对应的根数。在计算根数时，注意分布筋在基础梁宽范围内不设置，第一根分布筋距基础梁边的起步筋距离为 $s/2$，距混凝土构件边缘的起步筋距离为 min（75，$s/2$）。计算方法详见案例讲解。

【案例 2-4】 案例背景资料 2 中的 6 号住宅楼工程，试计算基础平板 TJB$_\text{P}$01 钢筋工程量。

解：

分析过程：

由图 2-5 可知，条形基础底板 TJB$_\text{P}$01 配筋为受力筋⊈16@150，分布筋Φ8@250。一端为无交接底板，另一端与 TJB$_\text{P}$06 转角交接，中间与 TJB$_\text{P}$06 丁字交接，计算每一段条形基础钢筋时最重要的是思路要清晰，应先画出交接部位钢筋草图再进行计算。条形基础底板配筋草图如图 2-33 所示。

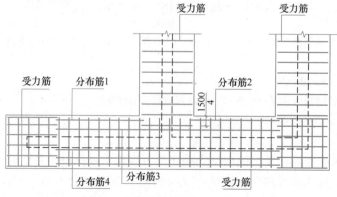

图 2-33　条形基础底板配筋草图（一）

计算过程见表 2-8。

钢筋工程量计算表　　　　　　　　　　　　　　　　表 2-8

序号	计算内容	计算式
1	受力筋⾹16@150	**分析：** 受力筋贯通布置，计算根数时注意两端各减一个起步筋间距。左侧端部另一方向在基础宽度（1500mm）范围内布置受力筋，钢筋直径、间距同基础底板受力筋。 ① 贯通布置的受力筋 $L=1.5-2\times0.04=1.42m$ 注：受力筋为三级钢筋，不需加弯钩。 $N=\dfrac{4+4+0.75+1.6/2-\min(0.075,0.150/2)\times2}{0.15}+1=64$ 根 ② 左侧端部无交接底板布置的受力筋 $L=1.5-2\times0.04=1.42m$ $N=\dfrac{1.5-\min(0.075,0.150/2)\times2}{0.15}+1=10$ 根
2	分布筋Φ8@250	**分析：** 分布筋在基础梁宽范围内不设置，第一根分布筋距基础梁边的起步筋距离 $s/2$。 在两向受力筋交接处的网状部位不再布置分布筋，因分布筋与同向受力筋搭接长度 150mm，故应考虑同向受力筋布置情况。与之同向的为左侧端部无交接底板布置的受力筋（布置到端部）、中间 TJB$_P$06 受力筋（布置到 1.5/4）、右侧 TJB$_P$06 受力筋（布置到端部）。分布筋分成三种：第一种是分布筋 1，与左侧端部无交接底板布置的受力筋、中间 TJB$_P$06 受力筋搭接；第二种是分布筋 2，与中间 TJB$_P$06 受力筋、右侧 TJB$_P$06 受力筋搭接；第三种是分布筋 3，与左侧端部无交接底板布置的受力筋、右侧 TJB$_P$06 受力筋搭接。 分布筋 1 $L_1=4-1.5/2-1.6/2+2\times0.04+2\times0.15=2.83m$ $N_1=\dfrac{1.5/4-0.25/2}{0.25}+1=2$ 根 分布筋 2 $L_2=4-1.6/2-1.6/2+2\times0.04+2\times0.15=2.78m$ $N_2=N_1=2$ 根 分布筋 3 $L_3=4+4-0.75-1.6/2+2\times0.04+2\times0.15=6.83m$ 从 1.5/4 到基础梁边的距离为：$1.5/2-0.3/2-1.5/4=0.225m$ 第一根分布筋 3 距基础梁边的起步筋距离为 $s/2=0.125m$，距分布筋 1 和分布筋 2 仅有 0.1m， 所以从 1.5/4 到基础梁边只能布置一根分布筋 3，且已经布置到边，故分布筋 1 和分布筋 2 的钢筋根数应减一。 $N_3=1$ 根 分布筋 4（从基础梁边到基础底板边） $L_4=L_3=6.83m$ $N_4=\dfrac{\dfrac{1.5}{2}-\dfrac{0.3}{2}-\dfrac{0.25}{2}-\min(0.075,0.250/2)}{0.25}+1=3$ 根
3	条形基础底板 TJB$_P$01 钢筋工程量	⾹16 长度合计：$\sum L=1.42\times(64+10)=105.08m$ 重量合计：$105.08m\times1.58kg/m=166.03kg=0.166t$ Φ8 长度合计：$\sum L=2.83\times1+2.78\times1+6.83\times(3+1)=32.93m$ 重量合计：$32.93m\times0.395kg/m=13.01kg=0.013t$

任务 2——基础钢筋工程量计算

39

4. 十字交接基础底板（转角梁板端部均有纵向延伸）配筋构造

十字交接基础底板配筋也可以分成两个方向来考虑，通长方向受力筋贯通布置（如图 2-34 中横向条形基础的受力筋贯通布置），垂直方向受力筋布置到横向条形基础的 $b_1/4$，标准构造详图见图集 22G101-3 第 2-20 页，如图 2-34 所示。受力筋贯通布置的判断原则：配置较大的受力筋贯通布置。

十字交接基础底板
配筋构造

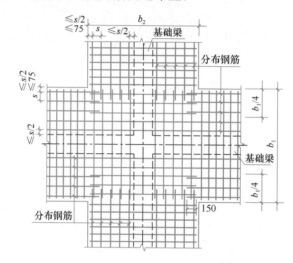

图 2-34 十字交接基础底板（转角梁板端部均有纵向延伸）配筋构造

（1）配筋原则

1）通长方向受力筋贯通布置，距混凝土构件边缘的起步筋距离为 min（75，$s/2$）；

2）垂直方向受力筋布置到横向条形基的 $b_1/4$ 宽度处，距混凝土构件边缘的起步筋距离为 min（75，$s/2$）；

3）条形基础底板的分布筋在基础梁宽范围内不设置，第一根分布筋距基础梁边的起步筋距离为 $s/2$，距混凝土构件边缘的起步筋距离为 min（75，$s/2$）；

4）在两向受力筋交接处的网状部位不再布置分布筋，分布筋与同向受力筋搭接长度 150mm。

（2）计算方法

1）横向条形基础

① 受力筋

（$b_1<2500$）长度＝基础底板宽度（b_1）－2×保护层厚度

注：若受力筋为一级钢筋，两端各需加一个 180°弯钩，长度为 6.25×钢筋直径。

（$b_1\geqslant2500$）不减短，长度计算同（$b_1<2500$）

（$b_1\geqslant2500$）减短，长度＝基础底板宽度（b_1）×0.9

注：端部第一根钢筋和底板交接区的受力钢筋不应减短。

$$根数＝\frac{布筋范围长－起步筋间距\min(75,s/2)×个数}{间距}＋1$$

注：① 求钢筋根数除间距均向上取整，即小数点后无论是几，均向上进一个，然后再加一。

② s 代表钢筋间距。

③ 布置钢筋遇到混凝土构件边缘就需减起步筋间距。

④ $(b_1 \geqslant 2500)$ 时根数应分别计算。

② 分布筋

长度＝基础底板长度－同向受力筋布筋范围长＋（保护层厚度＋150）×个数

根数：条形基础端部交接不同，受力筋布筋范围也会不同，因分布筋与同向受力筋搭接，故会形成不同的分布筋布筋范围及单根长度。大家在计算时，应区别分布筋的不同长度计算对应的根数。在计算根数时，注意分布筋在基础梁宽范围内不设置，第一根分布筋距基础梁边的起步筋距离为 $s/2$，距混凝土构件边缘的起步筋距离为 $\min(75，s/2)$。计算方法详见案例讲解。

2）竖向条形基础

① 受力筋

$(b_2 < 2500)$ 长度＝基础底板宽度 (b_2) －2×保护层厚度

注：若受力筋为一级钢筋，两端各需加一个180°弯钩，长度为 $6.25×$ 钢筋直径。

$(b_2 \geqslant 2500)$ 不减短，长度计算同 $(b_2 < 2500)$

$(b_2 \geqslant 2500)$ 减短，长度＝基础底板宽度 $(b_2)×0.9$

注：端部第一根钢筋和底板交接区的受力钢筋不应减短。

$$根数＝\frac{布筋范围长－起步筋间距\min(75，s/2)×个数}{间距}＋1$$

注：根数计算方法同横向条形基础。

② 分布筋

长度＝基础底板长度－同向受力筋布筋范围长＋（保护层厚度＋150）×个数

根数：条形基础端部交接不同，受力筋布筋范围也会不同，因分布筋与同向受力筋搭接，故会形成不同的分布筋布筋范围及单根长度。大家在计算时，应区别分布筋的不同长度计算对应的根数。在计算根数时，注意分布筋在基础梁宽范围内不设置，第一根分布筋距基础梁边的起步筋距离为 $s/2$，距混凝土构件边缘的起步筋距离为 $\min(75，s/2)$。计算方法详见案例讲解。

【案例 2-5】案例背景资料 2 中的 6 号住宅楼工程，试计算基础平板 TJB_P03 钢筋工程量。

解：

分析过程：条形基础底板 TJB_P03 配筋为受力筋⊕16@150，分布筋Φ8@250。一端与 TJB_P04 转角交接，中间与 TJB_P04 十字交接，另一端与 TJB_P04 转角交接，计算每一段条形基础钢筋时最重要的是思路要清晰，应先画出交接部位钢筋草图再进行计算。条形基础底板配筋草图如图 2-35 所示。

计算过程见表 2-9。

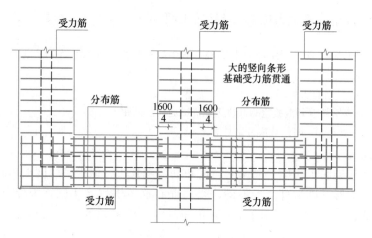

图 2-35　条形基础底板配筋草图（二）

钢筋工程量计算表

表 2-9

序号	计算内容	计算式
1	受力筋 Φ 16@150	分析：TJB$_P$03 与 TJB$_P$04 十字交接处，因 TJB$_P$04 的配筋大，故 TJB$_P$04 的受力筋贯通布置，TJB$_P$03 的受力筋两边均伸入 TJB$_P$04 布置到 1.6/4；TJB$_P$03 与 TJB$_P$04 转角交接处，受力筋布置到端部。计算根数时注意布置到端部的需减一个起步筋间距。 $L=1.5-2\times0.04=1.42\text{m}$ 注：受力筋为三级钢筋，不需加弯钩。 $N=\left(\dfrac{4-1.6/2+1.6/2+1.6/4-\min\,(0.075,\ 0.150/2)}{0.15}+1\right)\times2=30\ 根\times2\ 处=60\ 根$
2	分布筋 Φ 8@250	分析：分布筋在基础梁宽范围内不设置，第一根分布筋距基础梁边的起步筋距离为 $s/2$，距混凝土构件边缘的起步筋距离为 $\min\,(75,\ s/2)$。 　　在两向受力筋交接处的网状部位不再布置分布筋，因分布筋与同向受力筋搭接长度 150mm，故应考虑同向受力筋布置情况。与之同向的均为 TJB$_P$04 的受力筋（贯通布置）。分布筋只有一种情况：与两侧 TJB$_P$04 的受力筋搭接。 $L=4-1.6+2\times0.04+2\times0.15=2.78\text{m}$ $N=\left(\dfrac{1.5/2-0.3/2-\min\,(0.075,\ 0.25/2)-0.25/2}{0.25}+1\right)\times4=3\ 根\times4\ 处=12\ 根$
3	条形基础底板 TJB$_P$03 钢筋工程量	Φ 16 长度合计：$\sum L=1.42\times60=85.20\text{m}$ 重量合计：$85.20\text{m}\times1.58\ \text{kg/m}=134.62\text{kg}=0.135\text{t}$ Φ 8 长度合计：$\sum L=2.78\times12=33.36\text{m}$ 重量合计：$33.36\text{m}\times0.395\text{kg/m}=13.17\text{kg}=0.013\text{t}$

2.4 筏形基础钢筋计算

筏形基础一般用于高层建筑框架柱或剪力墙下，建筑物上部荷载较大而地基承载能力比较弱，用独立基础或条形基础已不能适应地基承载力的要求，这时常将墙或柱下基础连成一片，使整个建筑物的荷载承受在一块整板上。筏形基础分为梁板式筏形基础和平板式筏形基础。

梁板式筏形基础由基础主梁（JL）、基础次梁（JCL）和基础平板（LPB）组成，编号见图集22G101-3第1-24页，见表2-10。

表 2-10
梁板式筏形基础构件编号

构件类型	代号	序号	跨数及有无外伸
基础主梁（柱下）	JL	××	（××）或（××A）或（××B）
基础次梁	JCL	××	（××）或（××A）或（××B）
梁板式筏形基础平板	LPB	××	—

注：1.（××A）为一端有外伸，（××B）为两端有外伸，外伸不计入跨数。

【例】JL7（5B）表示第7号基础主梁，5跨，两端有外伸。

2. 梁板式筏形基础平板跨数及是否有外伸分别在 X、Y 两向的贯通纵筋之后表达。图面从左至右为 X 向，从下至上为 Y 向。

3. 梁板式筏形基础主梁与条形基础梁编号与标准构造详图一致。

平板式筏形基础可划分为柱下板带（ZXB）和跨中板带（KZB）；也可不分板带，按基础平板（BPB）进行表达。基础平板与柱下板带、跨中板带为不同的表达方式，但是可以表达同样的内容。当整片板式筏形基础配筋比较规律时，采用基础平板表达方式。平板式筏形基础构件编号见图集22G101-3第1-32页，见表2-11。

表 2-11
平板式筏形基础构件编号

构件类型	代号	序号	跨数及有无外伸
柱下板带	ZXB	××	（××）或（××A）或（××B）
跨中板带	KZB	××	（××）或（××A）或（××B）
平板式筏形基础平板	BPB	××	—

筏形基础的分类及构成，如图2-36所示。

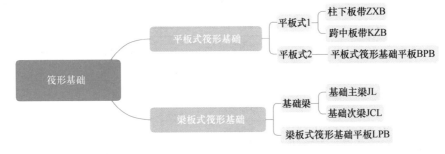

图 2-36 筏形基础的分类及构成

筏形基础的钢筋种类为图 2-37 所示内容。

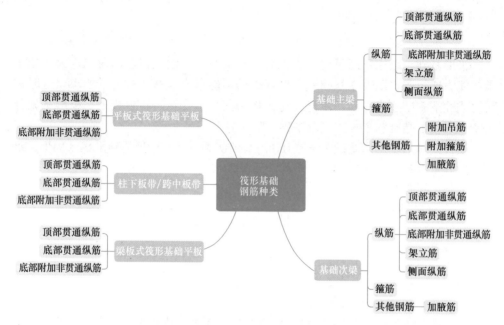

图 2-37　筏形基础钢筋种类

下面我们来了解梁板式筏形基础中的基础主梁和基础次梁。

2.4.1　基础主梁钢筋计算

根据图集 22G101-3 第 1-24 页 4.2.2 可知：梁板式筏形基础主梁与条形基础梁编号与标准构造详图一致。基础主梁钢筋种类及端部情况见表 2-12，有的基础主梁还涉及变截面、高差等情况。

基础主梁钢筋种类及端部情况　　　　　　　　　　　　　　表 2-12

	钢筋种类	端部情况
基础主梁钢筋	顶部贯通纵筋	
	底部贯通纵筋	
	底部非贯通纵筋	
	架立筋	1. 有外伸/无外伸
	侧面纵筋	2. 有变截面
	箍筋	3. 有高差
	附加吊筋	
	附加箍筋	
	加腋筋	

基础梁纵向钢筋标准构造详图见图集 22G101-3 第 2-23 页，如图 2-38 所示。

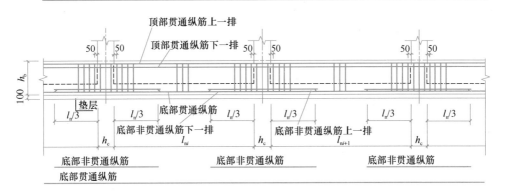

图 2-38　基础梁纵向钢筋

1. 顶部贯通纵筋

顶部贯通纵筋

由图 2-38 可知，顶部贯通纵筋是沿基础梁上部全跨通长设置的钢筋，其计算方法如下：

顶部贯通纵筋长度＝（各跨净跨长之和＋各中间支座宽度之和＋端支座锚固长度）×根数

① 根数从图纸中可以读取。

② 各跨净跨长 l_n 图纸中可以读取，如图 l_{ni}、l_{ni+1} 等。

③ 各中间支座宽度图纸中可以读取，如图 h_c。

④ 端支座锚固长度需看标准构造详图，见图集 22G101-3 第 2-25 页，计算分为三种情况：无外伸构造、等截面外伸构造、变截面外伸构造。

（1）无外伸构造

顶部贯通纵筋端支座无外伸构造标准构造详图如图 2-39 所示。

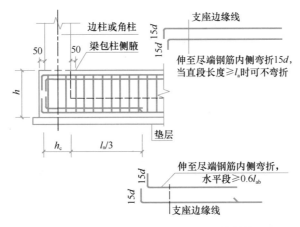

图 2-39　梁板式筏形基础梁端部无外伸构造

比较（h_c＋50－基础梁保护层厚度）与 l_a 的大小，如果（h_c＋50－基础梁保护层厚度）≥l_a 则采用直锚，直锚长度取（h_c＋50－基础梁保护层厚度）；如果

（h_c+50-基础梁保护层厚度）$<l_a$ 则采用弯锚，弯锚长度取（h_c+50-基础梁保护层厚度$+15d$）；顶部贯通纵筋上一排、下一排算法一致。顶部贯通纵筋端部无外伸构造端支座锚固长度见表 2-13。

无外伸构造端支座锚固长度 表 2-13

锚固形式判断	锚固形式	端支座锚固长度
h_c+50-基础梁保护层$\geqslant l_a$	直锚	h_c+50-基础梁保护层厚度
h_c+50-基础梁保护层$<l_a$	弯锚	h_c+50-基础梁保护层厚度$+15d$

注：1. h_c 为支座宽可以从图纸中查出。

　　2. d 为所计算顶部贯通纵筋钢筋直径，可以从图纸中查出。

　　3. l_a 为受拉钢筋锚固长度；依据基础梁混凝土强度等级、钢筋种类、钢筋直径从图集 22G101-3 第 2-3 页表格中查到。

（2）等截面外伸构造

顶部贯通纵筋端支座等截面外伸构造标准构造详图如图 2-40 所示。

1）顶部贯通纵筋上一排端支座锚固长度：从柱内侧算起锚入 $h_c+l'_n-$基础梁保护层厚度$+12d$

2）顶部贯通纵筋下一排端支座锚固长度：从柱内侧算起锚入 l_a

（3）变截面外伸构造

顶部贯通纵筋端支座变截面外伸构造标准构造详图如图 2-41 所示。

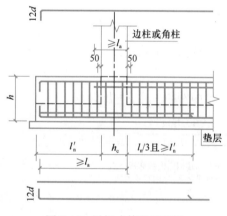

图 2-40　梁板式筏形基础梁端部等截面外伸构造

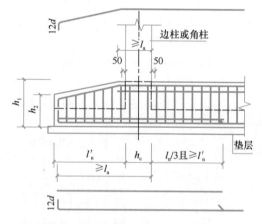

图 2-41　梁板式筏形基础梁端部变截面外伸构造

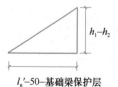

图 2-42　基础梁端部变截面斜段长

1）顶部贯通纵筋上一排端支座锚固长度：从柱内侧算起锚入 h_c+50+斜段长$+12d$

注：斜段长计算，如图 2-42 所示。

$$斜段长=\sqrt{(h_1-h_2)^2+(l'_n-50-基础梁保护层厚度)^2}$$

2）顶部贯通纵筋下一排端支座锚固长度：从柱内侧算起锚入 l_a

【案例2-6】 案例背景资料3中的某办公楼工程，试计算JL2顶部贯通纵筋的钢筋工程量。

解：

计算过程见表2-14。

钢筋工程量计算表　　　　　　　　　　　　　　表2-14

序号	计算内容	计算式
1	T：6⏀25	因基础梁侧面封边采用底部与顶部纵筋弯钩交错150mm，故顶、底部贯通纵筋弯折长度为： $0.075+\dfrac{1.2-0.04\times2}{2}=0.635\text{m}$ 顶部贯通筋上一排： $l=1.3+6+2.4+6.9+1.2-0.04\times2+0.635\times2=18.99\text{m}$（1个接头） $\sum l=18.99\times6=113.94\text{m}$（6个接头） 顶部贯通筋下一排： $l_a=35\times0.025=0.875\text{m}$ ③～④2⏀25L$=6.9-0.6+0.875\times2=8.05\text{m}$ $\sum l=8.05\times2=16.10\text{m}$
2	JL2顶部贯通纵筋的钢筋工程量	⏀25 长度合计：$\sum l=113.94+16.10=130.04\text{m}$ 重量合计：130.04m×3.85kg/m＝500.65kg＝0.501t

2. 底部贯通纵筋

基础梁纵向钢筋标准构造详图见图集22G101-3第2-23页，如图2-38所示。

由图2-38可知，底部贯通纵筋是沿基础梁底部全跨通长设置的钢筋，其计算方法如下：

底部贯通纵筋长度＝（各跨净跨长之和＋各中间支座宽度之和
　　　　　　　　　＋端支座锚固长度）×根数

① 根数从图纸中可以读取。

② 各跨净跨长 l_n 从图纸中可以读取，如图 l_{ni}、l_{ni+1} 等。

③ 各中间支座宽度从图纸中可以读取，如图 h_c。

④ 端支座锚固长度需看标准构造详图，见图集22G101-3第2-25页，计算分为三种情况：无外伸构造、等截面外伸构造、变截面外伸构造。

（1）无外伸构造

底部贯通纵筋无外伸构造端支座锚固长度，如图2-39所示。

由图2-39可知，底部贯通纵筋伸至基础梁尽端弯折15d且水平段≥0.6l_{ab}。

底部贯通纵筋端支座锚固长度：h_c＋50－基础梁保护层厚度＋15d

注：① h_c 为支座宽可以从图纸中查出。

② d 为所计算底部贯通纵筋钢筋直径，可以从图纸中查出。

③ 水平段长度（h_c＋50－基础梁保护层厚度）构造要求≥0.6l_{ab}，其中≥0.6l_{ab}为设计

要求，如果不满足，需要找设计部门协商。l_{ab}为受拉钢筋基本锚固长度：依据基础梁混凝土强度等级、钢筋种类从图集22G101-3第2-2页表格查到。

（2）等截面外伸构造

底部贯通纵筋等截面外伸构造端支座锚固长度如图2-40所示。

由图集22G101-3第2-25页注可知：端部等（变）截面外伸构造中，当从柱内边算起的梁端部外伸长度不满足直锚要求时，基础梁下部钢筋应伸至端部后弯折，且从柱内边算起水平段长度$\geqslant 0.6l_{ab}$，弯折段长度$15d$。故需比较（$h_c+l'_n-$基础梁保护层）与l_a的大小，如果（$h_c+l'_n-$基础梁保护层厚度）$\geqslant l_a$则伸至基础梁尽端弯折$12d$，锚固长度取（$h_c+l'_n-$基础梁保护层厚度$+12d$）；如果（$h_c+l'_n$$-$基础梁保护层厚度）$<l_a$则伸至基础梁尽端弯折$15d$，锚固长度取（$h_c+l'_n-$基础梁保护层厚度$+15d$）。底部贯通纵筋等截面外伸构造端支座锚固长度见表2-15所示。

底部贯通纵筋等截面外伸构造端支座锚固长度 　　　　　　　　表2-15

锚固形式判断	锚固形式	端支座锚固长度
$h_c+l'_n-$基础梁保护层厚度$\geqslant l_a$	弯锚	$h_c+l'_n-$基础梁保护层厚度$+12d$
$h_c+l'_n-$基础梁保护层厚度$<l_a$	弯锚	$h_c+l'_n-$基础梁保护层厚度$+15d$

注：1. h_c为支座宽可以从图纸中查出。

　　2. d为所计算底部贯通纵筋钢筋直径，可以从图纸中查出。

　　3. l_a为受拉钢筋锚固长度：依据基础梁混凝土强度等级、钢筋种类、钢筋直径从图集22G101-3第2-2页表格中查到。

　　4. l'_n从柱外侧到基础梁尽端的长度。

（3）变截面外伸构造

底部贯通纵筋变截面外伸构造端支座锚固长度如图2-41所示。

由图集22G101-3第2-25页注可知：端部等（变）截面外伸构造中，当从柱内边算起的梁端部外伸长度不满足直锚要求时，基础梁下部钢筋应伸至端部后弯折，且从柱内边算起水平段长度$\geqslant 0.6l_{ab}$，弯折段长度$15d$。比较（$h_c+l'_n-$基础梁保护层）与l_a的大小，如果（$h_c+l'_n-$基础梁保护层）$\geqslant l_a$则伸至基础梁尽端弯折$12d$，锚固长度取（$h_c+l'_n-$基础梁保护层厚度$+12d$）；如果（$h_c+l'_n-$基础梁保护层厚度）$<l_a$则伸至基础梁尽端弯折$15d$，锚固长度取（$h_c+l'_n-$基础梁保护层厚度$+15d$）。底部贯通纵筋变截面外伸构造端支座锚固长度见表2-16。

底部贯通纵筋变截面外伸构造端支座锚固长度 　　　　　　　　表2-16

锚固形式判断	锚固形式	端支座锚固长度
$h_c+l'_n-$基础梁保护层厚度$\geqslant l_a$	弯锚	$h_c+l'_n-$基础梁保护层厚度$+12d$
$h_c+l'_n-$基础梁保护层厚度$<l_a$	弯锚	$h_c+l'_n-$基础梁保护层厚度$+15d$

注：1. h_c为支座宽可以从图纸中查出。

　　2. d为所计算底部贯通纵筋钢筋直径，可以从图纸中查出。

　　3. l_a为受拉钢筋锚固长度：依据基础梁混凝土强度等级、钢筋种类、钢筋直径从图集22G101-3第2-2页表格中查到。

　　4. l'_n从柱外侧到基础梁尽端的长度。

【案例 2-7】 案例背景资料 3 中的某办公楼工程，试计算 JL2 底部贯通纵筋的钢筋工程量。

解：

计算过程见表 2-17。

钢筋工程量计算表 表 2-17

序号	计算内容	计算式
1	B：6 Φ 25	因基础梁侧面封边采用底部与顶部纵筋弯钩交错 150mm，故顶、底部贯通纵筋弯折长度为： $0.075+\dfrac{1.2-0.04\times2}{2}=0.635\mathrm{m}$ $l=1.3+6+2.4+6.9+1.2-0.04\times2+0.635\times2=18.99\mathrm{m}$（1 个接头）
2	封边侧面 构造纵筋 3Φ 8	分析：封边侧面构造纵筋的计算方法详见筏板基础部分 $l=0.5-0.04\times2+6.25\times0.008\times2+15\times0.008\times2=0.76\mathrm{m}$
3	JL2 底部贯通纵筋 的钢筋工程量	Φ 25 长度合计：$\sum l=18.99\times6=113.94\mathrm{m}$（6 个接头） 重量合计：$113.94\mathrm{m}\times3.85\mathrm{kg/m}=438.67\mathrm{kg}=0.439\mathrm{t}$ Φ 8 长度合计：$\sum l=0.76\times3$ 根 $\times2$ 面 $=4.56\mathrm{m}$ 重量合计：$4.56\mathrm{m}\times0.395\mathrm{kg/m}=1.80\mathrm{kg}=0.002\mathrm{t}$

3. 底部非贯通纵筋

基础梁纵向钢筋标准构造详图见图集 22G101-3 第 2-23 页，如图 2-38 所示。

底部非贯通纵筋

底部非贯通纵筋可分为中间支座底部非贯通纵筋和端支座底部非贯通纵筋。

由图集 22G101-3 第 1-26 页 4.4.1 可知，为方便施工，凡基础主梁柱下区域和基础次梁支座区域底部非贯通纵筋的伸出长度 a_0 值，当配置不多于两排时，在标准构造详图中统一取值为自支座边向跨内伸出至 $l_n/3$ 位置；当非贯通纵筋配置多于两排时，从第三排起向跨内的伸出长度值应由设计者注明。l_n 的取值规定为：边跨边支座的底部非贯通纵筋，l_n 取本边跨的净跨长度值；中间支座的底部非贯通纵筋，l_n 取支座两边较大一跨的净跨长度值。

（1）中间支座底部非贯通纵筋

1）长度

① 中间支座底部非贯通纵筋长度第一排：

$l_n/3+$ 中间支座宽度 $+l_n/3$

② 中间支座底部非贯通纵筋长度第二排：

$l_n/3+$ 中间支座宽度 $+l_n/3$

③ 中间支座底部非贯通纵筋长度第三排：

中间支座宽度＋向跨内的伸出长度值（设计者注明）×2

注：中间支座底部非贯通纵筋从下往上，依次为第一排、第二排、第三排。

2）根数

根数由设计标注，可从图纸中查出。

（2）端支座底部非贯通纵筋

端支座底部非贯通纵筋长度需看标准构造详图，见图集 22G101-3 第 2-25 页，计算分为三种情况：无外伸构造、等截面外伸构造、变截面外伸构造，如图 2-39 所示。

1）长度

①无外伸构造

端支座底部非贯通纵筋在无外伸构造中的长度，如图 2-39 所示。

由图 2-39 可知，底部非贯通纵筋伸至基础梁尽端且水平段长度 $\geq 0.6l_{ab}$，弯折段长度 $15d$。

第一排、第二排端支座底部非贯通纵筋长度：$h_c + 50 -$ 基础梁保护层厚度 $+ 15d + l_n/3$

注：① h_c 为支座宽可以从图纸中查出。

② d 为所计算底部非贯通纵筋钢筋直径，可以从图纸中查出。

③ 水平段长度（$h_c + 50 -$ 基础梁保护层厚度）构造要求 $\geq 0.6l_{ab}$，其中 $\geq 0.6l_{ab}$ 为设计要求，如果不满足，需要找设计部门协商。l_{ab} 为受拉钢筋基本锚固长度：依据基础梁混凝土强度等级、钢筋种类、从图集 22G101-3 第 2-2 页表格查到。

④ l_n 取本边跨的净跨长度值。

② 等截面外伸构造

端支座底部非贯通纵筋在等截面外伸构造中的长度，如图 2-40 所示。

底部非贯通纵筋长度＝端支座锚固长度＋$\max(l_n/3, l'_n)$

由图集 22G101-3 第 2-25 页注可知：端部等（变）截面外伸构造中，当从柱内边算起的梁端部外伸长度不满足直锚要求时，基础梁下部钢筋应伸至端部后弯折，且从柱内边算起水平段长度 $\geq 0.6l_{ab}$，弯折段长度 $15d$。因此需比较（$h_c + l'_n -$ 基础梁保护层厚度）与 l_a 的大小，如果（$h_c + l'_n -$ 基础梁保护层厚度）$\geq l_a$ 则伸至基础梁尽端弯折 $12d$，锚固长度取（$h_c + l'_n -$ 基础梁保护层厚度 $+ 12d$）；如果（$h_c + l'_n -$ 基础梁保护层厚度）$< l_a$ 则伸至基础梁尽端弯折 $15d$，锚固长度取（$h_c + l'_n -$ 基础梁保护层厚度 $+ 15d$）；梁板式筏形基础梁端部等截面外伸底部非贯通纵筋第一排端支座锚固长度见表 2-18。

等截面外伸底部非贯通纵筋端支座锚固长度　　　　　　　　表 2-18

锚固形式判断	锚固形式	端支座锚固长度
$h_c + l'_n -$ 基础梁保护层厚度 $\geq l_a$	弯锚	$h_c + l'_n -$ 基础梁保护层厚度 $+ 12d$
$h_c + l'_n -$ 基础梁保护层厚度 $< l_a$	弯锚	$h_c + l'_n -$ 基础梁保护层厚度 $+ 15d$

即：（$h_c + l'_n -$ 基础梁保护层厚度）$\geq l_a$

底部非贯通纵筋长度第一排：$h_c+l_n'-$基础梁保护层厚度$+12d+\max(l_n/3,\ l_n')$

底部非贯通纵筋长度第二排：$h_c+l_n'-$基础梁保护层厚度$+\max(l_n/3,\ l_n')$

$(h_c+l_n'-$基础梁保护层厚度$)<l_a$

底部非贯通纵筋长度第一排：$h_c+l_n'-$基础梁保护层厚度$+15d+\max(l_n/3,\ l_n')$

底部非贯通纵筋长度第二排：$h_c+l_n'-$基础梁保护层厚度$+\max(l_n/3,\ l_n')$

注：① h_c 为支座宽可以从图纸中查出。

② d 为所计算底部非贯通纵筋钢筋直径，可以从图纸中查出。

③ 水平段长度（$h_c+l_n'-$基础梁保护层厚度）构造要求$\geqslant0.6l_{ab}$，其中$\geqslant0.6l_{ab}$为设计要求，如果不满足，需要找设计部门协商。l_{ab}为受拉钢筋基本锚固长度：依据基础梁混凝土强度等级、钢筋种类从图集 22G101-3 第 2-2 页表格查到。

④ l_n 取本边跨的净跨长度值。

⑤ l_n' 为柱外边缘到基础梁外边缘的距离。

⑥ l_a 为受拉钢筋锚固长度：依据基础梁混凝土强度等级、钢筋种类、钢筋直径从图集 22G101-3 第 2-3 页表格查到。

③ 变截面外伸构造

端支座底部非贯通纵筋在变截面外伸构造中的长度，如图 2-41 所示。

分析过程同等截面外伸构造。

即：（$h_c+l_n'-$基础梁保护层厚度）$\geqslant l_a$

底部非贯通纵筋长度第一排：$h_c+l_n'-$基础梁保护层厚度$+12d+\max(l_n/3,\ l_n')$

底部非贯通纵筋长度第二排：$h_c+l_n'-$基础梁保护层厚度$+\max(l_n/3,\ l_n')$

（$h_c+l_n'-$基础梁保护层厚度）$<l_a$

底部非贯通纵筋长度第一排：$h_c+l_n'-$基础梁保护层厚度$+15d+\max(l_n/3,\ l_n')$

底部非贯通纵筋长度第二排：$h_c+l_n'-$基础梁保护层厚度$+\max(l_n/3,\ l_n')$

2）根数

根数由设计标注，可从图纸中查出。

【案例 2-8】 案例背景资料 3 中的某办公楼工程，试计算 JL2 底部非贯通纵筋的钢筋工程量。

解：

计算过程见表 2-19。

钢筋工程量计算表　　　　　　　　　　　　　　　　　　　　　　　　表 2-19

序号	计算内容	计算式
1	①轴 2 $\underline{\Phi}$ 25	$h_c+l_n'-$基础梁保护层厚度$=0.6+(1.3-0.3)-0.04=1.56\text{m}$ $l_a=35\times0.025=0.875\text{m}$ （$h_c+l_n'-$基础梁保护层厚度）$>l_a$ $l_n'=1.3-0.3=1\text{m}$ $l_{n1}/3=(6-0.3\times2)/3=1.8\text{m}$ $l=0.6+1+1.8-0.04=3.36\text{m}$ $\sum l=3.36\times2=6.72\text{m}$

序号	计算内容	计算式
2	②轴 2⊈25	$l_{n1}/3=(6-0.3\times2)/3=1.8\text{m}$ $l_{n2}/3=(2.4-0.3\times2)/3=0.6\text{m}$ $l=0.6+1.8\times2=4.2\text{m}$ $\sum l=4.2\times2=8.40\text{m}$
3	③轴 2⊈25	$l_{n2}/3=(2.4-0.3\times2)/3=0.6\text{m}$ $l_{n3}/3=(6.9-0.3\times2)/3=2.1\text{m}$ 而②轴~③轴净跨长1.8m，②轴底部非贯通纵筋已伸入1.8m，故②轴、③轴底部非贯通纵筋连通，③轴底部非贯通纵筋只算伸入右侧跨长度即可。 $l=0.6+2.1=2.7\text{m}$ $\sum l=2.7\times2=5.40\text{m}$
4	④轴 2⊈25	$h_c+l_n'-$基础梁保护层厚度$=0.6+(1.2-0.3)-0.04=1.46\text{m}$ $l_a=35\times0.025=0.875\text{m}$ $(h_c+l_n'-$基础梁保护层厚度$)>l_a$ $l_n'=1.2-0.3=0.9\text{m}$ $l_{n3}/3=2.1$ 故选$l_{n3}/3=2.1$ $l=0.6+0.9+2.1-0.04=3.56\text{m}$ $\sum l=3.56\times2=7.12\text{m}$
5	JL2底部非贯通纵筋的钢筋工程量	⊈25 长度合计：$\sum l=6.72+8.40+5.40+7.12=27.64\text{m}$ 重量合计：$27.64\text{m}\times3.85\text{kg/m}=106.41\text{kg}=0.106\text{t}$

4. 架立筋

由图集22G101-3第1-24页4.3.2可知：当跨中所注底部贯通纵筋根数少于箍筋肢数时，需要在跨中加设架立筋以固定箍筋，注写时，用加号"+"将非贯通纵筋与架立筋相连，架立筋注写在加号后面的括号内。

架立筋

架立筋构造如图2-43所示。

图2-43 架立筋

架立筋设置于基础梁下部跨中位置，与非贯通纵筋搭接。其计算方法如下：

（1）长度

长度＝本跨净跨长－左右非贯通纵筋伸入跨内的长度＋搭接长度×2

注：① 本跨净跨长l_n可以从图纸中读取。

② 左右非贯通纵筋伸入跨内的长度分为两种情况：端支座处取本跨净跨长的 1/3；中间支座处取左右相邻两跨净跨长较大值的 1/3。

③ 搭接长度为 150mm。

（2）根数

根数由设计标注，可从图纸中查出。

5. 侧面纵筋

（1）基础梁侧面构造纵筋

基础梁侧面构造纵筋标准构造详图见图集 22G101-3 第 2-26 页，如图 2-44 所示。

侧面纵筋

由图集 22G101-3 第 1-24 页 4.3.2 可知，以大写字母 G 打头注写基础梁两侧面对称设置的纵向构造钢筋的总配筋值（当梁腹板高度 h_w 不小于 450mm 时，根据需要配置）。如 G8Φ16，表示梁的两个侧面共配置 8Φ16 的纵向构造钢筋，每侧各配置 4Φ16。当为梁侧面构造钢筋时，其搭接与锚固长度可取为 15d。

根据图集 22G101-3 第 2-26 页注 1 可知：基础梁侧面纵向构造钢筋搭接长度为 15d。十字相交的基础梁，当相交位置有柱时，侧面构造纵筋锚入梁包柱侧腋内 15d（见图一、图二、图三）；当无柱时，侧面构造纵筋锚入交叉梁内 15d（见图四）。

图 2-44 基础梁侧面构造纵筋和拉筋（$a \leqslant 200$）

丁字相交的基础梁，当相交位置无柱时，横梁外侧的构造纵筋应贯通，横梁内侧的构造纵筋锚入交叉梁内 15d（见图五）。如图 2-45 所示。

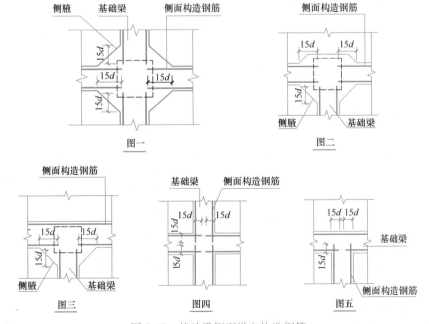

图 2-45 基础梁侧面纵向构造钢筋

1）长度

$$长度＝l_n＋锚固长度×2＋搭接长度×个数$$

注：① l_n 取本跨的净跨长度值。

② 梁侧面构造钢筋为一跨一锚固，锚固长度为 $15d$，d 为所计算梁侧面构造钢筋的钢筋直径，可以从图纸中查出。

③ 计算（$l_n＋锚固长度×2$）的长度，再根据钢筋的定尺尺寸来判断是否需要搭接及搭接个数，搭接长度为 $15d$。

2）根数

根数由设计标注，可从图纸中查出。

（2）梁侧面抗扭钢筋

由图集 22G101-3 第 1-24 页 4.3.2 可知，当需要配置抗扭纵向钢筋时，梁两个侧面设置的抗扭纵向钢筋以 N 打头。如 N8Φ16，表示梁的两个侧面共配置 8Φ16 的纵向抗扭钢筋，沿截面周边均匀对称设置。当为梁侧面受扭纵向钢筋时，其锚固长度为 l_a，搭接长度为 l_l，其锚固方式同基础梁上部纵筋。

1）长度

梁侧面抗扭钢筋长度＝l_n＋锚固长度×2＋搭接长度×个数

注：① l_n 取本跨的净跨长度值。

② 梁侧面抗扭钢筋为一跨一锚固，锚固长度为 l_a，l_a 为受拉钢筋锚固长度：依据基础梁混凝土强度等级、钢筋种类、钢筋直径从图集 22G101-3 第 2-3 页表格查到。

③ 计算（$l_n＋锚固长度×2$）的长度，再根据钢筋的定尺尺寸来判断是否需要搭接及搭接个数，搭接长度为 l_l。l_l 为纵向受拉钢筋搭接长度：依据基础梁混凝土强度等级、钢筋种类、同一区段内搭接钢筋面积百分率、钢筋直径从图集 22G101-3 第 2-5 页表格查到。

2）根数

根数由设计标注，可从图纸中查出。

（3）拉筋

1）长度

$$长度＝基础梁宽－保护层厚度×2＋1.9d×2＋\max(75，10d)×2$$

注：d 为所计算拉筋的钢筋直径，可以从图纸中查出。

由图集 22G101-3 第 2-26 页注 2 可知，梁侧钢筋的拉筋直径除注明者外均为 8mm，间距为箍筋间距的 2 倍。当设有多排拉筋时，上下两排拉筋竖向错开设置。

2）根数

$$根数＝（l_n－0.05×2）÷间距＋1$$

注：① l_n 取本跨的净跨长度值。

② 因为拉筋绑扎在箍筋上，故按箍筋的起步筋间距 50mm 来扣减。

3）排数

与基础梁侧面钢筋排数一致。

【案例 2-9】案例背景资料 3 中的某办公楼工程，试计算 JL2 侧面纵筋及拉筋的钢筋工程量。

解:

计算过程见表2-20。

钢筋工程量计算表 　　　　　　　　　　　　　　表 2-20

序号	计算内容	计算式
1	G4 Φ 16	①左：$l=1.3-0.3-0.04+15\times0.016\times2=1.44$m $\sum l=1.44\times4=5.76$m ①~②：$l=6-0.3\times2+15\times0.016\times2=5.88$m $\sum l=5.88\times4=23.52$m ②~③：$l=2.4-0.3\times2+15\times0.016\times2=2.28$m $\sum l=2.28\times4=9.12$m ③~④：$l=6.9-0.3\times2+15\times0.016\times2=6.78$m $\sum l=6.78\times4=27.12$m ④右：$l=1.2-0.3-0.04+15\times0.016\times2=1.34$m $\sum l=1.34\times4=5.36$m
2	拉筋Φ8@300 （共两排）	$l=0.5-2\times0.04+\max(0.075,10\times0.008)\times2+1.9\times0.008\times2=0.61$m ①左：$N=\dfrac{1.3-0.3-0.05-\min(0.075,0.3/2)}{0.3}+1=4$ 根 ①~②：$N=\dfrac{6-0.3\times2-0.05\times2}{0.3}+1=19$ 根 ②~③：$N=\dfrac{2.4-0.3\times2-0.05\times2}{0.3}+1=7$ 根 ③~④：$N=\dfrac{6.9-0.3\times2-0.05\times2}{0.3}+1=22$ 根 ④右：$N=\dfrac{1.2-0.3-0.05-\min(0.075,0.300/2)}{0.3}+1=4$ 根
3	JL2 侧面纵筋及 拉筋的钢筋 工程量	Φ 16 长度合计：$\sum l=5.76+23.52+9.12+27.12+5.36=70.88$m 重量合计：70.88m$\times$1.58kg/m=111.99kg=0.112t Φ 8 长度合计：$\sum l=0.61\times56$ 根$\times2$ 排$=68.32$m 重量合计：68.32m$\times$0.395kg/m=26.99kg=0.027t

6. 箍筋

基础梁箍筋标准构造详图见图集 22G101-3 第 2-24 页，如图 2-46 所示。

由图集 22G101-3 第 1-24 页 4.3.2 可知，①当采用一种箍筋间距时，注写钢筋级别、直径、间距与肢数（写在括号内）。②当采用两种箍筋时，用"/"分隔不同箍筋，按照从基础梁两端向跨中的顺序注写。先注写第一段箍筋（在前面加注箍数），在斜线后再注写第二段箍筋（不再加注箍数）。两向基础主梁相交的柱下区域，应有一向截面较高的基础主梁箍筋贯通设置；当两向基础主梁高度相同时，任选一向基础主梁箍筋贯

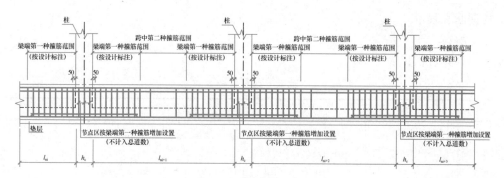

图 2-46　基础梁配置两种箍筋构造

通设置。如 9ϕ16@100/ϕ16@200(6)，表示配置 HPB300，直径为 16mm 的箍筋。间距为两种，从梁两端起向跨内按箍筋间距 100mm 每端各设置 9 道，基础梁其余部位的箍筋间距为 200mm，均为 6 肢箍。

（1）基础主梁箍筋构造要点

1）基础主梁全长布置箍筋；

2）箍筋起步筋距离为距柱边 50mm；

3）当具体设计未注明时，节点区域箍筋按梁端第一种箍筋设置，不计入第一种箍筋的总道数，起步筋距离也为距柱边 50mm；

4）当具体设计未注明时，基础梁等（变）截面外伸部位按第一种箍筋设置。

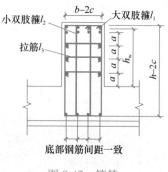

图 2-47　箍筋

（2）箍筋长度计算公式（以 4 肢箍为例）

箍筋长度计算参照图 2-47 进行。

1）大双肢箍 l_1 计算公式 $= [(b-2c)+(h-2c)] \times 2 + 1.9d \times 2 + \max(10d, 75) \times 2$

注：① b、h 为基础梁的宽、高，在图纸中查找。

② c 为基础梁混凝土保护层厚度，在图纸或图集中查找。

③ d 为箍筋直径。

2）小双肢箍 l_2 计算公式 $= [b_1 + (h-2c)] \times 2 + 1.9d \times 2 + \max(10d, 75) \times 2$

$$b_1 = \frac{(b-2c-2d-2 \times D/2)}{n-1} \times (n_1-1) + 2 \times D_1/2 + 2d$$

注：① b、h 为基础梁的宽、高，在图纸中查找。

② c 为基础梁混凝土保护层，在图纸或图集中查找。

③ d 为箍筋直径。

④ D 为基础梁底部角筋直径，D_1 为基础梁底部中部筋直径。

⑤ n 为基础梁宽度方向的纵筋数量，n_1 为小双肢箍宽度方向箍住的纵筋数量。

3）若肢数多于 4 肢箍请参照 4 肢箍计算公式进行类推。

4）单肢箍（拉筋）l_3 计算公式 $= (b-2c) + 1.9d \times 2 + \max(10d, 75) \times 2$

（3）箍筋根数计算公式

1）每跨箍筋根数

第一种箍筋根数：按设计标注根数×2

第二种箍筋根数：$\dfrac{\text{净跨长}-50\times2-\text{第一种箍筋间距}\times(\text{第一种箍筋根数}-1)}{\text{第二种箍筋间距}}$

$+1-2$

注：第一种箍筋已经封边，第二种箍筋左右最外侧两根不设置，故减2。

2）节点区箍筋根数

$$\text{根数}=\frac{\text{柱宽}-50\times2}{\text{第一种箍筋间距}}+1$$

【案例 2-10】案例背景资料 3 中的某办公楼工程，试计算 JL2 箍筋的钢筋工程量。

解：

计算过程见表 2-21。

钢筋工程量计算表 表 2-21

序号	计算内容	计算式
1	箍筋Φ12@150(6)	$l_1=[(0.5-2\times0.04)+(1.2-2\times0.04)]\times2+\max(10\times0.012，0.075)\times2$ $+1.9\times0.012\times2=3.37\text{m}$ $b_1=\dfrac{(0.5-2\times0.04-2\times0.012-2\times0.025/2)}{(6-1)}\times(2-1)+2\times0.025/2+2\times$ $0.012=0.12\text{m}$ $l_2=[0.12+(1.2-2\times0.04)]\times2+\max(10\times0.012，0.075)\times2+1.9\times$ $0.012\times2=2.77\text{m}$ $\sum l=3.37+2.77\times2=8.91\text{m}$ ①左：$N=\dfrac{1.3-0.3-0.05-\min(0.075，0.15/2)}{0.15}+1=7$ 根 ①~②：$N=(6-0.3\times2-0.05\times2)\div0.15+1=37$ 根 ②~③：$N=(2.4-0.3\times2-0.05\times2)\div0.15+1=13$ 根 ③~④：$N=(6.9-0.3\times2-0.05\times2)\div0.15+1=43$ 根 ④右：$N=\dfrac{1.2-0.3-0.05-\min(0.075，0.150/2)}{0.15}+1=7$ 根
2	JL2 箍筋的钢筋工程量	Φ12 长度合计：$\sum l=8.91\times107=953.37\text{m}$ 重量合计：$953.37\text{m}\times0.888\text{kg/m}=846.59\text{kg}=0.847\text{t}$

7. 附加吊筋

附加吊筋标准构造详图见图集 22G101-3 第 2-23 页，如图 2-48 所示。

（1）附加吊筋长度

长度＝基础次梁宽＋50×2＋斜段长×2＋20d×2

注：斜段长计算方法如图 2-49 所示。

附加吊筋

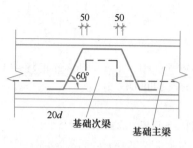

图 2-48　附加吊筋

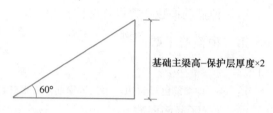

图 2-49　附加吊筋斜段长

斜段长＝(基础主梁高－基础梁保护层厚度×2)÷sin60°

（2）附加吊筋根数

附加吊筋根数见设计标注，可从图纸中查出。

8. 附加箍筋

附加箍筋标准构造详图见图集 22G101-3 第 2-23 页，如图 2-50 所示。

（1）附加箍筋长度

附加箍筋长度计算详见箍筋长度计算。

（2）附加箍筋根数

附加箍筋根数见设计标注，可从图纸中查出。

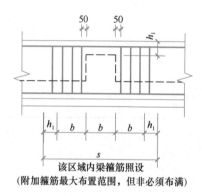

图 2-50　附加箍筋

2.4.2　基础次梁钢筋计算

基础次梁钢筋种类及端部情况见表 2-22，有的基础次梁还涉及变截面、高差等情况。

基础次梁钢筋种类及端部情况表　　　　　　　　　　　　　　　　表 2-22

	钢筋种类	端部情况
基础次梁钢筋	顶部贯通纵筋	1. 有外伸/无外伸 2. 有变截面 3. 有高差
	底部贯通纵筋	
	底部非贯通纵筋	
	架立筋	
	侧面纵筋	
	箍筋	
	加腋筋	

基础次梁纵向钢筋标准构造详图见图集 22G101-3 第 2-29 页，如图 2-51 所示。

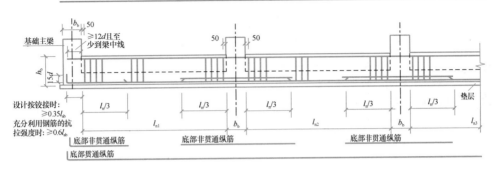

图 2-51 基础次梁纵向钢筋

1. 顶部贯通纵筋

由图 2-51 可知，顶部贯通纵筋是沿基础次梁上部全跨通长设置的钢筋，其计算方法如下：

顶部贯通纵筋长度＝(各跨净跨长之和＋各中间支座宽度之和＋端支座锚固长度)×根数

① 根据图纸中可以查出。

② 各跨净跨长 l_n 图纸中可以读取，如图 l_{n1}、l_{n2} 等。

③ 中间支座宽度图纸中可以读取，如图 b_b。

④ 端支座锚固长度需看构造详图，计算分为三种情况：无外伸构造、等截面外伸构造、变截面外伸构造。

（1）无外伸构造

标准构造详图见图集 22G101-3 第 2-29 页，如图 2-51 所示。

顶部贯通纵筋端支座锚固长度：max(12d，基础主梁宽/2)

注：① d 为所计算顶部贯通纵筋钢筋直径，可以从图纸中查出。

②基础主梁宽图纸中可以查出。

（2）等截面外伸构造

顶部贯通纵筋等截面外伸标准构造详图见图集 22G101-3 第 2-29 页，如图 2-52 所示。

顶部贯通纵筋端支座锚固长度：从基础主梁内侧算起锚入 $b_b+l'_n-$ 基础梁保护层厚度＋12d

（3）变截面外伸构造

顶部贯通纵筋变截面外伸标准构造详图见图集 22G101-3 第 2-29 页，如图 2-53 所示。

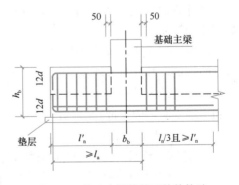

图 2-52 基础次梁等截面外伸构造

顶部贯通纵筋端支座锚固长度：从基础主梁内侧算起锚入 b_b+ 斜段长＋12d

注：斜段长计算方法如图 2-54 所示。

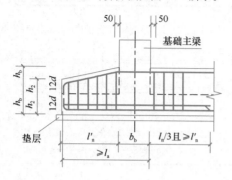

图 2-53　基础次梁变截面外伸构造

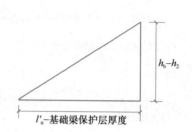

图 2-54　基础次梁变截面外伸斜段长

$$斜段长 = \sqrt{(h_b - h_2)^2 + (l'_n - 基础梁保护层厚度)^2}$$

【案例 2-11】案例背景资料 4 中的某办公楼工程，试计算基础次梁 JCL01 的顶部贯通纵筋的钢筋工程量。

解：

计算过程见表 2-23。

钢筋工程量计算表　　　　　　　　　　　　　　表 2-23

序号	计算内容	计算式
1	T：4 $\oplus$ 25	顶部贯通纵筋上一排： $l = 4 + 4 - 0.25 \times 2 + \max(12d, 0.5/2) \times 2 = 8.10\text{m}$
2	基础次梁 JCL01 的顶部贯通纵筋的钢筋工程量	$\oplus$ 25 长度合计：$\sum l = 8.10 \times 4 = 32.40\text{m}$ 重量合计：$32.40\text{m} \times 3.85\text{kg/m} = 124.74\text{kg} = 0.125\text{t}$

2. 底部贯通纵筋

底部贯通纵筋标准构造详图见图集 22G101-3 第 2-29 页，如图 2-51 所示。

底部贯通纵筋

由图 2-51 可知，底部贯通纵筋是沿基础次梁底部全跨通长设置的钢筋，其计算方法如下：

底部贯通纵筋长度＝（各跨净跨长之和＋各中间支座宽度之和＋端支座锚固长度）×根数

① 根数图纸中可以查出。

② 各跨净跨长 l_n 图纸中可以读取，如图 l_{n1}、l_{n2} 等。

③ 各中间支座宽度图纸中可以读取，如图 b_b。

④ 端支座锚固长度需看标准构造详图见图集 22G101-3 第 2-29 页，计算分为三种情况：无外伸构造、等截面外伸构造、变截面外伸构造。

（1）无外伸构造

底部贯通纵筋无外伸构造标准构造详图见图集 22G101-3 第 2-29 页，如图 2-51

所示。底部贯通纵筋无外伸构造的端支座锚固长度见表 2-24。

底部贯通纵筋无外伸构造的端支座锚固长度 表 2-24

设计要求	水平段长度	端支座锚固长度
按铰接	$\geqslant 0.35 l_{ab}$	$0.35 l_{ab} + 15d$
充分利用钢筋的抗拉强度	$\geqslant 0.6 l_{ab}$	$0.6 l_{ab} + 15d$

注：1. d 为所计算底部贯通纵筋钢筋直径，图纸中可以查出。

2. l_{ab} 为受拉钢筋基本锚固长度：依据基础次梁混凝土强度等级、钢筋种类从图集 22G101-3 第 2-2 页表格查到。

3. "设计按铰接""充分利用钢筋的抗拉强度"由设计指定。

（2）等截面外伸构造

底部贯通纵筋等截面外伸构造标准构造详图见图集 22G101-3 第 2-29 页，如图 2-52 所示。

由图集 22G101-3 第 2-29 页注 6 可知：端部等（变）截面外伸构造中，当从基础主梁内边算起的外伸长度不满足直锚要求时，基础次梁下部钢筋应伸至端部后弯折 15d，且从梁内边算起水平段长度 $\geqslant 0.6 l_{ab}$。比较（$b_b + l'_n -$ 基础梁保护层厚度）与 l_a 的大小，如果（$b_b + l'_n -$ 基础梁保护层厚度）$\geqslant l_a$ 则伸至基础次梁尽端弯折 12d，锚固长度取（$b_b + l'_n -$ 基础梁保护层厚度 $+ 12d$）；如果（$b_b + l'_n -$ 基础梁保护层厚度）$< l_a$ 则伸至基础次梁尽端弯折 15d，锚固长度取（$b_b + l'_n -$ 基础梁保护层厚度 $+ 15d$）；底部贯通纵筋等截面外伸构造的端支座锚固长度见表 2-25。

底部贯通纵筋等截面外伸构造的端支座锚固长度 表 2-25

锚固形式判断	锚固形式	端支座锚固长度
$b_b + l'_n -$ 基础梁保护层厚度 $\geqslant l_a$	弯锚	$b_b + l'_n -$ 基础梁保护层厚度 $+ 12d$
$b_b + l'_n -$ 基础梁保护层厚度 $< l_a$	弯锚	$b_b + l'_n -$ 基础梁保护层厚度 $+ 15d$

注：1. b_b 为基础主梁宽图纸中可以查出。

2. d 为所计算底部贯通纵筋钢筋直径，图纸中可以查出。

3. l_a 为受拉钢筋锚固长度：依据基础次梁混凝土强度等级、钢筋种类、钢筋直径从图集 22G101-3 第 2-3 页表格查到。

4. l'_n 从基础主梁外侧到基础次梁尽端的长度。

（3）变截面外伸构造

底部贯通纵筋变截面外伸构造标准构造详图见图集 22G101-3 第 2-29 页，如图 2-53 所示。

分析过程同基础次梁等截面外伸构造底部贯通纵筋。底部贯通纵筋变截面外伸构造的端支座锚固长度见表 2-26。

底部贯通纵筋变截面外伸构造的端支座锚固长度 表 2-26

锚固形式判断	锚固形式	端支座锚固长度
$b_b + l'_n -$ 基础梁保护层厚度 $\geqslant l_a$	弯锚	$b_b + l'_n -$ 基础梁保护层厚度 $+ 12d$

锚固形式判断	锚固形式	端支座锚固长度
$b_b + l'_n -$ 基础梁保护层厚度 $< l_a$	弯锚	$b_b + l'_n -$ 基础梁保护层厚度 $+15d$

注：1. b_b 为基础主梁宽图纸中可以查出。

2. d 为所计算底部贯通纵筋钢筋直径，图纸中可以查出。

3. l_a 为受拉钢筋锚固长度：依据基础次梁混凝土强度等级、钢筋种类、钢筋直径从图集 22G101-3 第 2-3 页表格查到。

4. l'_n 从基础主梁外侧到基础次梁尽端的长度。

【案例 2-12】 案例背景资料 4 中的某办公楼工程，试计算基础次梁 JCL01 的底部贯通纵筋的钢筋工程量。

解：

计算过程见表 2-27。

钢筋工程量计算表　　　　　　　　　　　　　　　　表 2-27

序号	计算内容	计算式
1	B：4 ⊕ 25	$l_{ab} = 35 \times 0.025 = 0.875$ m $l = 4 + 4 - 0.25 \times 2 + (0.6 l_{ab} + 15d) \times 2 = 9.30$ m
2	基础次梁 JCL01 的底部贯通纵筋的钢筋工程量	⊕ 25 长度合计：$\sum l = 9.30 \times 4 = 37.20$ m 重量合计：37.20 m $\times 3.85$ kg/m $= 143.22$ kg $= 0.143$ t

3. 底部非贯通纵筋

底部非贯通纵筋的标准构造详图见图集 22G101-3 第 2-29 页，由图 2-51 可知，底部非贯通纵筋可分为中间支座底部非贯通纵筋和端支座底部非贯通纵筋。

底部非贯通纵筋

由图集 22G101-3 第 1-26 页 4.4.1 可知，为方便施工，凡基础主梁柱下区域和基础次梁支座区域底部非贯通纵筋的伸出长度 a_0 值，当配置不多于两排时，在标准构造详图中统一取值为自支座边向跨内伸至 $l_n/3$ 位置；当非贯通纵筋配置多于两排时，从第三排起向跨内的伸出长度值应由设计者注明。l_n 的取值规定为：边跨边支座的底部非贯通纵筋，l_n 取本边跨的净跨长度值；中间支座的底部非贯通纵筋，l_n 取支座两边较大一跨的净跨长度值。

（1）中间支座底部非贯通纵筋

1）长度

① 中间支座底部非贯通纵筋长度第一排：

$l_n/3 +$ 中间支座宽度 $+ l_n/3$

② 中间支座底部非贯通纵筋长度第二排：

$l_n/3 +$ 中间支座宽度 $+ l_n/3$

③ 中间支座底部非贯通纵筋长度第三排：

中间支座宽度 $+$ 向跨内的伸出长度值（设计者注明）$\times 2$

注：中间支座底部非贯通纵筋从下往上，依次为第一排、第二排、第三排。

2）根数

根数见设计标注，从图纸中可以查出。

（2）端支座底部非贯通纵筋

端支座底部非贯通纵筋长度需看标准构造详图见图集22G101-3第2-29页，计算分为三种情况：无外伸构造、等截面外伸构造、变截面外伸构造。

1）长度

① 无外伸构造

端支座底部非贯通纵筋无外伸构造的标准构造详图，如图2-51所示。由图2-51可知，第一排、第二排端支座底部非贯通纵筋长度：锚入端支座长度+$l_n/3$。端支座底部非贯通纵筋在无外伸构造中的长度见表2-28。

端支座底部非贯通纵筋在无外伸构造中的长度   表2-28

设计要求	水平段长度	第一排非贯通纵筋长度	第二排非贯通纵筋长度
按铰接	$\geqslant 0.35l_{ab}$	$0.35l_{ab}+15d+l_n/3$	$0.35l_{ab}+l_n/3$
充分利用钢筋的抗拉强度	$\geqslant 0.6l_{ab}$	$0.6l_{ab}+15d+l_n/3$	$0.6l_{ab}+l_n/3$

注：1. d 为所计算底部贯通纵筋钢筋直径，图纸中可以查出。

2. l_{ab}为受拉钢筋基本锚固长度：依据基础梁混凝土强度等级、钢筋种类从图集22G101-3第2-2页表格查到。

3. "设计按铰接""充分利用钢筋的抗拉强度"由设计指定。

② 等截面外伸构造

端支座底部非贯通纵筋等截面外伸构造的标准构造详图，如图2-52所示。由图2-52可知，第一排、第二排底部非贯通纵筋长度＝锚入端支座长度+$\max(l_n/3，l'_n)$

由图集22G101-3第85页注6可知：端部等（变）截面外伸构造中，当从基础主梁内边算起的外伸长度不满足直锚要求时，基础次梁下部钢筋应伸至端部后弯折15d，且从梁内边算起水平段长度$\geqslant 0.6l_{ab}$。比较（$b_b+l'_n-$基础梁保护层厚度）与l_a的大小，如果（$b_b+l'_n-$基础梁保护层厚度）$\geqslant l_a$则伸至基础次梁尽端弯折12d，锚固长度取（$b_b+l'_n-$基础梁保护层厚度+12d）；如果（$b_b+l'_n-$基础梁保护层厚度）$<l_a$则伸至基础次梁尽端弯折15d，锚固长度取（$b_b+l'_n-$基础梁保护层厚度+15d）；端支座底部非贯通纵筋第一排在等截面外伸构造中的长度见表2-29。

端支座底部非贯通纵筋第一排在等截面外伸构造中的长度   表2-29

锚固形式判断	锚固形式	端支座锚固长度	第一排底部非贯通纵筋长度
$b_b+l'_n-$基础梁保护层厚度$\geqslant l_a$	弯锚	$b_b+l'_n-$基础梁保护层厚度$+12d$	$b_b+l'_n-$基础梁保护层厚度$+12d+\max(l_n/3，l'_n)$

续表

锚固形式判断	锚固形式	端支座锚固长度	第一排底部非贯通纵筋长度
$b_b + l'_n -$基础梁保护层厚度 $< l_a$	弯锚	$b_b + l'_n -$基础梁保护层$+15d$	$b_b + l'_n -$基础梁保护层厚度 $+15d+\max(l_n/3, l'_n)$

注：1. b_b 为基础主梁宽，图纸中可以查出。

2. d 为所计算底部非贯通纵筋钢筋直径，图纸中可以查出。

3. l_a 为受拉钢筋锚固长度：依据基础梁混凝土强度等级、钢筋种类、钢筋直径从图集 22G101-3 第 2-3 页表格查到。

4. l'_n 从基础主梁外侧到基础梁尽端的长度。

第二排底部非贯通纵筋长度$= b_b + l'_n -$基础梁保护层厚度$+\max(l_n/3, l'_n)$

③ 变截面外伸构造

端支座底部非贯通纵筋变截面外伸构造的标准构造详图，如图 2-53 所示。由图 2-53 可知，第一排、第二排底部非贯通纵筋长度$=$锚入端支座长度$+\max(l_n/3, l'_n)$。

分析过程同等截面外伸构造。端支座底部非贯通纵筋第一排在变截面外伸构造中的长度见表 2-30。

端支座底部非贯通纵筋第一排在变截面外伸构造中的长度　　　表 2-30

锚固形式判断	锚固形式	端支座锚固长度	第一排底部非贯通纵筋长度
$b_b + l'_n -$基础梁保护层厚度 $\geqslant l_a$	弯锚	$b_b + l'_n -$基础梁保护层厚度$+12d$	$b_b + l'_n -$基础梁保护层厚度 $+12d+\max(l_n/3, l'_n)$
$b_b + l'_n -$基础梁保护层厚度 $< l_a$	弯锚	$b_b + l'_n -$基础梁保护层厚度$+15d$	$b_b + l'_n -$基础梁保护层厚度 $+15d+\max(l_n/3, l'_n)$

第二排底部非贯通纵筋长度$= b_b + l'_n -$基础梁保护层厚度$+\max(l_n/3, l'_n)$

2）根数

根数见设计标注，从图纸中可以查出。

4. 架立筋

由图集 22G101-3 第 1-24 页 4.3.2 可知：当跨中所注根数少于箍筋肢数时，需要在跨中加设架立筋以固定箍筋，注写时，用加号"$+$"将非贯通纵筋与架立筋相连，架立筋注写在加号后面的括号内。

架立筋构造如图 2-55 所示。

图 2-55　架立筋

架立筋设置于基础次梁下部跨中位置，与非贯通纵筋搭接。架立筋的计算方法：

架立筋长度＝本跨净跨长－左右非贯通纵筋伸入跨内的长度＋搭接长度×2

注：① 本跨净跨长 l_n，图纸中可以读取。

② 左右非贯通纵筋伸入跨内的长度分为两种情况：端支座处取本跨净跨长的 1/3，中间支座处取左右相邻两跨净跨长较大值的 1/3。

③ 搭接长度为 150mm。

5. 侧面纵筋

基础次梁侧面纵筋及拉筋分析过程同基础主梁侧面纵筋及拉筋。

【**案例 2-13**】案例背景资料 4 中的某办公楼工程，试计算基础次梁 JCL01 的侧面纵筋及拉筋的钢筋工程量。

解：

计算过程见表 2-31。

钢筋工程量计算表 表 2-31

序号	计算内容	计算式
1	G4 ϕ 16	①～②：$l=4-0.5+15\times0.016\times2=3.98$m $\sum l=3.98\times4=15.92$m ②～③：$l=4-0.5+15\times0.016\times2=3.98$m $\sum l=3.98\times4=15.92$m
2	拉筋 ϕ 8@300/500 （共两排）	$l=0.3-2\times0.04+\max(10\times0.008,\ 0.075)\times2+1.9\times0.008\times2=0.41$m 梁端：①～②：$N=3\times2=6$ 根 ②～③：$N=3\times2=6$ 根 跨中： ①～②：$N=\dfrac{4-0.5-0.05\times2-0.3\times2\times2}{0.5}+1-2=4$ 根（梁端拉筋已封边，故每侧减1） ②～③：$N=4$ 根
3	基础次梁 JCL01 的侧面纵筋及拉筋的钢筋工程量	ϕ 16 长度合计：$\sum l=15.92\times2=31.84$m 重量合计：31.84m×1.58kg/m=50.31kg=0.050t ϕ 8 长度合计：$\sum l=0.41\times(4+4+6+6)\times2$ 排 =16.40m 重量合计：16.40m×0.395kg/m=6.48kg=0.006t

6. 箍筋

基础次梁箍筋标准构造详图见图集 22G101-3 第 2-30 页，如图 2-56 所示。

由图集 22G101-3 第 1-24 页 4.3.2 可知，①当采用一种箍筋间距时，注写钢筋级别、直径、间距与肢数（写在括号内）。②当采用两种箍筋时，用"/"分隔不同箍筋，按照从基础梁两端向跨中的顺序注写。先注写第一种箍筋（在前面加注箍数），在斜线后再注写第二种箍筋（不再加注箍数）。

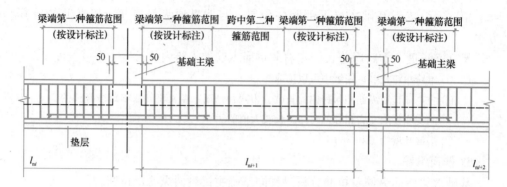

图 2-56　基础次梁配置两种箍筋构造

（1）基础次梁箍筋钢筋构造要点

1）基础次梁的箍筋只在净跨范围内设置，节点区不设置箍筋。

2）箍筋起步筋距离为距基础主梁边 50mm。

3）当具体设计未注明时，基础次梁等（变）截面外伸部位按第一种箍筋设置。

（2）箍筋长度计算公式

箍筋长度计算详见基础主梁箍筋长度计算。

（3）箍筋根数计算公式

$$每跨箍筋根数 = \frac{净跨长 - 50 \times 2}{间距} + 1$$

【案例 2-14】案例背景资料 4 中的某办公楼工程，试计算基础次梁 JCL01 的箍筋的钢筋工程量。

解：

计算过程见表 2-32。

钢筋工程量计算表　　　　　　　　　　　　　　　表 2-32

序号	计算内容	计算式
1	箍筋 6Φ12@150/250 (4)	$l_大 = [(0.3 - 2 \times 0.04) + (0.6 - 2 \times 0.04)] \times 2 + \max(10 \times 0.012, 0.075) \times 2 + 1.9 \times 0.012 \times 2 = 1.77m$ $b_1 = \frac{(0.3 - 2 \times 0.04 - 2 \times 0.012 - 2 \times 0.025/2)}{3} + 2 \times 0.025/2 + 2 \times 0.012 = 0.11m$ $l_小 = [0.11 + (0.6 - 2 \times 0.04)] \times 2 + \max(10 \times 0.012, 0.075) \times 2 + 1.9 \times 0.012 \times 2 = 1.55m$ $\sum l = 1.77 + 1.55 = 3.32m$ 梁端： ①～②：$N = 6 \times 2 = 12$ 根 ②～③：$N = 6 \times 2 = 12$ 根 跨中： ①～②：$N = \frac{4 - 0.5 - 0.05 \times 2 - 0.15 \times 5}{0.25} + 1 - 2 = 10$ 根 ②～③：$N = 10$ 根

序号	计算内容	计算式
2	基础次梁 JCL01 箍筋的钢筋 工程量	Φ12 长度合计：$\sum l = 3.32 \times (12+12+10+10) = 146.08\text{m}$ 重量合计：$146.08\text{m} \times 0.888\text{kg/m} = 129.72\text{kg} = 0.130\text{t}$

2.4.3 梁板式筏形基础平板钢筋计算

梁板式筏形基础平板钢筋示意图，如图 2-57 所示。

图 2-57　梁板式筏形基础平板钢筋示意图

梁板式筏形基础平板钢筋种类及端部情况见表 2-33，有的梁板式筏形基础平板钢筋还涉及变截面、高差等情况。

梁板式筏形基础平板钢筋种类及端部情况表　　　　　　　　表 2-33

	钢筋种类	端部情况
梁板式筏形基础平板钢筋	顶部贯通纵筋	1. 有外伸/无外伸 2. 有变截面 3. 有高差
	底部贯通纵筋	
	底部附加非贯通纵筋	
	板边缘封边筋	

梁板式筏形基础平板钢筋标准构造详图见图集 22G101-3 第 2-32 页，如图 2-58、图 2-59 所示。

由图 2-58 和图 2-59 可知，梁板式筏形基础平板钢筋构造无论是柱下区域还是跨中区域，其钢筋构造是一样的。标准构造详图上分开画只是为了表达得更加清晰。

1. 顶部贯通纵筋

顶部贯通纵筋是沿梁板式筏形基础平板上部全跨通长设置的钢筋，其计算方法如下：

顶部贯通纵筋

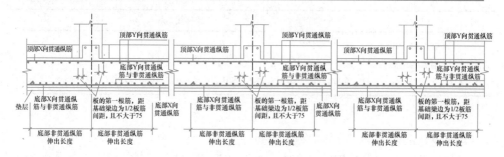

图 2-58 梁板式筏形基础平板 LPB 钢筋构造（柱下区域）

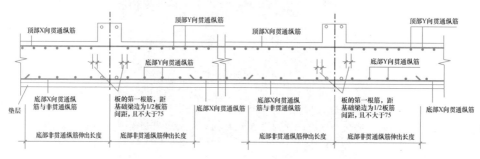

图 2-59 梁板式筏形基础平板 LPB 钢筋构造（跨中区域）

（1）长度

长度＝通跨净跨长＋左端支座锚固长度＋右端支座锚固长度

1）通跨净跨长指从左端支座内侧到右端支座内侧的长度。

2）端支座锚固长度需看标准构造详图见图集 22G101-3 第 2-33 页，计算分为三种情况：无外伸构造、等截面外伸构造、变截面外伸构造。

① 无外伸构造

顶部贯通纵筋无外伸构造端支座锚固长度标准构造详图如图 2-60 所示。

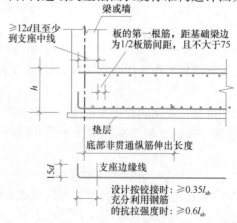

图 2-60 梁板式筏形基础平板端部无外伸构造

顶部贯通纵筋端支座锚固长度：max(12d，支座宽/2)

注：① d 为所计算顶部贯通纵筋钢筋直径，图纸中可以查出。

② 支座宽图纸中可以查出。

② 等截面外伸构造

顶部贯通纵筋等截面外伸构造端支座锚固长度标准构造详图如图 2-61 所示，纵筋锚入基础平板的尽端，弯折 12d。

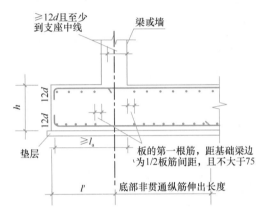

图 2-61 梁板式筏形基础平板端部等截面外伸构造

顶部贯通纵筋端支座锚固长度：从梁或墙内侧算起锚入，梁(墙)宽/2+l'－基础平板保护层厚度＋12d

注：① d 为所计算顶部贯通纵筋钢筋直径，图纸中可以查出。

② 梁（墙）宽图纸可以中查出。

③ l' 为从梁（墙）中心线到基础平板端部的距离。

③ 变截面外伸构造

顶部贯通纵筋变截面外伸构造端支座锚固长度标准构造详图如图 2-62 所示。

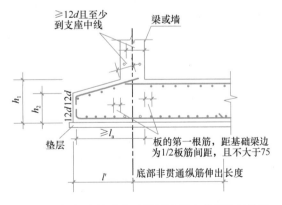

图 2-62 梁板式筏形基础平板端部变截面外伸构造

顶部贯通纵筋端支座锚固长度：max(12d，梁（墙）宽/2)×2＋从梁（墙）外侧算起的斜段长＋12d

注：斜段长计算如图 2-63 所示。

$$斜段长 = \sqrt{(h_1 - h_2)^2 + (l' - 梁(墙)宽/2 - 基础梁保护层厚度)^2}$$

（2）根数

顶部贯通纵筋距混凝土构件边缘起步筋距离为 $\min(75, s/2)$，距基础梁边的起步筋距离也为 $\min(75, s/2)$，一般根据基础梁位置将筏形基础平板分为若干块分别进行计算。

$$根数 = \frac{布筋范围长 - 起步筋间距\min(75, s/2) \times 2}{间距} + 1$$

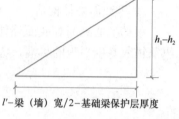

图 2-63　斜段长计算

【案例 2-15】 案例背景资料 5 中的某住宅楼工程，试计算梁板式筏形基础平板顶部贯通纵筋的钢筋工程量。

解：

计算过程见表 2-34。

钢筋工程量计算表　　　　　　　　　　　　　　　　　　　　表 2-34

序号	计算内容	计算式
1	X 向 T：Φ16@200	$l = 6+5+6+2+2-0.04\times2+12\times0.016\times2 = 21.30\text{m}$（2 个接头/根） $N_1 = \dfrac{2-0.25-\min(0.075, 0.2/2)\times2}{0.2}+1 = 9$ 根（18 个接头） $N_2 = \dfrac{6-0.25\times2-\min(0.075, 0.2/2)\times2}{0.2}+1 = 28$ 根（56 个接头） $N_3 = \dfrac{2-0.25-\min(0.075, 0.2/2)\times2}{0.2}+1 = 9$ 根（18 个接头）
2	Y 向 T：Φ16@180	$l = 6+2\times2-0.04\times2+12\times0.016\times2 = 10.30\text{m}$（1 个接头/根） $N_1 = \dfrac{2-0.25-\min(0.075, 0.18/2)\times2}{0.18}+1 = 10$ 根（10 个接头） $N_2 = \dfrac{6-0.25\times2-\min(0.075, 0.18/2)\times2}{0.18}+1 = 31$ 根（31 个接头） $N_3 = \dfrac{5-0.25\times2-\min(0.075, 0.18/2)\times2}{0.18}+1 = 26$ 根（26 个接头） $N_4 = \dfrac{6-0.25\times2-\min(0.075, 0.18/2)\times2}{0.18}+1 = 31$ 根（31 个接头） $N_5 = \dfrac{2-0.25-\min(0.075, 0.18/2)\times2}{0.18}+1 = 10$ 根（10 个接头）
3	梁板式筏形基础平板顶部贯通纵筋的钢筋工程量	Φ16 长度合计：$\sum l = 21.30\times(9\times2+28)+10.30\times(10\times2+31\times2+26)$ $= 2092.20\text{m}$ 重量合计：$2092.20\text{m}\times1.58\text{kg/m} = 3305.68\text{kg} = 3.306\text{t}$ Φ16 接头：200 个

2. 底部贯通纵筋

底部贯通纵筋是沿梁板式筏形基础平板底部全跨通长设置的钢筋，其计算方法如下：

（1）长度

长度＝通跨净跨长＋左端支座锚固长度＋右端支座锚固长度

1）通跨净跨长指从左端支座内侧到右端支座内侧的长度。

2）端支座锚固长度需看标准构造详图见图集 22G101-3 第 2-33 页，计算分为三种情况：无外伸构造、等截面外伸构造、变截面外伸构造。

① 无外伸构造

底部贯通纵筋无外伸构造端支座锚固长度标准构造详图如图 2-60 所示。

底部贯通纵筋无外伸构造端支座锚固长度见表 2-35。

底部贯通纵筋无外伸构造端支座锚固长度　　　　　　　　表 2-35

设计要求	水平段长度	端支座锚固长度
按铰接	$\geqslant 0.35l_{ab}$	$0.35l_{ab}+15d$
充分利用钢筋的抗拉强度	$\geqslant 0.6l_{ab}$	$0.6l_{ab}+15d$

注：1. d 为所计算底部贯通纵筋钢筋直径，图纸中可以查出。
　　2. l_{ab} 为受拉钢筋基本锚固长度：依据基础平板混凝土强度等级、钢筋种类从图集 22G101-3 第 2-2 页表格查到。
　　3. "设计按铰接""充分利用钢筋的抗拉强度"由设计指定。

② 等截面外伸构造

底部贯通纵筋等截面外伸构造端支座锚固长度标准构造详图如图 2-61 所示。

由图集 22G101-3 第 2-33 页注 3 可知：端部等（变）截面外伸构造中，当从基础主梁（墙）内边算起的外伸长度不满足直锚要求时，基础平板下部钢筋应伸至端部后弯折 $15d$，且从梁（墙）内边算起水平段长度应 $\geqslant 0.6l_{ab}$。比较 [（梁（墙）宽/2＋l'－基础平板保护层厚度）] 与 l_a 的大小，如果 [（梁（墙）宽/2＋l'－基础平板保护层厚度）] $\geqslant l_a$ 则伸至基础平板尽端弯折 $12d$，锚固长度取：梁（墙）宽/2＋l'－基础平板保护层厚度＋$12d$；如果 [（梁（墙）宽/2＋l'－基础平板保护层厚度）] $< l_a$ 则伸至基础平板尽端弯折 $15d$，锚固长度取：梁（墙）宽/2＋l'－基础平板保护层厚度＋$15d$。底部贯通纵筋等截面外伸构造端支座锚固长度见表 2-36。

底部贯通纵筋等截面外伸构造端支座锚固长度　　　　　　　　表 2-36

锚固形式判断	锚固形式	端支座锚固长度
梁（墙）宽/2＋l'－基础平板保护层厚度 $\geqslant l_a$	弯锚	梁（墙）宽/2＋l'－基础平板保护层厚度＋$12d$
梁（墙）宽/2＋l'－基础平板保护层厚度 $< l_a$	弯锚	梁（墙）宽/2＋l'－基础平板保护层厚度＋$15d$

注：1. d 为所计算底部贯通纵筋钢筋直径，图纸中可以查出。
　　2. 梁（墙）宽图纸中可以查出。
　　3. l' 为从梁（墙）中心线到基础平板端部的距离。
　　4. l_a 为受拉钢筋锚固长度：依据基础梁混凝土强度等级、钢筋种类、钢筋直径从图集 22G101-3 第 2-3 页表格查到。
　　5. 水平段长度构造要求 $\geqslant 0.6l_{ab}$，其中 $\geqslant 0.6l_{ab}$ 为设计要求，如果不满足，需要找设计部门协商。
　　l_{ab} 为受拉钢筋基本锚固长度：依据基础梁混凝土强度等级、钢筋种类从图集 22G101-3 第 2-2 页表格查到。

③ 变截面外伸构造

底部贯通纵筋变截面外伸构造端支座锚固长度标准构造详图如图 2-62 所示。

由图集 22G101-3 第 2-33 页注 3 可知：端部等（变）截面外伸构造中，当从基础主梁（墙）内边算起的外伸长度不满足直锚要求时，基础平板下部钢筋应伸至端部后弯折 15d，且从梁（墙）内边算起水平段长度应≥0.6l_{ab}。比较[（梁（墙）宽/2+l'-基础平板保护层厚度）]与 l_a 的大小，如果[（梁（墙）宽/2+l'-基础平板保护层厚度）]≥l_a 则伸至基础梁尽端弯折 12d，锚固长度取：梁（墙）宽/2+l'-基础平板保护层厚度+12d；如果[（梁（墙）宽/2+l'-基础平板保护层厚度）]<l_a 则伸至基础梁尽端弯折 15d，锚固长度取：梁（墙）宽/2+l'-基础平板保护层厚度+15d。底部贯通纵筋变截面外伸构造端支座锚固长度见表 2-37。

底部贯通纵筋变截面外伸构造端支座锚固长度   表 2-37

锚固形式判断	锚固形式	端支座锚固长度
梁（墙）宽/2+l'-基础平板保护层厚度≥l_a	弯锚	梁（墙）宽/2+l'-基础平板保护层厚度+12d
梁（墙）宽/2+l'-基础平板保护层厚度<l_a	弯锚	梁（墙）宽/2+l'-基础平板保护层厚度+15d

注：1. d 为所计算底部贯通纵筋钢筋直径，可以从图纸中查出。

2. 梁（墙）宽可以从图纸中查出。

3. l' 为从梁（墙）中心线到基础平板端部的距离。

4. l_a 为受拉钢筋锚固长度：依据基础梁混凝土强度等级、钢筋种类、钢筋直径从图集 22G101-3 第 2-3 页表格查到。

5. 水平段长度构造要求≥0.6l_{ab}，其中≥0.6l_{ab} 为设计要求，如果不满足，需要找设计部门协商。l_{ab} 为受拉钢筋基本锚固长度：依据基础梁混凝土强度等级、钢筋种类从图集 22G101-3 第 2-2 页表格查到。

（2）根数

底部贯通纵筋距混凝土构件边缘起步筋距离为 min(75，s/2)，距基础梁边的起步筋距离也为 min(75，s/2)，一般根据基础梁位置将筏形基础平板分为若干块分别进行计算。

$$根数 = \frac{布筋范围长 - 起步筋间距 \min(75, s/2) \times 2}{间距} + 1$$

【案例 2-16】案例背景资料 5 中的某住宅楼工程，试计算梁板式筏形基础平板底部贯通纵筋的钢筋工程量。

解：

计算过程见表 2-38。

钢筋工程量计算表   表 2-38

序号	计算内容	计算式
1	X 向 B：Φ16@200	l_a=35×0.016=0.544m 2+0.5/2-0.04=2.21>l_a 故端部应弯折 12d

序号	计算内容	计算式
1	X 向 B：Φ16@200	$l=6+5+6+2+2-0.04\times2+12d\times2=21.30\text{m}$（2 个接头/根） $N_1=\dfrac{2-0.25-\min(0.075,0.2/2)\times2}{0.2}+1=9$ 根（18 个接头） $N_2=\dfrac{6-0.25\times2-\min(0.075,0.2/2)\times2}{0.2}+1=28$ 根（56 个接头） $N_3=\dfrac{2-0.25-\min(0.075,0.2/2)\times2}{0.2}+1=9$ 根（18 个接头）
2	Y 向 B：Φ16@180	$l=6+2\times2-0.04\times2+12\times0.016\times2=10.30\text{m}$（1 个接头） $N_1=\dfrac{2-0.25-\min(0.075,0.18/2)\times2}{0.18}+1=10$ 根（10 个接头） $N_2=\dfrac{6-0.25\times2-\min(0.075,0.18/2)\times2}{0.18}+1=31$ 根（31 个接头） $N_3=\dfrac{5-0.25\times2-\min(0.075,0.18/2)\times2}{0.18}+1=26$ 根（26 个接头） $N_4=\dfrac{6-0.25\times2-\min(0.075,0.18/2)\times2}{0.18}+1=31$ 根（31 个接头） $N_5=\dfrac{2-0.25-\min(0.075,0.18/2)\times2}{0.18}+1=10$ 根（10 个接头）
3	梁板式筏形基础平板底部贯通纵筋的钢筋工程量	Φ16 长度合计：$\sum l=21.30\times(9\times2+28)+10.30\times(10\times2+31\times2+26)$ $=2092.20\text{m}$ 重量合计：$2092.20\text{m}\times1.58\text{kg/m}=3305.68\text{kg}=3.306\text{t}$ Φ16 接头：200 个

3. 底部附加非贯通纵筋

底部附加非贯通纵筋

由图集 22G101-3 第 1-28 页 4.5.3 可知，板底部附加非贯通纵筋自支座中线向两边跨内的伸出长度值注写在线段的下方位置。当该筋向两侧对称伸出时，可仅在一侧标注，另一侧不标注。

（1）中间支座底部附加非贯通纵筋

1）长度

中间支座底部附加非贯通纵筋长度＝底部非贯通纵筋伸出长度×2

注：底部非贯通纵筋伸出长度可从图纸中查出。

2）根数

底部附加非贯通纵筋距混凝土构件边缘起步筋距离为 $\min(75,s/2)$，距基础梁边的起步筋距离也为 $\min(75,s/2)$，一般根据基础梁位置将筏形基础平板分为若干块分别进行计算。

$$根数=\frac{布筋范围长-起步筋间距\min(75,s/2)\times2}{间距}+1$$

（2）端支座底部附加非贯通纵筋

1）长度

端支座底部附加非贯通纵筋长度需看标准构造详图见图集 22G101-3 第 2-33 页，计算分为三种情况：无外伸构造、等截面外伸构造、变截面外伸构造。

① 无外伸构造

端支座底部附加非贯通纵筋无外伸构造标准构造详图如图 2-60 所示。

底部非贯通纵筋长度＝锚入端支座长度＋底部非贯通纵筋伸出长度－梁（墙）宽/2

无外伸构造底部附加非贯通纵筋长度见表 2-39。

无外伸构造底部附加非贯通纵筋长度　　　　　　　表 2-39

设计要求	水平段长度	非贯通纵筋长度
按铰接	$\geqslant 0.35 l_{ab}$	$0.35 l_{ab}+15d+$底部非贯通纵筋伸出长度－梁（墙）宽/2
充分利用钢筋的抗拉强度	$\geqslant 0.6 l_{ab}$	$0.6 l_{ab}+15d+$底部非贯通纵筋伸出长度－梁（墙）宽/2

注：1. d 为所计算底部非贯通纵筋钢筋直径，图纸中可以查出。

2. l_{ab} 为受拉钢筋基本锚固长度；依据基础平板混凝土强度等级、钢筋种类从图集 22G101-3 第 2-2 页表格查到。

3. "设计按铰接""充分利用钢筋的抗拉强度"由设计指定。

4. 底部非贯通纵筋伸出长度的起点为支座中线。

② 等截面外伸构造

端支座底部附加非贯通纵筋等截面外伸构造标准构造详图如图 2-61 所示。

底部非贯通纵筋长度＝锚入端支座长度＋底部非贯通纵筋伸出长度－梁（墙）宽/2

由图集 22G101-3 第 2-33 页注 3 可知：端部等（变）截面外伸构造中，当从基础主梁（墙）内边算起的外伸长度不满足直锚要求时，基础平板下部钢筋应伸至端部后弯折 15d，且从梁（墙）内边算起水平段长度应 $\geqslant 0.6 l_{ab}$。比较[（梁（墙）宽/2 ＋l'－基础平板保护层厚度）]与 l_a 的大小，如果[（梁（墙）宽/2＋l'－基础平板保护层厚度）]$\geqslant l_a$ 则伸至基础平板尽端弯折 12d，锚固长度取：梁（墙）宽/2＋l'－基础平板保护层厚度＋12d；如果[（梁（墙）宽/2＋l'－基础平板保护层厚度）]$< l_a$ 则伸至基础平板尽端弯折 15d，锚固长度取：梁（墙）宽/2＋l'－基础平板保护层厚度＋15d。等截面外伸构造端支座锚固长度见表 2-40。

等截面外伸构造端支座锚固长度　　　　　　　表 2-40

锚固形式判断	端支座锚固长度
梁（墙）宽/2＋l'－基础平板保护层厚度$\geqslant l_a$	梁（墙）宽/2＋l'－基础平板保护层厚度＋12d
梁（墙）宽/2＋l'－基础平板保护层厚度$< l_a$	梁（墙）宽/2＋l'－基础平板保护层厚度＋15d

注：1. d 为所计算底部非贯通纵筋钢筋直径，图纸中可以查出。

2. 梁（墙）宽从图纸中可以查出。

3. l' 为从梁（墙）中心线到基础平板端部的距离。

等截面外伸构造底部附加非贯通纵筋长度见表 2-41。

锚固形式判断	锚固形式	底部非贯通纵筋长度
梁(墙)宽/2+l'-基础平板保护层厚度≥l_a	弯锚	l'+底部非贯通纵筋伸出长度-基础平板保护层厚度+12d
梁(墙)宽/2+l'-基础平板保护层厚度<l_a	弯锚	l'+底部非贯通纵筋伸出长度-基础平板保护层厚度+15d

③ 变截面外伸构造

端支座底部附加非贯通纵筋变截面外伸构造标准构造详图如图 2-62 所示。

底部非贯通纵筋长度＝锚入端支座长度＋底部非贯通纵筋伸出长度－梁(墙)宽/2

分析过程同等截面外伸构造。变截面外伸构造端支座锚固长度见表 2-42。

变截面外伸构造端支座锚固长度　　　表 2-42

锚固形式判断	端支座锚固长度
梁(墙)宽/2+l'-基础平板保护层厚度≥l_a	梁(墙)宽/2+l'-基础平板保护层厚度+12d
梁(墙)宽/2+l'-基础平板保护层厚度<l_a	梁(墙)宽/2+l'-基础平板保护层厚度+15d

注：1. d 为所计算底部贯通纵筋钢筋直径，可以从图纸中查出。

　　2. 梁(墙)宽可以从图纸中查出。

　　3. l'为从梁(墙)中心线到基础平板端部的距离。

变截面外伸构造底部附加非贯通纵筋长度见表 2-43。

变截面外伸构造底部附加非贯通纵筋长度　　　表 2-43

锚固形式判断	锚固形式	底部非贯通纵筋长度
梁(墙)宽/2+l'-基础平板保护层厚度≥l_a	弯锚	l'+底部非贯通纵筋伸出长度-基础平板保护层厚度+12d
梁(墙)宽/2+l'-基础平板保护层厚度<l_a	弯锚	l'+底部非贯通纵筋伸出长度-基础平板保护层厚度+15d

2)根数

底部附加非贯通纵筋距混凝土构件边缘起步筋距离为 $\min(75,s/2)$，距基础梁边的起步筋距离也为 $\min(75,s/2)$，一般根据基础梁位置将筏形基础平板分为若干块分别进行计算。

$$根数 = \frac{布筋范围长 - 起步筋间距 \min(75,s/2) \times 2}{间距} + 1$$

4. 板边缘封边筋

封边筋是为了加强边缘结构需要而设置的钢筋。当筏形基础平板端部无梁（墙）时，需对端部进行封边处理。如图 2-61 和图 2-62 所示，见图集 22G101-3 第 2-33 页。端部有梁（墙）支撑，不需设封边筋。如图 2-60 所示，见图集 22G101-3 第 2-33页。

板边缘封边筋

板边缘侧面封边构造方式有两种：一是 U 形筋构造封边，如图 2-64 所示；一是纵筋弯钩交错封边，如图 2-65 所示，标准构造详图见图集 22G101-3 第 2-31 页。由图集 22G101-3 第 2-37 页注 2 可知：板边缘侧面封边构造既用于梁板式筏形基础部位，又用于平板式筏形基础部位。采用何种做法由设计者指定，当设计者未指定时，施工单位可根据实际情况自选一种做法。

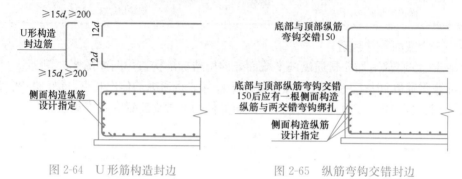

图 2-64　U 形筋构造封边　　　　图 2-65　纵筋弯钩交错封边

（1）U 形筋构造封边

1）U 形筋

① 长度＝基础平板厚－基础平板保护层×2＋max(15d，200)×2

② 根数＝$\dfrac{布筋范围长 - 起步筋间距\ \min(75, s/2) \times 个数}{间距}$ ＋1

注：1. 求钢筋根数除间距均向上取整，即小数点后无论是几，均向上进一个。在此基础上再加一。

　　2. s 代表钢筋间距。

　　3. 布置钢筋遇到混凝土构件边缘就须减起步筋间距。

2）侧面构造纵筋

① 长度＝布筋范围长－基础平板保护层厚×2＋15d×2

注：① 若为一级钢，两端需加弯钩，每个弯钩长度 6.25×d。

　　② 两端的锚固长度各为 15d。

　　③ 应根据侧面构造纵筋的长度及定尺长度确定是否需要接头及接头个数，根据图纸判定接头方式。若为搭接，搭接长度取 300mm。

② 侧面构造纵筋规格及根数应由设计指定。

（2）纵筋弯钩交错封边

当设计指定板边缘侧面封边构造方式采用纵筋弯钩交错封边时，顶部与底部贯通纵筋均弯折至交错搭接 150mm。在两交错弯钩位置，应有一根侧面构造纵筋。基础平板侧面构造纵筋规格、根数及间距应由设计指定。

1）顶部与底部贯通纵筋弯折交错搭接 150mm，在计算顶部与底部贯通纵筋长度时已计算。

2）侧面构造纵筋

① 长度＝布筋范围长－基础平板保护层厚×2＋15d×2

注：① 若为一级钢，两端需加弯钩，每个弯钩长度 6.25×d。

② 两端的锚固长度各为 15d。

③ 应根据侧面构造纵筋的长度及定尺长度确定是否需要接头及接头个数，根据图纸判定接头方式。若为搭接，搭接长度取 300mm。

② 侧面构造纵筋规格及根数应由设计指定。

【案例 2-17】案例背景资料 5 中的某住宅楼工程，试计算梁板式筏形基础平板 U 形筋及侧面构造纵筋的钢筋工程量。

解：

计算过程见表 2-44。

钢筋工程量计算表
表 2-44

序号	计算内容	计算式
1	U 形筋 $\underline{\Phi}$ 12	$l=0.6-0.04\times2+\max(15\times0.012,0.2)\times2=0.92$m $N_1=\left(\dfrac{6+2\times2-\min(0.075,0.2/2)\times2}{0.2}+1\right)\times2=51$ 根×2 侧=102 根 $N_2=\left(\dfrac{5+6\times2+2\times2-\min(0.075,0.2/2)\times2}{0.18}+1\right)\times2=117$ 根×2 侧 =234 根
2	封边侧面构造纵筋 3 Φ 8	X 向 $l=5+6\times2+2\times2-0.04\times2+15\times0.008\times2+6.25\times0.008\times2+0.3$（一个搭接）$=21.56$m $\sum l=21.56\times3$ 根×2 面=129.36m Y 向 $l=6+2\times2-0.04\times2+15\times0.008\times2+6.25\times0.008\times2=10.26$m $\sum l=10.26\times3$ 根×2 面=61.56m
3	梁板式筏形基础平板 U 形筋及侧面构造纵筋的钢筋工程量	$\underline{\Phi}$ 12 长度合计：$\sum l=0.92\times(102+234)=309.12$m 重量合计：309.12m×0.888kg/m=274.50kg=0.275t Φ 8 长度合计：$\sum l=129.36+61.56=190.92$m 重量合计：190.92m×0.395kg/m=75.41kg=0.075t

2.4.4 平板式筏形基础平板钢筋计算

平板式筏形基础平板的钢筋种类及端部情况，见表 2-45。

平板式筏形基础平板的钢筋种类及端部情况表
表 2-45

	钢筋种类	端部情况
平板式筏形基础平板钢筋	顶部贯通纵筋	1. 有外伸/无外伸 2. 有变截面 3. 有高差
	底部贯通纵筋	
	底部附加非贯通纵筋	
	板边缘封边筋	

由图集 22G101-3 第 1-32 页 5.2.1 可知：平板式筏形基础的平面注写表达方

式有两种：①划分为柱下板带和跨中板带进行表达；②按基础平板进行表达。如图 2-66 所示。

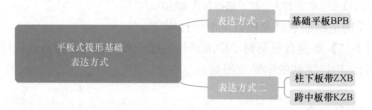

图 2-66　平板式筏形基础平板表达方式

以基础平板形式进行表达的平板式筏形基础，其平法标注方法及钢筋计算方法与梁板式筏形基础平板类似。此处主要讲解以基础平板进行表达的平板式筏形基础。

1. 基础平板

以基础平板形式进行表达的平板式筏形基础，如图 2-67 所示。

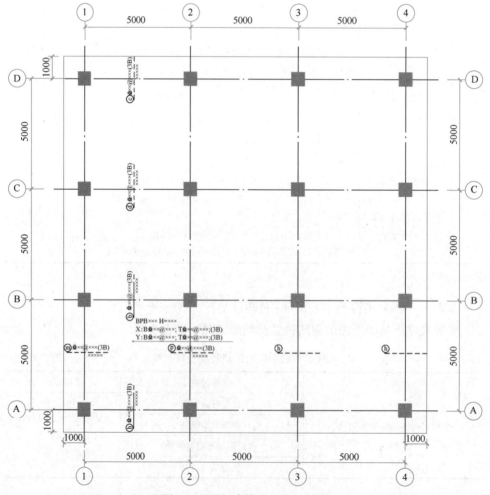

图 2-67　平板式筏形基础示意图

平板式筏形基础平板的标准构造详图见图集 22G101-3 第 2-35 页，如图 2-68 和图 2-69 所示。

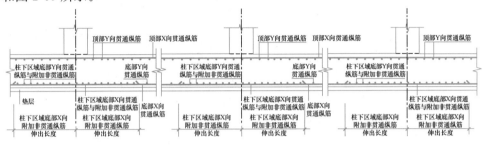

图 2-68　平板式筏形基础平板 BPB 钢筋构造（柱下区域）

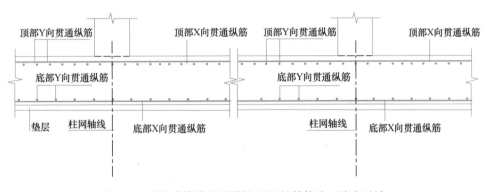

图 2-69　平板式筏形基础平板 BPB 钢筋构造（跨中区域）

（1）顶部贯通纵筋

顶部贯通纵筋是沿基础平板上部全跨通长设置的钢筋，其计算方法如下：

顶部贯通纵筋

1）长度

长度＝通跨净跨长＋左端支座锚固长度＋右端支座锚固长度

① 通跨净跨长指从左端支座内侧到右端支座内侧的长度。

② 端支座锚固长度需看标准构造详图图集 22G101-3 第 2-37 页，计算分为三种情况：无外伸构造 a、无外伸构造 b、等截面外伸构造。

A. 无外伸构造 a

无外伸构造 a 标准构造详图，如图 2-70 所示。

顶部贯通纵筋端支座锚固长度：$\max(12d，墙宽/2)$

注：① d 为所计算顶部贯通纵筋钢筋直径，图纸中可以查出。

　　② 墙宽从图纸中可以查出。

B. 无外伸构造 b

无外伸构造 b 标准构造详图，如图 2-71 所示。

顶部贯通纵筋端支座锚固长度：$\max(12d，梁宽/2)$

注：① d 为所计算顶部贯通纵筋钢筋直径，图纸中可以查出。

　　② 梁宽从图纸中可以查出。

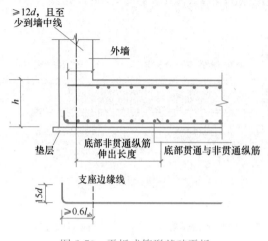

图 2-70 平板式筏形基础平板
端部无外伸构造 a

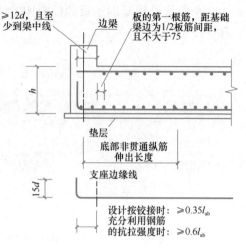

图 2-71 平板式筏形基础平板
端部无外伸构造 b

C. 等截面外伸构造

等截面外伸构造标准构造详图，如图 2-72 所示，锚入基础平板的尽端，弯折 $12d$。

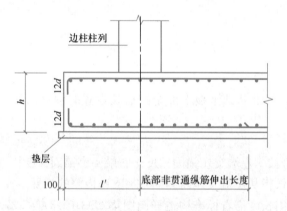

图 2-72 平板式筏形基础平板端部等截面外伸构造

顶部贯通纵筋端支座锚固长度：从边柱内侧算起锚入，边柱宽/2+l'－基础平板保护层+$12d$

注：① d 为所计算顶部贯通纵筋钢筋直径，图纸中可以查出。

② 边柱宽从图纸中可以查出。

③ l' 为从边柱中心线到基础平板端部的距离。

2）根数

$$根数 = \frac{布筋范围长 - 起步筋间距\ \min(75, s/2) \times 2}{间距} + 1$$

注：顶部贯通纵筋距混凝土构件边缘起步筋距离为 $\min(75, s/2)$。

【案例 2-18】 案例背景资料 6 中的某办公楼工程，试计算平板式筏基顶部贯通纵筋的钢筋工程量。

解：

计算过程见表 2-46。

钢筋工程量计算表 表 2-46

序号	计算内容	计算式
1	X 向 T：$\Phi 20@200$	$l = 5 \times 3 + 1 \times 2 - 0.04 \times 2 + 12 \times 0.02 \times 2 = 17.40\text{m}$（1 个接头/根） $N = \dfrac{5 \times 2 + 1 \times 2 - \min(0.075, 0.2/2) \times 2}{0.2} + 1 = 61$ 根（61 个接头）
2	Y 向 T：$\Phi 20@200$	$l = 5 \times 2 + 1 \times 2 - 0.04 \times 2 + 12 \times 0.02 \times 2 = 12.40\text{m}$（1 个接头/根） $N = \dfrac{5 \times 3 + 1 \times 2 - \min(0.075, 0.2/2) \times 2}{0.2} + 1 = 86$ 根（86 个接头）
3	平板式筏基顶部贯通纵筋的钢筋工程量	$\Phi 20$ 长度合计：$\Sigma l = 17.40 \times 61 + 12.40 \times 86 = 2127.80\text{m}$ 重量合计：$2127.80\text{m} \times 2.47\text{kg/m} = 5255.67\text{kg} = 5.256\text{t}$ $\Phi 20$ 接头：$61 + 86 = 147$ 个

（2）底部贯通纵筋

底部贯通纵筋是沿基础平板底部全跨通长设置的钢筋，其计算方法如下：

底部贯通纵筋

1）长度

长度＝通跨净跨长＋左端支座锚固长度＋右端支座锚固长度

① 通跨净跨长指从左端支座内侧到右端支座内侧的长度。

② 端支座锚固长度需看标准构造详图，见图集 22G101-3 第 2-37 页，计算分为三种情况：无外伸构造 a、无外伸构造 b、等截面外伸构造。

A. 无外伸构造 a

无外伸构造 a 标准构造详图如图 2-70 所示，底部贯通纵筋伸至基础平板尽端弯折 $15d$ 且水平段 $\geqslant 0.6l_{ab}$。

底部贯通纵筋端支座锚固长度：墙宽－基础平板保护层厚度＋$15d$

注：① 墙宽从图纸中可以查出。

② d 为所计算底部贯通纵筋钢筋直径，图纸中可以查出。

③ 水平段长度（墙宽－基础平板保护层厚度）构造要求 $\geqslant 0.6l_{ab}$，其中 $\geqslant 0.6l_{ab}$ 为设计要求，如果不满足，需要找设计部门协商。l_{ab} 为受拉钢筋基本锚固长度：依据筏板基础的混凝土强度等级、钢筋种类从图集 22G101-3 第 2-2 页表格查到。

B. 无外伸构造 b

无外伸构造 b 标准构造详图如图 2-71 所示。

底部贯通纵筋端支座锚固长度见表 2-47。

底部贯通纵筋端支座锚固长度 表 2-47

设计要求	水平段长度	端支座锚固长度
按铰接	$\geqslant 0.35 l_{ab}$	$0.35 l_{ab}+15d$
充分利用钢筋的抗拉强度	$\geqslant 0.6 l_{ab}$	$0.6 l_{ab}+15d$

注：1. d 为所计算底部贯通纵筋钢筋直径，可以从图纸中查出。

2. l_{ab} 为受拉钢筋基本锚固长度：依据基础平板混凝土强度等级、钢筋种类从图集 22G101-3 第 2-2 页表格查到。

3. "设计按铰接""充分利用钢筋的抗拉强度"由设计指定。

4. "水平段长度"从边梁内侧算起，等于边梁减基础平板保护层厚度。

C. 等截面外伸构造

等截面外伸构造标准构造详图如图 2-72 所示，底部贯通纵筋伸至基础平板尽端弯折 $12d$。

底部贯通纵筋端支座锚固长度：$l'+$柱宽$/2-$基础平板保护层厚度$+12d$

注：① 柱宽从图纸中可以查出。

② d 为所计算底部贯通纵筋钢筋直径，图纸中可以查出。

2）根数

$$根数 = \frac{布筋范围长 - 起步筋间距 \min(75,s/2) \times 2}{间距} + 1$$

注：底部贯通纵筋距混凝土构件边缘起步筋距离为 $\min(75，s/2)$。

【案例 2-19】案例背景资料 6 中的某办公楼工程，试计算平板式筏基底部贯通纵筋的钢筋工程量。

解：

分析：底部贯通纵筋计算过程同顶部贯通纵筋。

计算过程见表 2-48。

钢筋工程量计算表 表 2-48

序号	计算内容	计算式
1	X 向 B：Φ 20@200	$l=5\times3+1\times2-0.04\times2+12\times0.02\times2=17.40m$（1 个接头/根） $N=\dfrac{5\times2+1\times2-\min(0.075,0.2/2)\times2}{0.2}+1=61$ 根（61 个接头）
2	Y 向 B：Φ 20@200	$l=5\times2+1\times2-0.04\times2+12\times0.02\times2=12.40m$（1 个接头/根） $N=\dfrac{5\times3+1\times2-\min(0.075,0.2/2)\times2}{0.2}+1=86$ 根（86 个接头）
3	平板式筏基底部贯通纵筋的钢筋工程量	Φ 20 长度合计：$\sum l=17.40\times61+12.40\times86=2127.80m$ 重量合计：$2127.80m\times2.47kg/m=5255.67kg=5.256t$ Φ 20 接头：$61+86=147$ 个

（3）底部附加非贯通纵筋

底部附加非贯通纵筋标准构造详图见图集 22G101-3 第 2-35
页，如图 2-68 和图 2-69 所示。

底部附加非贯通纵筋

1）中间支座底部附加非贯通纵筋

① 长度

中间支座底部附加非贯通纵筋长度＝底部非贯通纵筋伸出
$$长度×2$$

注：底部非贯通纵筋伸出长度可从图纸查出。

② 根数

$$根数 = \frac{布筋范围长 - 起步筋间距 \min(75, s/2) \times 2}{间距} + 1$$

注：底部附加非贯通纵筋距混凝土构件边缘起步筋距离为 $\min(75, s/2)$。

2）端支座底部附加非贯通纵筋

① 长度

端支座底部附加非贯通纵筋长度需看标准构造详图见图集 22G101-3 第 2-37
页，计算分为三种情况：无外伸构造 a、无外伸构造 b、等截面外伸构造。

A. 无外伸构造 a

无外伸构造 a 标准构造详图如图 2-70 所示，底部非贯通纵筋伸至基础平板尽
端弯折 $15d$ 且水平段 $\geqslant 0.6l_{ab}$。

底部非贯通纵筋长度：墙宽/2－基础平板保护层厚度＋$15d$＋底部非贯通纵筋
伸出长度

注：① 墙宽从图纸中可以查出。

　　② d 为所计算底部非贯通纵筋钢筋直径，图纸中可以查出。

　　③ 水平段长度（墙宽－基础平板保护层厚度）构造要求 $\geqslant 0.6l_{ab}$，其中 $\geqslant 0.6l_{ab}$ 为设计
　　　要求，如果不满足，需要找设计部门协商。l_{ab} 为受拉钢筋基本锚固长度：依据筏形
　　　基础混凝土强度等级、钢筋种类从图集 22G101-3 第 2-2 页表格查到。

　　④ 底部非贯通纵筋伸出长度见设计标注，自墙中心线算起。

B. 无外伸构造 b

无外伸构造 b 标准构造详图如图 2-71 所示。

端支座底部附加非贯通纵筋长度见表 2-49。

端支座锚固长度　　　　　　　　　　　　　　　　　表 2-49

设计要求	水平段长度	端支座锚固长度	端支座底部非贯通纵筋长度
按铰接	$\geqslant 0.35l_{ab}$	$0.35l_{ab} + 15d$	$0.35l_{ab}$＋底部非贯通纵筋 伸出长度－梁宽/2＋$15d$
充分利用钢筋的 抗拉强度	$\geqslant 0.6l_{ab}$	$0.6l_{ab} + 15d$	$0.6l_{ab}$＋底部非贯通纵筋伸 出长度－梁宽/2＋$15d$

注：1. d 为所计算底部非贯通纵筋钢筋直径，图纸中可以查出。
　　2. l_{ab} 为受拉钢筋基本锚固长度：依据筏形基础平板混凝土强度等级、钢筋种类、钢筋直径从图集
　　　22G101-3 第 2-2 页表格查到。
　　3. "设计按铰接""充分利用钢筋的抗拉强度"由设计指定。
　　4. "水平段长度"从边梁内侧算起，等于边梁减基础平板保护层厚度。
　　5. 底部非贯通纵筋伸出长度见设计标注，自墙中心线算起。

C. 等截面外伸构造

等截面外伸构造标准构造详图如图 2-72 所示，底部非贯通纵筋伸至基础平板尽端弯折 12d。

底部非贯通纵筋长度：l'－基础平板保护层厚度＋12d＋底部非贯通纵筋伸出长度

注：① l' 为自边柱中心线到基础平板端部的长度，可以从图纸中查出。

② d 为所计算底部贯通纵筋钢筋直径，可以从图纸中查出。

② 根数

$$根数 = \frac{布筋范围长 - 起步筋间距 \min(75, s/2) \times 2}{间距} + 1$$

注：底部附加非贯通纵筋距混凝土构件边缘起步筋距离为 $\min(75，s/2)$。

（4）板边缘封边筋

由图集 22G101-3 第 2-37 页注 2 可知：板边缘侧面封边构造既用于梁板式筏形基础部位，又用于平板式筏形基础部位。分析过程详见梁板式筏形基础板边缘侧面封边构造。

【案例 2-20】案例背景资料 6 中的某办公楼工程，试计算平板式筏形基础平板 U 形筋及侧面构造纵筋的钢筋工程量。

解：

计算过程见表 2-50。

钢筋工程量计算表 表 2-50

序号	计算内容	计算式
1	U 形筋Φ12	$l = 0.6 - 0.04 \times 2 + \max(15 \times 0.012，200) \times 2 = 0.92\text{m}$ $N = (61 + 86) \times 2 = 294$ 根
2	封边侧面构造纵筋 3Φ8	X 向 $l = 5 \times 3 + 1 \times 2 - 0.04 \times 2 + 15 \times 0.008 \times 2 + 6.25 \times 0.008 \times 2 + 0.3$（1 个搭接）$= 17.56\text{m}$ $\sum l = 17.56 \times 3$ 根 $\times 2$ 面 $= 105.36\text{m}$ Y 向 $l = 5 \times 2 + 1 \times 2 - 0.04 \times 2 + 15 \times 0.008 \times 2 + 6.25 \times 0.008 \times 2 + 0.3$（1 个搭接）$= 12.56\text{m}$ $\sum l = 12.56 \times 3$ 根 $\times 2$ 面 $= 75.36\text{m}$
3	平板式筏形基础平板 U 形筋及侧面构造纵筋的钢筋工程量	Φ12 长度合计：$\sum l = 0.92 \times 294 = 270.48\text{m}$ 重量合计：$270.48\text{m} \times 0.888\text{kg/m} = 240.19\text{kg} = 0.240\text{t}$ Φ8 长度合计：$\sum l = 105.36 + 75.36 = 180.72\text{m}$ 重量合计：$180.72\text{m} \times 0.395\text{kg/m} = 71.38\text{kg} = 0.071\text{t}$

2. 柱下板带(ZXB)与跨中板带(KZB)

柱下板带与跨中板带交叉布置, 如图 2-73 所示, 柱下板带为图中阴影部分, 共 9 块; 跨中板带在图中用引线标注, 共 7 块。

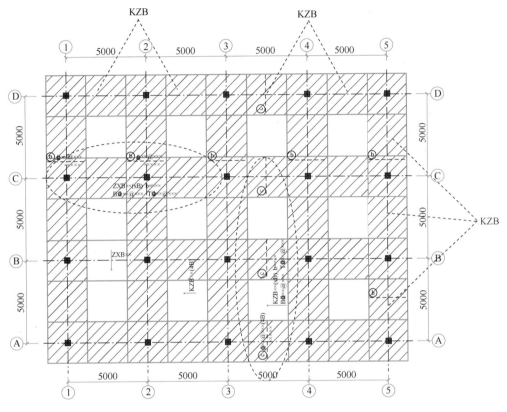

图 2-73　柱下板带与跨中板带示意图

柱下板带与跨中板带的集中标注我们需要注意两点: 一是板带宽度 b 是指板带短向的长度; 二是板带的配筋, 底部和顶部贯通纵筋是指沿板带长向的配筋, 沿短向没有配筋。板带的底部、顶部双向交叉钢筋网实际上是由两个方向的板带钢筋组成。

柱下板带与跨中板带的标准构造详图见图集 22G101-3 第 2-34 页, 如图 2-74 和图 2-75 所示。

由图 2-74 和图 2-75 可知, 柱下板带与跨中板带所表达的钢筋构造可以结合在一起看, 各自表达了沿板带长向的顶部贯通纵筋、底部贯通纵筋、底部附加非贯通纵筋。

（1）顶部贯通纵筋

顶部贯通纵筋是沿平板式基础平板上部全跨通长设置的钢筋, 其计算方法如下:

1）长度

长度＝通跨净跨长＋左端支座锚固长度＋右端支座锚固长度

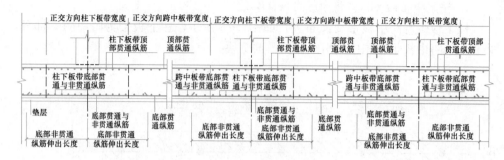

图 2-74 平板式筏基柱下板带 ZXB 纵向钢筋构造

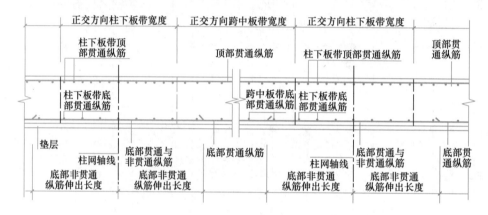

图 2-75 平板式筏基跨中板带 KZB 纵向钢筋构造

① 通跨净跨长指从左端支座内侧到右端支座内侧的长度。

② 端支座锚固长度需看构造详图，计算分为三种情况：无外伸构造 a、无外伸构造 b、等截面外伸构造。解析过程详见以基础平板形式进行表达的平板式筏形基础的顶部贯通纵筋端支座锚固长度分析。

2）根数

$$根数 = \frac{布筋范围长 - 起步筋间距\ \min(75, s/2) \times 2}{间距} + 1$$

注：顶部贯通纵筋距混凝土构件边缘起步筋距离为 $\min(75, s/2)$。

（2）底部贯通纵筋

1）长度

底部贯通纵筋是沿基础平板底部全跨通长设置的钢筋，其计算方法如下：

长度＝通跨净跨长＋左端支座锚固长度＋右端支座锚固长度

① 通跨净跨长指从左端支座内侧到右端支座内侧的长度。

② 端支座锚固长度需看构造详图，计算分为三种情况：无外伸构造 a、无外伸构造 b、等截面外伸构造。解析过程详见以基础平板形式进行表达的平板式筏形基础的底部贯通纵筋端支座锚固长度分析。

2）根数

$$根数 = \frac{布筋范围长 - 起步筋间距 \min(75, s/2) \times 2}{间距} + 1$$

注：底部贯通纵筋距混凝土构件边缘起步筋距离为 $\min(75, s/2)$。

（3）底部附加非贯通纵筋

1）中间支座底部附加非贯通纵筋

解析过程详见以基础平板形式进行表达的平板式筏形基础的中间支座底部附加非贯通纵筋分析。

2）端支座底部附加非贯通纵筋

解析过程详见以基础平板形式进行表达的平板式筏形基础的中间支座底部附加非贯通纵筋分析。

（4）板边缘封边筋

由图集 22G101-3 第 2-37 页注 2 可知：板边缘侧面封边构造既用于梁板式筏形基础部位，又用于平板式筏形基础部位。分析过程详见梁板式筏形基础板边缘侧面封边构造。

2.5　基坑钢筋计算

由图集 22G101-3 第 1-49 页 7.2.5 可知：基坑 JK 直接引注的内容规定如下：

（1）注写编号 JK××。

（2）注写几何尺寸。按"基坑深度 h_k／基坑平面尺寸 x×y"的顺序注写，其表达形式为 h_k／x×y。x 为 X 向基坑宽度，y 为 Y 向基坑宽度（图面从左至右为 X 向，从下至上为 Y 向）。

在平面布置图上应标注基坑的平面定位尺寸。

基坑钢筋的标准构造详图见图集 22G101-3 第 2-51 页，如图 2-76 和图 2-77 所示，基坑钢筋的规格、间距一般与筏板基础平板钢筋保持一致。

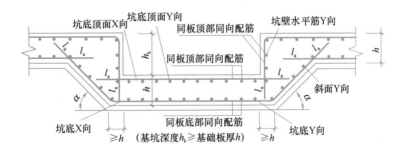

图 2-76　基坑构造（一）

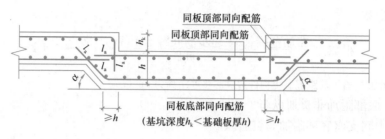

图 2-77 基坑构造（二）

2.5.1 坑底钢筋计算

1. 坑底 X 向钢筋

长度＝X 向宽度＋出边距离×2－保护层厚度×2＋斜边长×2＋l_a×2

$$根数＝\frac{Y 向宽度＋出边距离×2－保护层厚度×2}{间距}＋1$$

2. 坑底 Y 向钢筋

长度＝Y 向宽度＋出边距离×2－保护层厚度×2＋斜边长×2＋l_a×2

$$根数＝\frac{X 向宽度＋出边距离×2－保护层厚度×2}{间距}＋1$$

3. 斜面钢筋

X 向

$l_底$＝X 向宽度＋出边距离×2－保护层厚度×2＋伸入 Y 向的斜边长×2＋29d×2

$l_顶$＝X 向宽度＋出边距离×2＋斜面长对应的水平投影长×2－保护层厚度×2＋29d×2

$$l_中 = \frac{l_底 + l_顶}{2}$$

$$根数 = \left(\frac{斜面长}{间距} - 1\right) ×2 侧$$

注：上下最外侧钢筋已经算过，故在向上取整加一的基础上减二。

Y 向

$l_底$＝Y 向宽度＋出边距离×2－保护层厚度×2＋伸入 X 向的斜边长×2＋29d×2

$l_顶$＝Y 向宽度＋出边距离×2＋斜面长对应的水平投影长×2－保护层厚度×2＋29d×2

$$l_中 = \frac{l_底 + l_顶}{2}$$

$$根数 = \left(\frac{斜面长}{间距} - 1\right) ×2 侧$$

注：上下最外侧钢筋已经算过，故在向上取整加一的基础上减二。

坑底X向钢筋

坑底Y向钢筋

斜面钢筋

2.5.2 坑底顶面钢筋计算

1. X 向钢筋

长度＝X 向宽度＋$l_a×2$

根数＝$\dfrac{Y 向宽度－保护层厚度×2}{间距}＋1$

2. Y 向钢筋

长度＝Y 向宽度＋$l_a×2$

根数＝$\dfrac{X 向宽度－保护层厚度×2}{间距}＋1$

3. 坑壁水平筋

沿 X 向

长度＝X 向宽度＋$l_a×2$

根数＝$\dfrac{基坑深度}{间距}×2 侧$

沿 Y 向

长度＝Y 向宽度＋$l_a×2$

根数＝$\dfrac{基坑深度}{间距}×2 侧$

X向钢筋

Y向钢筋

坑壁水平筋

【案例 2-21】 案例背景资料 7 中的某住宅楼工程，试计算基坑 JK1 钢筋工程量。

解:

分析:$l_a＝35×0.025＝0.875m$

计算过程见表 2-51。

钢筋工程量计算表   表 2-51

序号	计算内容	计算式
1	坑底钢筋 $\Phi 25@200$	(1) 坑底 X 向钢筋 斜边长＝$\sqrt{1.4^2+1.4^2}＝1.98m$ $l＝2.1+0.6×2-0.04×2+1.98×2+0.875×2＝8.93m$ $N＝\dfrac{4.7+0.6×2-0.04×2}{0.2}+1＝31 根$ $\Sigma l＝8.93×31＝276.83m$ (2) 坑底 Y 向钢筋 $l＝4.7+0.6×2+1.98×2-0.04×2+0.875×2＝11.53m$ $N＝\dfrac{2.1+0.6×2-0.04×2}{0.2}+1＝18 根$ $\Sigma l＝11.53×18＝207.54m$

序号	计算内容	计算式
1	坑底钢筋 Φ25@200	（3）斜面钢筋 ① X 向 $l_底=2.1+0.6×2-0.04×2+1.98×2+29×0.025×2=8.63$m $l_顶=2.1+0.6×2+1.4×2-0.04×2+29×0.025×2=7.47$m $l_中=\dfrac{8.63+7.47}{2}=8.05$m 根数$=\left(\dfrac{1.98}{0.2}-1\right)×2$侧$=18$根 （斜面长上加一个保护层，下减一个保护层，故不加也不减。根数向上取整加一，再减最上面、最下面各一根，故减一） $\sum l=8.05×18=144.90$m ② Y 向 $l_底=4.7+0.6×2-0.04×2+1.98×2+29×0.025×2=11.23$m $l_顶=4.7+0.6×2+1.4×2-0.04×2+29×0.025×2=10.07$m $l_中=\dfrac{11.23+10.07}{2}=10.65$m 根数$=\left(\dfrac{1.98}{0.2}-1\right)×2$侧$=18$根 $\sum l=10.65×18=191.70$m
2	坑底顶面钢筋 Φ25@200	（1）X 向 $l=2.1+0.875×2=3.85$m $N=\dfrac{4.7-0.04×2}{0.2}+1=25$根 $\sum l=3.85×25=96.25$m （2）Y 向 $l=4.7+0.875×2=6.45$m $N=\dfrac{2.1-0.04×2}{0.2}+1=12$根 $\sum l=6.45×12=77.40$m （3）坑壁水平筋 ① 沿 X 向 $l=2.1+0.875×2=3.85$m $N=(1.4÷0.2)×2=7$根$×2$侧$=14$根（基坑深度下加一个保护层，上减一个保护层，故不加也不减。根数向上取整加一，再减最上面一根） $\sum l=3.85×14=53.90$m ② 沿 Y 向 $l=4.7+0.875×2=6.45$m $N=(1.4÷0.2)×2=7$根$×2$侧$=14$根 $\sum l=6.45×14=90.30$m
3	基坑 JK1 钢筋 工程量	Φ25 长度合计：$\sum l=276.83+207.54+144.90+191.70+96.25+77.40+53.90+90.30=1138.82$m 重量合计：$1138.82m×3.85kg/m=4384.46kg=4.384$t

柱钢筋工程量计算

【目标描述】

通过本任务的学习，学生能够：

（1）熟练进行柱钢筋计算。

（2）熟练应用《混凝土结构施工图平面整体表示方法制图规则和构造详图（现浇混凝土框架、剪力墙、梁、板）》22G101-1平法图集和结构规范解决实际问题。

【任务实训】

学生通过钢筋计算完成实训任务，进一步提高钢筋计算能力和图集的实际应用能力。

3.1 知识准备

1. 柱类型

根据图集22G101-1第8页表2.2.2-1可知，柱类型有框架柱、转换柱、芯柱。下面以框架柱为例对柱的钢筋进行讲解。

2. 柱钢筋示意图

框架柱钢筋示意图，如图3-1所示。框架柱内钢筋思维导图，如图3-2所示。

3. 框架柱案例背景资料

【案例背景资料】某小区2号楼工程，结构类型框架-剪力墙结构，抗震等级为三级，结构层高表如图3-3所示，柱配筋表如图3-4所示，柱纵筋连接采

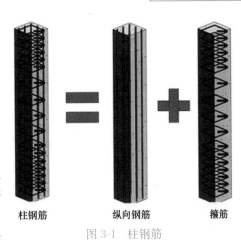

柱钢筋　　　纵向钢筋　　　箍筋

图3-1　柱钢筋

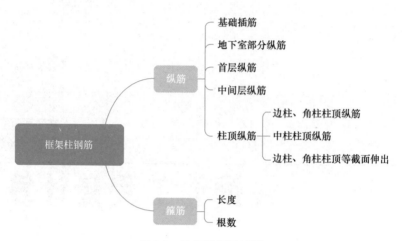

图 3-2　柱钢筋思维导图

层号	标高(m)	层高(m)	混凝土等级
机房层	76.75		
屋顶层	73.75	3.000	
25	70.69	3.060	
24	67.74	2.950	
23	64.79	2.950	
22	61.84	2.950	
21	58.89	2.950	
20	55.94	2.950	C30
19	52.99	2.950	
18	50.04	2.950	
17	47.09	2.950	
16	44.14	2.950	
15	41.19	2.950	
14	38.24	2.950	
13	35.29	2.950	
12	32.34	2.950	
11	29.39	2.950	
10	26.44	2.950	C35
9	23.49	2.950	
8	20.54	2.950	
7	17.59	2.950	
6	14.64	2.950	
5	11.69	2.950	
4	8.74	2.950	
3	5.79	2.950	C40
2	2.84	2.950	
1	-0.16	3.000	
-1	-3.76	3.600	
-2	-7.36	3.600	
层号	标高(m)	层高(m)	混凝土等级

2号楼层高表（嵌固端在基础）

图 3-3　结构层高表

用机械螺纹连接，钢筋接头面积百分率不宜大于 50%，地下室顶板不考虑嵌固作用。屋面梁高 500mm，其他楼层梁高 600mm。

柱号	标高	b×h	角筋	b每侧中部筋	h每侧中部筋	箍筋类型号	箍筋
KZc1	基础顶~-0.16	800×800	4Φ22	3Φ20	3Φ20	5×5	Φ10@100/200
	-0.16~11.69	800×800	4Φ20	3Φ20	3Φ20	5×5	Φ10@100/200
	11.69~35.29	700×700	4Φ18	3Φ18	3Φ18	5×5	Φ8@100/200
	35.29~76.75	600×600	4Φ18	2Φ18	2Φ18	4×4	Φ8@100/200

图 3-4　柱子配筋表

3.2　柱纵筋计算

3.2.1　柱纵筋基础内插筋计算

1. 基础内插筋构造

见图集 22G101-3 第 2-10 页（a）、（b）、（c）、（d）节点，如图 3-5 所示。

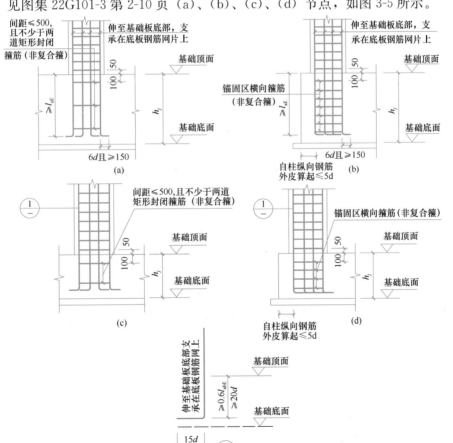

图 3-5　柱纵向钢筋在基础中构造

（a）保护层厚度＞5d；基础高度满足直锚；（b）保护层厚度≤5d；基础高度满足直锚；
（c）保护层厚度＞5d；基础高度不满足直锚；（d）保护层厚度≤5d；基础高度不满足直锚

2. 构造要求

通过对比分析图集 22G101-3 第 2-10 页构造（a）、（b）、（c）、（d）节点可知：保护层厚度和 $5d$ 影响箍筋构造；基础内插筋受基础高度 h_j 和 l_{aE} 的影响。

（1）h_j 的确定方法：

1）基础高度 h_j 为基础底面到基础顶面的高度，如图 3-6 和图 3-7 所示。即 $h_j = h_1$ 或 $h_j = h_1 + h_2$。

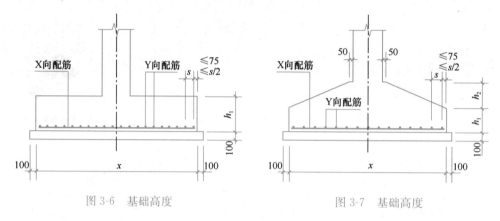

图 3-6　基础高度　　　　　　　　　　图 3-7　基础高度

2）柱下为基础梁时，h_j 为梁底面到顶面的高度，如图 3-8，即 $h_j = h_1 + h_w$。

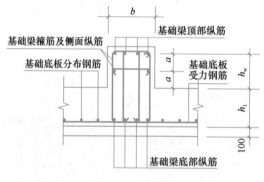

图 3-8　基础梁高

3）当柱两侧基础梁标高不同时取较低标高。

（2）l_{aE} 确定

l_{aE} 为受拉钢筋抗震锚固长度，依据图纸中的混凝土强度等级、钢筋种类和抗震等级从 22G101-3 图集中查找。

3. 柱纵筋在基础内插筋

（1）基础层纵向钢筋

基础层纵向钢筋示意图，如图 3-9 所示。

（2）基础插筋计算公式

基础插筋长度＝弯折长度＋嵌入基础长度＋伸出基础长度

公式中：伸出基础长度在后面地下室部分钢筋讲解。

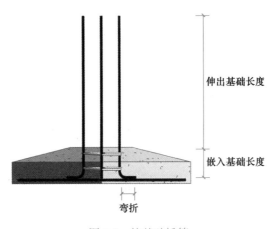

图 3-9　柱基础插筋

4. 柱纵筋在基础内插筋形式

（1）基础高度满足直锚

当基础高度 h_j －保护层厚度－基础钢筋网片 $\geq l_{aE}$ 时，满足直锚，构造节点见图集 22G101-3 第 2-10 页（a）、（b）节点，如图 3-5 所示。

1）嵌入基础长度指柱纵筋伸至基础板底部，支承在底板钢筋网片上。嵌入基础长度＝基础高度 h_j －基础保护层厚度－基础钢筋网片。

① 基础高度 h_j 在基础图中可以查出。

② 基础保护层厚度从图纸或图集中可以查出。

③ 基础钢筋直径从基础图中可以查到。

2）弯折长度如图 3-5（a）、（b）节点中平直段线段，6d 和 150mm 取大值。

其中，d 为柱插筋直径。

（2）基础高度不满足直锚

当基础高度 h_j －保护层厚度－基础钢筋网片 $< l_{aE}$ 时，不满足直锚，构造节点见图集 22G101-3 第 2-10 页（c）、（d）、①节点，如图 3-5 所示。

1）嵌入基础长度指柱纵筋伸至基础板底部，支承在底板钢筋网片上且满足 $\geq$ $0.6l_{abE}$ 和 20d，如果直段长度不满足 $\geq 0.6l_{abE}$ 和 20d，需要找设计人员核查，所以嵌入基础长度＝基础高度 h_j －基础保护层厚度－基础钢筋网片

① 基础高度 h_j 在基础图中可以查出。

② 基础保护层厚度从图纸或图集中可以查出。

③ 基础钢筋直径从基础图中可以查到。

2）弯折长度如图 3-5 中①节点平直段线段，取值为 15d，d 为柱插筋直径。

【案例 3-1】 某框架工程，抗震等级三级，混凝土强度等级 C30，基础保护层 40mm，KZ1 和 DJ1 详见图 3-10，试计算 KZ1 在基础内插筋的工程量。

解：

框架柱纵筋为 24 Φ 25 钢筋，计算过程见表 3-1。

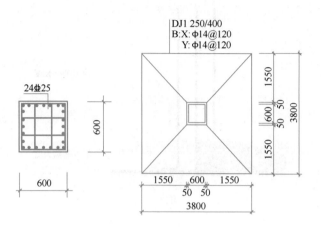

图 3-10　基础详图

钢筋工程量计算表　　　　　　　　　　　　　　　表 3-1

序号	计算内容	计算式
1	判断基础高度 直锚、弯锚	(1) $h_j = 0.25 + 0.4 = 0.65$ (2) 基础保护层厚度 $= 0.04$m (3) 基础钢筋网片 $= 0.014 + 0.014 = 0.028$m (4) 基础高度 $h_j -$ 保护层厚度 $-$ 基础钢筋网片 $= 0.65 - 0.04 - 0.028$ $= 0.582$m (5) 图中可知混凝土强度等级 C30，柱钢筋种类三级钢，抗震等级三级，从图集 22G101-3 第 2-3 页中查得 $l_{aE} = 37d = 37 \times 0.025 = 0.925$m (6) 比较 $0.582 < 0.925$，所以基础高度不满足直锚
2	单根插筋长度	柱筋在基础内插筋长度 $=$ 弯折长度 $+$ 嵌入基础长度 $= 15d + 0.582 = 15 \times 0.025$ $+ 0.582 = 0.957$m
3	KZ1 基础插筋工程量	$\Phi25$ 长度合计：$0.957 \times 24 = 22.97$m $\Phi25$ 重量合计：22.97m $\times 3.85$kg/m $= 88.43$kg $= 0.088$t

3.2.2　地下室部分纵筋计算

1. 地下室 KZ 纵筋构造

地下室 KZ 纵筋构造见图集 22G101-1 第 2-10 页节点，如图 3-11 所示。

2. 地下室柱纵筋

地下室柱纵筋包括柱插筋伸出基础的长度和地下层柱纵筋两部分，长度计算如表 3-2 所示。

地下室部分纵筋计算

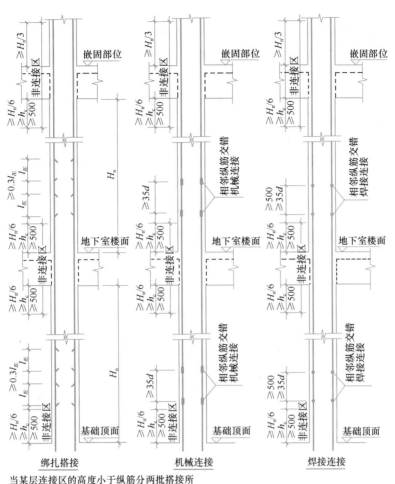

当某层连接区的高度小于纵筋分两批搭接所
需要的高度时，应改用机械连接或焊接连接。

图 3-11　柱纵筋连接方式

地下室柱纵筋长度 　　　　　　　　　　　　　　　　表 3-2

部位	钢筋连接相互错开	计算公式	备注
柱插筋伸出基础的长度	低位钢筋	非连接区长度	（1）非连接区长度与嵌固部位有关 （2）相邻纵筋交错连接差值与钢筋连接方式有关
	高位钢筋	非连接区长度＋相邻纵筋交错连接差值	
地下层柱纵筋长度	低位钢筋	地下某层层高一楼板处非连接区长度＋顶板上伸出非连接区长度	
	高位钢筋	地下某层层高一楼板处非连接区长度－相邻纵筋交错连接差值＋顶板上伸出非连接区长度＋相邻纵筋交错连接差值	

（1）柱嵌固部位标注说明

1）框架柱嵌固部位在基础顶面时，无需注明。

2）框架柱嵌固不在基础顶面时，在层高表嵌固部位标高下使用双细线注明，并在层高表下注明上部嵌固部位标高。

3）框架柱嵌固部位不在地下室顶板，但仍需考虑地下室顶板对上部结构实际存在嵌固作用时，可在层高表地下室顶板标高下使用双虚线注明，此时，首层柱端箍筋加密区长度范围及纵筋连接位置均按嵌固部位要求设置。

4）嵌固部位会影响纵筋非连接区和箍筋加密区等构造。

（2）柱纵筋非连接区

柱纵筋非连接区是指柱纵筋连接点不能在受力较大的部位，因此设置非连接区。非连接区长度判定分为两种情况，嵌固部位在基础顶面和嵌固部位不在基础顶面。

1）当嵌固部位在基础顶面时，非连接区范围如表 3-3 所示。

柱纵筋非连接区范围　　　　　　　　表 3-3

部位	非连接区范围	构造要求	备注
基础顶面	基础顶面以上 $1/3H_n$	见图 3-12 竖向线段表示的部位	H_n 为所在楼层的柱净高，h_c 为柱截面长边尺寸（圆柱为截面直径）
地下室某楼面	梁底下 max（$1/6H_n$，h_c，500）＋梁高＋本层楼面上 max（$1/6H_n$，h_c，500）	梁底下非连接区范围、梁高、楼面上如图 3-13 所示	
地下室顶板不考虑嵌固作用	梁底下 max（$1/6H_n$，h_c，500）＋梁高＋本层楼面上 max（$1/6H_n$，h_c，500）		
地下室顶板考虑嵌固作用	梁底下 max（$1/6H_n$，h_c，500）＋梁高＋地下室顶板上 $1/3H_n$	梁底下非连接区范围、梁高、地下室顶板上如图 3-14 所示	

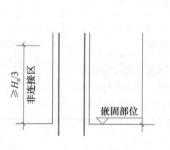

图 3-12　嵌固部位非连接区

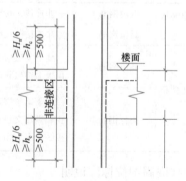

图 3-13　楼面非连接区

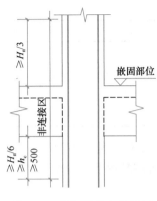

图 3-14　嵌固部位非连接区　　　　图 3-15　基础顶面非连接区

2）当嵌固部位不在基础顶面时，非连接区范围如表 3-4 所示。

柱纵筋非连接区范围　　　　　　　　　　　　　　表 3-4

部位	非连接区范围	构造要求	备注
基础顶面	基础顶面以上 max（$1/6H_n$，h_c，500）	如图 3-15 所示	H_n 为所在楼层的柱净高，h_c 为柱截面长边尺寸（圆柱为截面直径）
地下室某楼面	梁底下 max（$1/6H_n$，h_c，500）＋梁＋本层楼面上 max（$1/6H_n$，h_c，500）	梁底下非连接区范围、梁高、楼层上如图 3-13 中所示	
嵌固部位	梁底下 max（$1/6H_n$，h_c，500）＋梁高＋嵌固部位顶上 $1/3H_n$	梁底下非连接区范围、梁高、楼面顶上如图 3-14 中所示	
地下室顶板考虑嵌固作用	梁底下 max（$1/6H_n$，h_c，500）＋梁高＋地下室顶板顶上 $1/3H_n$		

（3）相邻纵筋交错连接差值

1）柱相邻纵向钢筋连接接头相互错开，在同一连接区段内钢筋接头面积百分率不宜大于 50%。

2）连接方式及交错连接差值如图 3-11 所示，计算方法如表 3-5 所示。

交错连接差值　　　　　　　　　　　　　　表 3-5

连接方式	交错连接差值	备注
绑扎连接	高位连接点与低位连接点相差 $0.3l_{lE}$	l_{lE} 为钢筋抗震搭接长度，d 为柱纵筋直径
机械连接	高位连接点与低位连接点相差 $35d$	
焊接连接	高位连接点与低位连接点相差 max（500，$35d$）	

注：当某层连接区的高度小于纵筋分两批搭接所需要的高度时，应改用机械连接或焊接连接。

3）柱纵筋连接每自然层计算一个，绑扎连接工程量并入柱纵筋钢筋中，机械、焊接连接接头数量按个计算。

（4）地下一层增加钢筋在嵌固部位的锚固构造见图集 22G101-1 第 2-10 页，长度计算如表 3-6 所示。

地下一层增加钢筋锚固构造　　　　表 3-6

锚固方式	判断方法	构造要求	锚固长度取值
直锚	梁高－保护层厚度$\geq l_{aE}$	伸至梁顶，且$\geq l_{aE}$	梁高－保护层
弯锚	梁高－保护层厚度$< l_{aE}$	伸至梁顶且直段长度$\geq 0.5 l_{abE}$，加弯折$12d$（$\geq 0.5 l_{abE}$为设计要求，不满足时找设计部门核查）	梁高－保护层＋$12d$（d为增加钢筋直径）

【案例 3-2】案例背景资料中某小区 2 号楼工程，地下室混凝土强度等级 C40，地下室各层梁高均为 600mm，试计算地下室各层柱纵筋工程量。

解：

KZc1 基础顶～－0.16 纵筋：4Φ22＋12Φ20，柱钢筋连接位置示意如图 3-16 所示。计算过程见表 3-7。

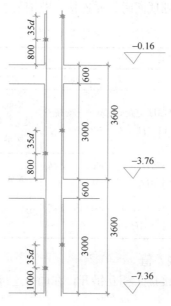

图 3-16　柱钢筋连接位置示意图

钢筋工程量计算表　　　　表 3-7

序号	计算内容	计算式
1	基础顶面插筋长度（伸出基础长度）	（1）嵌固部位在基础顶面，非连接区为$1/3 H_n$，H_n为地下二层的柱净高，查层高表得知地下二层层高为 3.6m，梁高为 0.6m，柱净高 H_n＝3.6－0.6＝3.0m，$1/3 H_n$＝1.0m （2）柱纵筋连接采用机械螺纹连接，钢筋接头面积百分率不宜大于 50%，采用机械螺纹连接时，相邻纵筋交错连接差值 35d（d为柱纵筋直径），KZc1 全部插筋 4Φ22＋12Φ20，根据柱筋排布图，低位插筋 4Φ22＋4Φ20，高位插筋 8Φ20 （3）低位钢筋计算公式＝非连接区长度 4Φ22：1.0×4＝4.0m 4Φ20：1.0×4＝4.0m （4）高位钢筋计算公式＝非连接区长度＋相邻纵筋交错连接差值 8Φ20：（1.0＋35×0.020）×8＝1.7×8＝13.6m

序号	计算内容	计算式
2	地下二层柱纵筋长度	（1）查层高表得知地下二层层高为 3.6m （2）地下一层楼面（标高－3.76m）处非连接区长度为 max（1/6H_n，h_c，500），H_n 为地下一层柱净高，查层高表得知地下一层层高为 3.6m，梁高为 0.6m，柱净高 H_n＝3.6－0.6＝3.0m，1/6H_n＝0.5m，h_c＝0.8，max（0.5，0.8，0.5）取三者大值为 0.8m （3）低位钢筋计算公式＝地下二层层高－柱基础顶面插筋伸出低位钢筋长度＋地下一层楼面处非连接区长度 　　4Φ22：（3.6－1.0＋0.8）×4＝3.4×4＝13.6m 　　4Φ20：（3.6－1.0＋0.8）×4＝3.4×4＝13.6m （4）高位钢筋计算公式＝地下二层层高－柱基础顶面插筋伸出高位钢筋长度＋地下一层楼面处非连接区长度＋相邻纵筋交错连接差值 　　8Φ20：（3.6－1.7＋0.8＋35×0.02）×8＝3.4×8＝27.2m （5）机械螺纹接头：地下二层楼面（标高－7.36m）位置 　　Φ22 机械螺纹接头：4 个 　　Φ20 机械螺纹接头：12 个
3	地下一层柱纵筋长度	（1）地下一层柱纵筋 4Φ22＋12Φ20，首层柱纵筋 16Φ20，首层柱纵筋根数同地下一层柱纵筋根数，所以地下一层柱纵筋全部伸到首层 （2）查层高表得知地下一层层高为 3.6m （3）首层楼面（标高－0.16m）不考虑嵌固作用，非连接区长度为 max（1/6H_n，h_c，500），H_n 为一层柱净高，查层高表得知一层层高为 3m，梁高为 0.6m，柱净高 H_n＝3－0.6＝2.4m，1/6H_n＝0.4m，h_c＝0.8m，max（0.4，0.8，0.5）取三者大值为 0.8m （4）低位钢筋计算公式＝地下一层层高－地下一层楼面处非连接区长度＋首层楼面处非连接区长度 　　4Φ22：（3.6－0.8＋0.8）×4＝3.6×4＝14.4m 　　4Φ20：（3.6－0.8＋0.8）×4＝3.6×4＝14.4m （5）高位钢筋计算公式＝地下一层层高－楼板处非连接区长度－相邻纵筋交错连接差值＋顶板上非连接区长度＋相邻纵筋交错连接差值 　　8Φ20：（3.6－0.8－35×0.020＋0.8＋35×0.020）×8＝3.6×8＝28.8m （6）机械螺纹接头：地下一层楼面位置 　　Φ22 机械螺纹接头：4 个 　　Φ20 机械螺纹接头：12 个
4	地下室钢筋汇总	长度 　Φ22：4＋13.6＋14.4＝32m 　Φ20：4＋13.6＋13.6＋27.2＋14.4＋28.8＝101.6m 重量 　Φ22：32m×2.98kg/m＝95.36kg＝0.095t 　Φ20：101.6m×2.47kg/m＝250.95kg＝0.251t 机械螺纹接头 　Φ22：4＋4＝8 个 　Φ20：12＋12＝24 个

3.2.3 首层柱纵筋计算

1. 首层柱纵筋

首层柱纵筋构造见图集 22G101-1 第 2-9 页节点，如图 3-17 所示。

首层柱纵筋计算

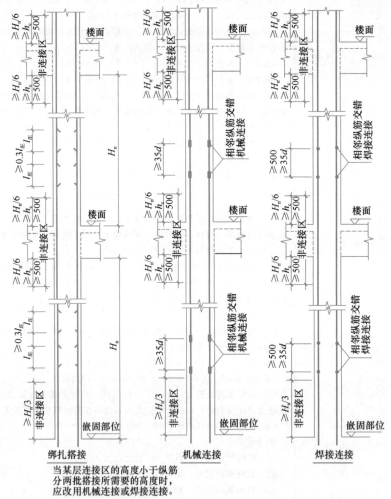

当某层连接区的高度小于纵筋分两批搭接所需要的高度时，应改用机械连接或焊接连接。

图 3-17 柱纵筋连接

2. 首层柱纵筋计算方法

首层柱纵筋计算方法如表 3-8 所示。

（1）柱嵌固部位标注说明见地下层讲解，本章节不再重复讲解。

（2）柱纵筋非连接区见地下层讲解，本章节不再重复讲解。

嵌固部位与考虑嵌固作用的地下室顶板处非连接区为 $1/3H_n$，其他部位均为 $\max\,(1/6H_n,\ h_c,\ 500)$。

首层柱纵筋长度

表 3-8

钢筋连接相互错开	计算公式	备注
低位钢筋	首层层高－首层楼面处非连接区长度＋二层楼面处非连接区长度	（1）非连接区长度与嵌固部位有关
高位钢筋	首层层高－首层楼面处非连接区长度－相邻纵筋交错连接差值＋二层楼面处非连接区长度＋相邻纵筋交错连接差值	（2）相邻纵筋交错连接差值与钢筋连接方式有关

（3）相邻纵筋交错连接差值见地下层讲解，本章节不再重复讲解。

1）柱相邻纵向钢筋连接接头相互错开，在同一连接区段内钢筋接头面积百分率不宜大于 50%。

2）连接方式及交错连接差值见表 3-5。

3）柱纵筋连接每自然层计算一个，绑扎连接工程量并入柱纵筋钢筋中，机械、焊接连接接头数量按个计算。

【案例 3-3】案例背景资料中某小区 2 号楼工程，首层混凝土强度等级 C40，各层梁高均为 600mm，试计算首层柱纵筋工程量。

解：

KZc1 首层柱纵筋：16 Φ 20，二层柱纵筋数量与首层柱纵筋数量相同，首层柱纵筋全部伸入二层，低位钢筋 8 Φ 20，高位钢筋 8 Φ 20，长度计算见表 3-9。

钢筋工程量计算表

表 3-9

序号	计算内容	计算式
1	首层柱楼面处非连接区长度	（1）查层高表得知首层层高为 3.0m （2）首层楼面处非连接区长度计算见上一章节地下一层计算，低位钢筋伸出长度＝0.8m，高位钢筋伸出长度＝1.5m
2	二层楼面处非连接区长度	二层楼面处为非嵌固部位，非连接区长度为 max（$1/6H_n$，h_c，500），H_n 为二层柱净高，结构层高表得知二层层高为 2.95m，梁高为 0.6m，柱净高 H_n＝2.95－0.6＝2.35m，$1/6H_n$＝0.392m，h_c＝0.8m，max（0.392，0.8，0.5）三者取大值为 0.8m
3	低位钢筋	低位钢筋计算公式＝首层层高－首层楼面处低位钢筋长度＋二层楼面处非连接区长度 8 Φ 20：（3.0－0.8＋0.8）×8＝3×8＝24m
4	高位钢筋	高位钢筋计算公式＝首层层高－首层楼面处高位钢筋长度＋二层楼面处非连接区长度＋相邻纵筋交错连接差值 8 Φ 20：（3.0－1.5＋0.8＋35×0.02）×8＝3×8＝24m
5	首层柱钢筋汇总	长度 Φ 20：48m 重量 Φ 20：48m×2.47kg/m＝118.56kg＝0.119t Φ 20 机械螺纹接头：12 个 Φ 22 变 Φ 20 机械螺纹接头：4 个

103

3.2.4 中间层柱纵筋计算

1. 中间层柱纵筋

中间层柱纵筋构造见图集 22G101-1 第 2-9 页节点，如图 3-17 所示。

2. 中间各层柱纵筋计算方法如表 3-10 所示。

中间层柱纵筋计算

中间各层柱纵筋长度 表 3-10

钢筋连接相互错开	计算公式	备注
低位钢筋	层高－楼层处非连接区长度＋顶板上非连接区长度	（1）非连接区长度与嵌固部位有关
高位钢筋	层高－楼层处非连接长度－相邻纵筋交错连接差值＋顶板上非连接区长度＋相邻纵筋交错连接差值	（2）相邻纵筋交错连接差值与钢筋连接方式有关

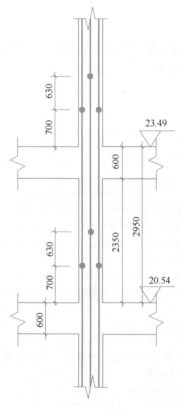

图 3-18 八层柱纵筋示意图

（1）柱嵌固部位标注说明见地下层讲解，本章节不再重复讲解。

（2）柱纵筋非连接区见地下层讲解，本章节不再重复讲解。

嵌固部位与考虑嵌固作用的地下室顶板处非连接区为 $1/3H_n$，其他部位均为 max（$1/6H_n$，h_c，500）。

（3）相邻纵筋交错连接差值见地下层讲解，本章节不再重复讲解。

1）柱相邻纵向钢筋连接接头相互错开，在同一连接区段内钢筋接头面积百分率不宜大于 50%。

2）连接方式及交错连接差值如表 3-5 所示。

3）柱纵筋连接每自然层计算一个，绑扎连接工程量并入柱纵筋钢筋中，机械、焊接连接接头数量按个计算。

【案例 3-4】案例背景资料中某小区 2 号楼工程，八层混凝土强度等级 C35，各层梁高均为 600mm，试计算八层柱纵筋工程量。

解：

计算过程：KZc1 八层柱纵筋：16 ⨪ 18，九层柱纵筋数量与八层柱纵筋相同，八层柱纵筋全部伸入九层，低位钢筋 8 ⨪ 18，高位钢筋 8 ⨪ 18。八层柱纵筋示意图如图 3-18 所示。八层柱纵筋计算过程见表 3-11。

序号	计算内容	计算式
1	八层楼面处非连接区长度	（1）查结构层高表表得知八层层高为 2.95m （2）八层楼面处（标高 20.54m）非连接区长度 max（$1/6H_n$，h_c，500），H_n 为八层柱净高，八层层高为 2.95m，梁高为 0.6m，柱净高 H_n＝2.95－0.6＝2.35m，$1/6H_n$＝0.392m，h_c＝0.7m，max（0.392，0.7，0.5）三者取大值为 0.7m
2	八层顶板处非连接区长度	八层顶板上（标高 23.49m）非连接区长度为 max（$1/6H_n$，h_c，500），H_n 为九层柱净高，九层层高为 2.95m，梁高为 0.6m，柱净高 H_n＝2.95－0.6＝2.35m，$1/6H_n$＝0.392m，h_c＝0.7m，max（0.392，0.7，0.5）三者取大值为 0.7m
3	低位钢筋长度	（1）低位钢筋计算公式＝八层层高－楼面处非连接区长度＋顶板上非连接区长度 （2）8 Φ18：（2.95－0.7＋0.7）×8＝2.95×8＝23.6m
4	高位钢筋长度	（1）高位钢筋计算公式＝八层层高－楼面非连接区长度－相邻纵筋交错连接差值＋顶板上非连接区长度＋相邻纵筋交错连接差值 （2）8 Φ18：（2.95－0.7－35×0.018＋0.7＋35×0.018）×8＝2.95×8＝23.6m
5	机械接头	Φ18 每自然层计算一个，共 16 个
6	八层柱纵筋汇总	长度 Φ18：47.2m 重量 Φ18：47.2m×2.0kg/m＝94.4kg＝0.094t Φ18 机械螺纹接头：16 个

3.2.5 变截面位置纵筋计算

1. 框架柱变截面位置纵筋构造

框架柱变截面位置纵筋构造见图集 22G101-1 第 2-16 页节点。

2. 框架柱变截面位置钢筋计算方法

框架柱变截面位置钢筋计算方法：分为三种情况，见表 3-12。

变截面位置纵筋计算

柱变截面位置钢筋　　　　　　　　　　　　　表 3-12

柱变截面形式	判断条件	计算方法	构造节点	备注
柱两侧有梁且两侧有缩回	$\Delta/h_b \leqslant 1/6$	柱两侧纵筋，下柱纵筋斜折到上层柱内，并于上柱纵筋连接，斜折起点在梁底，终点梁顶下 50mm	如图 3-19 所示	（1）Δ 为柱变截面每侧缩回值，可以根据图纸中柱变截面位置处尺寸计算出来 （2）h_b 为柱变截面处梁高，可以在梁平面图纸中查出 （3）l_{abE} 为抗震设计时受拉钢筋基本锚固长度，在 22G101-1 图集中可以查出 （4）l_{aE} 为受拉钢筋抗震锚固长度，在 22G101-1 图集中可以查出 （5）保护层厚度图纸或图集中查找
	$\Delta/h_b > 1/6$	（1）柱两侧纵筋，下柱纵筋伸到梁顶并弯折，直段长度需满足 $\geqslant 0.5 l_{abE}$，直段长度取值为梁高一保护层厚度，弯折长度 $12d$ （2）上柱纵筋锚入下柱 $1.2 l_{aE}$	如图 3-20 所示	
柱两侧有梁，仅仅一侧有缩回	$\Delta/h_b > 1/6$	（1）有缩回一侧的下柱纵筋伸到梁顶并弯折，竖直段长度需满足 $\geqslant 0.5 l_{abE}$，弯折长度 $12d$ （2）有缩回一侧的上柱纵筋锚入下柱 $1.2 l_{aE}$ （3）无缩回一侧的下柱纵筋伸入上柱，与上柱纵筋连接	如图 3-21 所示	
	$\Delta/h_b \leqslant 1/6$	（1）有缩回一侧的下柱纵筋斜折到上层柱内，并于上柱纵筋连接，斜折起点在梁底，终点梁顶下 50mm （2）无缩回一侧的下柱纵筋伸入上柱，与上柱纵筋连接	如图 3-22 所示	
柱一侧有梁且有缩回		（1）有缩回一侧的下柱纵筋伸到梁顶并弯折，弯折长度为柱缩回长度一保护层厚度$+l_{aE}$ （2）有缩回一侧的上柱纵筋锚入下柱 $1.2 l_{aE}$ （3）无缩回一侧的下柱纵筋伸入上柱，与上柱纵筋连接	如图 3-23 所示	

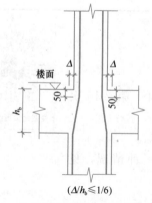

$(\Delta/h_b \leqslant 1/6)$

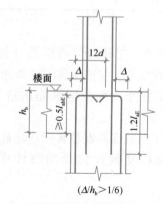

$(\Delta/h_b > 1/6)$

图 3-19　柱变截面位置纵向钢筋构造（一）　　图 3-20　柱变截面位置纵向钢筋构造（二）

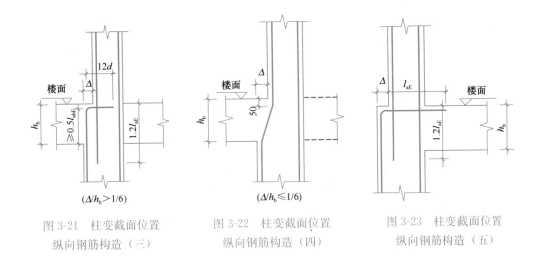

图 3-21 柱变截面位置
纵向钢筋构造（三）

图 3-22 柱变截面位置
纵向钢筋构造（四）

图 3-23 柱变截面位置
纵向钢筋构造（五）

【案例 3-5】 案例背景资料中某小区 2 号楼工程，4 层混凝土强度等级 C40，4 层顶（标高 11.69m）梁高为 500mm，KZc1 在 4 层顶 b 边两侧均有收缩，h 一侧有收缩，梁顶保护层厚度 50mm，试计算 4 层顶柱纵筋变截面处钢筋工程量。

解：

由 KZc1 柱配筋表可知，四层与五层处柱截面发生变化，四层柱截面 800mm ×800mm，五层柱截面 700mm×700mm，四层与五层柱纵筋数量相同，b 边、h 边变截面详图如图 3-24 所示，计算过程见表 3-13。

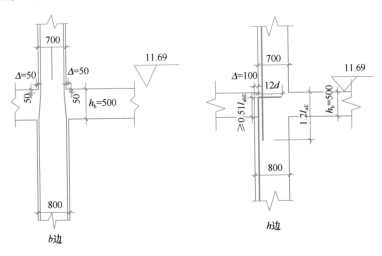

图 3-24 b 边、h 边详图

钢筋工程量计算表　　　　　　　　　　　　　　　　　表 3-13

序号	计算内容	计算式
1	四层柱变截面处纵筋	（1）b 边：两侧均有收缩，可以计算，$\Delta = （800-700）\div 2 = 50$，$h_b = 500$，$\Delta/h_b = 50/500 = 1/10 < 1/6$，如图 3-24 中 b 边详图，四层柱纵筋斜折到五层柱内，并于五层柱纵筋连接

续表

序号	计算内容	计算式
1	四层柱变截面处纵筋	（2）h 边：有收缩的 h 边一侧，$\Delta=800-700=100$mm，$h_b=500$mm，$\Delta/h_b=100/500=1/5>1/6$，如图 3-24 中 h 边详图，四层柱纵筋 Φ20 伸到梁顶并弯折 $12d$，长度＝梁高－保护层＋$12d=0.5-0.05+12\times0.02=0.69$m （3）无收缩的 h 边一侧，柱纵筋伸入五层，与五层柱纵筋连接
2	五层柱纵筋	（1）b 边柱纵筋与四层柱纵筋连接 （2）有收缩的 h 边一侧，五层柱纵筋 Φ18 锚入四层柱内 $1.2l_{aE}=1.2\times26d=1.2\times26\times0.018=0.56$m （3）无收缩的 h 边一侧，五层柱纵筋与四层柱纵筋连接

3.2.6 柱顶纵筋计算

1. 边柱、角柱柱顶纵筋计算

（1）边柱、角柱柱顶纵筋构造

边柱、角柱柱顶纵筋构造见图集 22G101-1 第 2-14 和 2-15 页节点。

边柱、角柱柱顶纵筋计算

（2）边柱、角柱柱顶纵筋计算

边柱、角柱柱顶纵筋计算方法及构造要求如表 3-14 所示。

柱顶纵筋计算方法　　　　　　表 3-14

构造形式	判断条件	计算方法	备注
梁宽范围内钢筋（伸入梁内柱纵向钢筋做法）	从梁底算起 $1.5l_{abE}$ 超过柱内侧边缘，如图 3-25（a）节点	（1）柱外侧钢筋锚固长度从梁底算起 $\geq1.5l_{abE}$，柱外侧纵向钢筋配筋率>1.2%时分两批截断，第二批断点超出 $\geq20d$ 计算公式：纵筋柱顶锚固长度＝$1.5l_{abE}$ 分两批时，第二批长度＝$1.5l_{abE}+20d$ （2）柱内侧纵筋同中柱柱顶纵向钢筋构造	（1）柱顶梁高在屋面梁平面图中查找 （2）（a）、（b）、（c）、（d）节点中 d 为柱纵筋直径，在柱配筋图中查找 （3）（e）节点中 d 为梁纵筋直径，在梁配筋图中查找 （4）混凝土保护层厚度在图纸或图集中查找 （5）在梁宽范围的柱箍筋内侧设置间距 ≤150mm，且不少于 3 根直径不小于 10mm 的角部附加钢筋
	从梁底算起 $1.5l_{abE}$ 未超过柱内侧边缘，如图 3-25（b）节点	（1）柱外侧钢筋锚固长度从梁底算起 $1.5l_{abE}$，且弯折段长度 $\geq15d$，柱外侧纵筋配筋率>1.2%时分两批截断，第一批断点弯折长度 $\geq15d$，第二批断点超出 $\geq20d$ 计算公式：纵筋柱顶锚固长度 $=\max[1.5l_{abE}，（梁高－保护层+15d）]$ 分两批时，第二批长度 $=\max[1.5l_{abE}，（梁高－保护层+15d）]+20d$ （2）柱内侧纵筋同中柱柱顶纵向钢筋构造	

构造形式	判断条件	计算方法	备注
梁宽范围外钢筋（未伸入梁内的柱外侧钢筋锚固）	在节点内锚固，如图 3-25（c）节点	（1）柱顶第一层钢筋伸至柱内边向下弯折 8d 计算公式：纵筋柱顶锚固长度＝梁高－保护层＋柱宽－柱保护层×2＋8d （2）柱顶第二排钢筋伸至柱内侧 计算公式：纵筋柱顶锚固长度＝梁高－保护层＋柱宽－柱保护层×2 （3）柱内侧纵筋同中柱柱顶纵向钢筋构造	（1）柱顶梁高在屋面梁平面图中查找 （2）（a）、（b）、（c）、（d）节点中 d 为柱纵筋直径，在柱配筋图中查找 （3）（e）节点中 d 为梁纵筋直径，在梁配筋图中查找 （4）混凝土保护层厚度在图纸或图集中查找 （5）在柱宽范围的柱箍筋内侧设置间距 ≤150mm，且不少于 3 根直径不小于 10mm 的角部附加钢筋
	伸入现浇板内锚固（现浇板厚度不小于 100mm），如图 3-25（d）节点	（1）当现浇板厚度不小于 100 时，柱外侧纵向钢筋锚固长度从梁底算起 1.5l_{abE}，且伸入板内长度不小于 15d 计算公式：纵筋柱顶锚固长度＝max[1.5l_{abE}，（梁高－保护层＋柱宽－柱保护层＋15d）] （2）柱内侧纵筋同中柱柱顶纵向钢筋构造	
柱外侧纵向钢筋和梁上部钢筋在柱顶外侧直线搭接	梁宽范围内钢筋，如图 3-25（e）节点	（1）柱外侧纵向钢筋伸至柱顶 （2）柱内侧纵筋同中柱柱顶纵向钢筋构造 （3）梁上部纵向钢筋伸至柱外侧纵筋内侧向下弯折与柱外侧纵筋搭接≥1.7l_{abE}且伸至梁底，当梁上部纵筋配筋率＞1.2%时分两批截断，第二批截断点超出≥20d	
	梁宽范围外钢筋，如图 3-25（f）节点	（1）柱外侧纵筋伸至柱顶弯折 12d （2）柱内侧纵筋同中柱柱顶纵向钢筋构造	
梁宽范围内柱外侧纵向钢筋宛如梁内作梁钢筋	柱外侧纵向钢筋直径不小于梁上部钢筋时，梁宽范围内柱外侧纵向钢筋可弯入梁内作梁上部纵向钢筋，如图 3-25（g）节点	（1）柱外侧纵向钢筋和梁上部纵向钢筋在节点外侧进行弯折搭接 （2）柱内侧纵筋同中柱柱顶纵向钢筋构造	

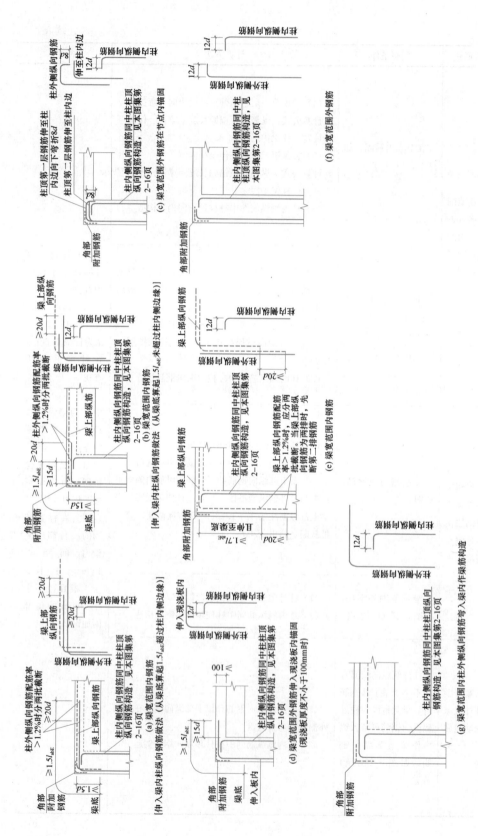

图3-25 KZ边柱、角柱柱顶纵向钢筋构造

【案例 3-6】 案例背景资料中某小区 2 号楼工程，KZc1 为边柱，25 层柱混凝土强度等级 C30，屋顶层（标高 73.75m）梁截面尺寸为 300mm×500mm，屋面板板厚 130mm，柱顶混凝土保护层 50mm，柱混凝土保护层厚度 30mm，试计算 25 层 KZc1 柱外侧纵筋工程量。

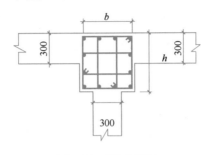

图 3-26　KZc1 详图

解：

25 层 KZc1 柱截面为 600mm×600mm，纵筋 12 Φ 18，柱纵筋排布图如图 3-26 所示。计算过程见表 3-15。

钢筋工程量计算表　　　　　　　　　　　　　　　　　　　　　　表 3-15

序号	计算内容	计算式
1	判断柱外侧纵筋锚入梁内还是板内	KZc1 外侧纵筋为 4 Φ 18，b 边柱宽度 600mm，柱顶梁宽 300mm，所以 b 边中部筋 2 Φ 18 锚入梁内，角筋 2 Φ 18 锚入板内
2	b 边中部筋计算	(1) b 边中部筋 2 Φ 18 锚入梁中，1 根高位钢筋，1 根低位钢筋 (2) 25 层楼面处非连接区长度：25 层层高为 3.06m，梁高为 0.5m，计算出 $H_n = 3.06 - 0.5 = 2.56$m，25 层楼面处非连接区长度为 max $(H_n/6, h_c, 500) = $ max $(2.56/6, 0.6, 0.5) = 0.6$m (3) 机械连接相邻纵筋交错连接差值：$35d = 35 \times 0.018 = 0.63$m (4) 判断从梁底算起 $1.5l_{abE}$ 与柱内侧边缘关系 $1.5l_{abE} = 1.5 \times 37 \times 0.018 = 0.999$m，梁高 0.5m，直段长度 $= 0.5 - 0.05 = 0.45$m，弯折长度 $= 0.999 - 0.45 = 0.549$m，柱宽 0.6m，未超过柱内侧边缘，所以采用 b 节点， 柱外侧纵筋配筋率<1.2%，不需要分两批断开 纵筋柱顶锚固长度 $=$ max$[1.5l_{abE}$，（梁高 $-$ 保护层厚度 $+ 15d$）$] = $ max $[0.999，（0.5 - 0.05 + 15 \times 0.018）] = $ max$(0.999, 0.72) = 0.999$m (5) 1 Φ 18 低位钢筋长度 $=$ 层高 $-$ 楼面处非连接区长度 $-$ 梁高 $+$ 纵筋柱顶锚固长度 $= 3.06 - 0.6 - 0.5 + 0.837 = 2.8$m 1 Φ 18 高位钢筋长度 $=$ 层高 $-$ 楼面处非连接区长度 $-$ 相邻纵筋交错连接差值 $-$ 梁高 $+$ 纵筋柱顶锚固长度 $= 3.06 - 0.6 - 0.63 - 0.5 + 0.999 = 2.329$m

续表

序号	计算内容	计算式
3	b 边角筋计算	（1）角筋 2 $\underline{\Phi}$ 18 锚入板内，1 根高位钢筋，1 根低位钢筋 （2）非连接区长度和相邻纵筋交错连接差值计算见上面计算 （3）板厚 130mm＞100mm，参考 d 节点伸入板内锚固，纵筋柱顶锚固长度＝max $[1.5l_{abe}$，（梁高－保护层厚度＋柱宽－柱保护层厚度＋15d）] ＝max× $[0.999$，（0.5－0.05＋0.6－0.03＋15×0.018）]＝1.29m （4）1 $\underline{\Phi}$ 18 低位钢筋长度＝3.06－0.6－0.5＋1.29＝3.25m 1 $\underline{\Phi}$ 18 高位钢筋长度＝3.06－0.6－0.63－0.5＋1.29＝2.62m
4	柱外侧纵筋汇总	$\underline{\Phi}$ 18 长度：2.8＋2.329＋3.25＋2.62＝10.999m $\underline{\Phi}$ 18 重量：10.999m×2kg/m＝21.998kg＝0.022t $\underline{\Phi}$ 18 机械螺纹接头：4 个

2. 中柱柱顶纵筋计算

（1）中柱柱顶纵筋构造

中柱柱顶纵筋构造见图集 22G101-1 第 2-16 页①～④节点，如图 3-27 所示。

（2）中柱柱顶纵筋计算

中柱柱顶纵筋计算方法：分为三种情况，如表 3-16 所示。

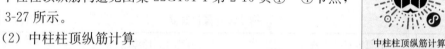

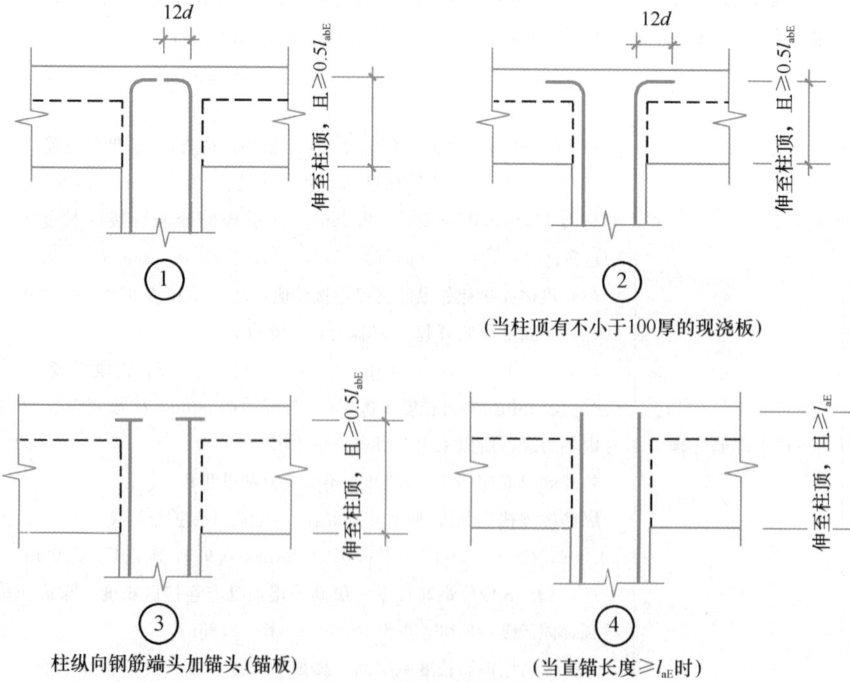

图 3-27 中柱柱顶纵筋构造

中柱柱顶纵筋构造形式	判断条件	计算方法	备注
纵筋弯锚	（柱顶梁高－保护层厚度）<l_{aE}，柱顶现浇板厚度<100mm，构造节点见图 3-27①节点	（1）伸至柱顶并向内弯折，直段长度≥0.5l_{abE}（如果直段长度不满足 0.5l_{abE}，需要找设计单位核查），弯折段为 12d，如图 3-27①节点 （2）计算公式：纵筋柱顶弯锚长度＝柱顶梁高－保护层厚度＋12d	（1）柱顶梁高在屋面梁平面图中查找 （2）保护层厚度图纸或图集中查找 （3）d 为柱纵筋直径，在柱配筋图中查找
纵筋弯锚	（柱顶梁高－保护层厚度）<l_{aE}，柱顶现浇板厚度≥100mm，构造节点见图 3-27②节点	（1）伸至柱顶并向外弯折，直段长度≥0.5l_{abE}（如果直段长度不满足 0.5l_{abE}，需要找设计单位核查），弯折段为 12d，如图 3-27②节点 （2）计算公式：纵筋柱顶弯锚长度＝柱顶梁高－保护层厚度＋12d	
纵筋端头加锚板	（柱顶梁高－保护层厚度）<l_{aE}，构造节点见图 3-27③节点	（1）伸至柱顶在柱纵筋端头加锚板，直段长度≥0.5l_{abE}（如果直段长度不满足 0.5l_{abE}需要找设计单位核查），如图 3-27③节点 （2）计算公式：纵筋柱顶直段长度＝柱顶梁高－保护层厚度	
纵筋直锚	（柱顶梁高－保护层厚度）≥l_{aE}，构造节点见图 3-27④节点	（1）伸至柱顶，且直段长度≥l_{aE}，如图 3-27④节点 （2）计算公式：纵筋柱顶直锚长度＝柱顶梁高－保护层厚度	

【案例 3-7】案例背景资料中某小区 2 号楼工程，KZc1 为中柱，25 层柱混凝土强度等级 C30，屋顶层（标高 73.75m）梁高为 500mm，屋面板板厚 130mm，柱顶混凝土保护层厚度 50mm，试计算 25 层 KZc1 纵筋工程量。

解：

由以上条件可知，二十五层柱截面为 600mm×600mm，纵筋 12$\underline{\Phi}$18，其中高位钢筋 6$\underline{\Phi}$18，低位钢筋 6$\underline{\Phi}$18，钢筋示意如图 3-28 所示，计算过程见表 3-17。

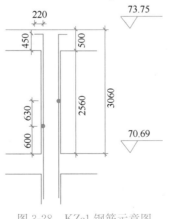

图 3-28　KZc1 钢筋示意图

钢筋工程量计算表 　　表 3-17

序号	计算内容	计算式
1	25 层楼面处非连接区长度	25 层层高为 3.06m，梁高为 0.5m，计算出 $H_n=3.06-0.5=2.56$m，楼面上非连接区长度为 max（$H_n/6$，h_c，500）= max（2.56/6，0.6，0.5）=0.6m
2	相邻纵筋交错连接差值	机械连接相邻纵筋交错连接差值 $35d=35×0.018=0.63$m
3	纵筋柱顶锚固长度	柱顶梁高－保护层厚度＝0.5－0.05＝0.45，$l_{aE}=37d=37×0.018=0.666$，0.45<0.666，所以采用弯锚，板厚130mm，采用②节点，柱顶弯锚长度＝柱顶梁高－保护层厚度＋12d＝0.5－0.05＋12×0.018＝0.67m
4	低位钢筋长度	6Φ18 低位钢筋长度＝层高－楼面处非连接区长度－梁高＋纵筋柱顶锚固长度＝（3.06－0.6－0.5＋0.67）×6＝2.63m×6 根＝15.78m
5	高位钢筋长度	6Φ18 高位钢筋长度＝层高－楼面处非连接区长度－相邻纵筋交错连接差值－梁高＋纵筋柱顶锚固长度＝（3.06－0.6－0.63－0.5＋0.67）×6＝2.00m×6 根＝12m
6	机械接头	Φ18 机械螺纹接头：12 个
7	25 层钢筋 KZc1 柱纵筋汇总	Φ18 长度：15.78＋12＝27.78m Φ18 重量：27.78m×2kg/m＝55.56kg＝0.056t Φ18 机械螺纹接头：12 个

3. 边柱、角柱柱顶等截面伸出计算

（1）边柱、角柱柱顶等截面伸出构造

边柱、角柱柱顶等截面伸出构造见图集 22G101-1 第 2-18 页①、②节点，如图 3-29 所示。当柱顶伸出截面发生变化时应另行设计。

边柱、角柱柱顶等截面伸出计算

（2）边柱、角柱柱顶等截面伸出计算

边柱、角柱柱顶等截面伸出计算方法及构造要求见表 3-18。

边柱、角柱等截面伸出计算方法 　　表 3-18

构造形式	判断条件	计算公式	备注
伸出长度满足直锚	伸出长度－保护层厚度≥l_{aE}，如图 3-29 中①节点	伸出长度＝（自梁顶算起伸出长度－保护层厚度）	（1）柱自梁顶算起伸出长度在图纸中查找
伸出长度不满足直锚	伸出长度－保护层厚度<l_{aE}，如图 3-29 中②节点	（1）柱外侧钢筋 伸出长度＝（自梁顶算起伸出长度－保护层厚度＋15d）且竖直段长度需≥$0.6l_{abE}$ （2）柱内侧钢筋 伸出长度＝（自梁顶算起伸出长度－保护层厚度＋12d）且竖直段长度需≥$0.6l_{abE}$	（2）公式中 d 为柱纵筋直径，在柱配筋图中查找 （3）保护层在图纸中查找 （4）l_{aE}、l_{abE} 在图集中查找

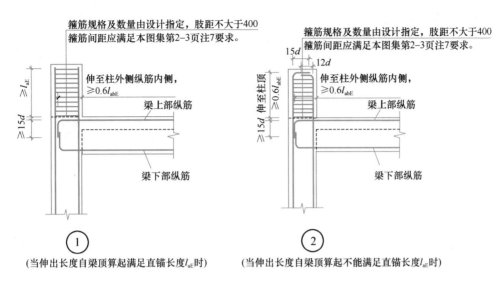

图 3-29　边柱、角柱柱顶等截面伸出构造

【案例 3-8】案例背景资料中某小区 2 号楼工程，①轴边柱 KZc1 等截面伸出，该柱等截面伸出屋面长度为 750mm，柱伸出部分混凝土强度等级 C30，屋顶层梁截面尺寸为 300mm×500mm，柱顶混凝土保护层厚度 50mm，试计算边柱 KZc1 等截面伸出时纵筋工程量。

解：

顶层 KZc1 柱截面为 600mm×600mm，纵筋 12Φ18，该柱等截面伸出屋面长度为 750mm，$l_{aE}=37d=37\times0.018=0.666m$，计算过程见表 3-19。

钢筋工程量计算表　　　　　　　　　　　　　　　　表 3-19

序号	计算内容	计算式
1	比较伸出长度与 l_{aE} 关系	伸出长度—保护层厚度=0.75-0.05=0.7m，$l_{aE}=0.666m$，伸出长度—保护层厚度>l_{aE} 即伸出长度满足直锚，伸出长度计算公式=（自梁顶算起伸出长度—保护层厚度）×根数=（0.75-0.05）×12 根=8.4m
2	钢筋汇总	Φ18 长度：8.4m Φ18 重量：8.4m×2kg/m=16.8kg=0.017t

3.3　柱箍筋计算

箍筋长度计算

3.3.1　箍筋长度计算

1. 柱箍筋类型

（1）柱箍筋类型见图集 22G101-1 第 1-5 页表 2.2.2-2。

（2）矩形截面柱箍筋类型，如图 3-30 所示。常用的为箍筋类型 1，m 为 Y 向肢数，n 为 X 向肢数。

（3）圆形截面柱类型，如图 3-31 所示。

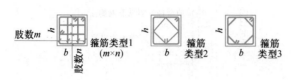

图 3-30　矩形截面柱箍筋类型　　　　图 3-31　圆形截面柱箍筋类型

2. 矩形箍筋复合方式

矩形箍筋复合方式见图集 22G101-1 第 2-17 页。

（1）3×3 表示一个大的双肢箍套横、竖两个拉筋，如图 3-32 所示。

（2）4×3 表示一个大的双肢箍套一个横向拉筋和一个竖向小双肢箍，如图 3-33 所示。

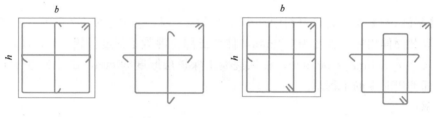

图 3-32　3×3 箍筋　　　　　　　图 3-33　4×3 箍筋

（3）4×4 表示一个大的双肢箍套横、竖两个小双肢箍，如图 3-34 所示。

3. 矩形箍筋单根长度计算公式

（1）大双肢 $L1$ 箍如图 3-35 所示。$L1$ 计算公式 $= [(b-2c) + (h-2c)] \times 2 + 1.9d \times 2 + 2 \times \max(10d, 75)$

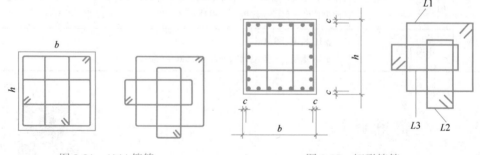

图 3-34　4×4 箍筋　　　　　　　图 3-35　矩形箍筋

公式说明：

1）b、h 为柱截面尺寸，在柱平面图纸中查找；

2）c 为柱混凝土保护层厚度，在图纸或图集中查找；

3）d 为柱箍筋直径。

（2）小双肢箍 $L2$ 如图 3-36 所示。

$L2$ 计算公式＝$[b_1＋(h－2c)]×2＋1.9d×2＋2×\max(10d,75)$

$$b_1＝\frac{(b－2c－2d－2×D/2)}{n－1}×(n_1－1)＋2×D_1/2＋2d$$

公式说明：

1）b、h 为柱截面尺寸，在柱平面图纸中查找；

2）c 为柱混凝土保护层厚度，在图纸或图集中查找；

3）d 为柱箍筋直径；

4）D 为柱角筋直径，D_1 为柱 b 边中部筋直径；

5）n 为 b 边柱纵筋数量，n_1 为小双肢箍 b 边箍住的纵筋数量。

（3）小双肢箍 $L3$ 计算公式参照 $L2$ 计算公式。

（4）单肢箍 $L4$（拉筋）如图 3-37 所示。

$L4$ 计算公式＝$(h－2c)＋1.9d×2＋2×\max(10d,75)$

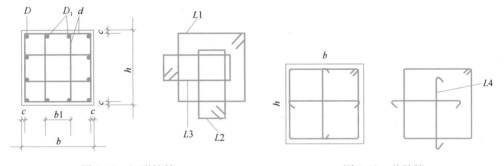

图 3-36　矩形箍筋　　　　　　　　图 3-37　单肢箍

公式说明：

1）b、h 为柱截面尺寸，在柱平面图纸中查找；

2）c 为柱混凝土保护层厚度，在图纸或图集中查找；

3）d 为柱箍筋直径。

【案例 3-9】案例背景资料中某小区 2 号楼工程，KZc1 地下层配筋平面图如图 3-38 所示。柱混凝土保护层厚度 30mm，试计算 KZc1 地下二层柱箍筋单根长度。

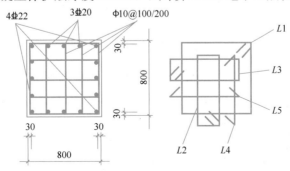

图 3-38　KZc1 配筋图

钢筋 GANGJIN
混凝土 HUNNINGTU
结构 JIEGOU
平法 PINGFA
钢筋 GANGJIN
工程量 GONGCHENGLIANG
计算 JISUAN

解：

KZc1 地下二层柱截面尺寸 $b=0.8$m，$h=0.8$m，$c=0.03$m，箍筋类型 1，5×5 肢箍，箍筋直径 $d=0.01$m，D 角筋直径 $=0.022$m，D_1 中部筋直径 $=0.02$m，b 边柱纵筋总数量 $n=5$，小双肢箍 L2 箍住纵筋数量 $n_1=2$，计算过程见表 3-20。

钢筋工程量计算表　　　　　　　　　　　　　　　表 3-20

序号	计算内容	计算式
1	大双肢箍 L1	$L1=[(b-2c)+(h-2c)]\times2+1.9d\times2+\max(10d,75)\times2=[(0.8-0.03\times2)+(0.8-0.03\times2)]\times2+1.9\times0.01\times2+\max(10\times0.01,0.075)\times2=3.20$m
2	小双肢箍 L2	$L2=[b_1+(h-2c)]\times2+1.9d\times2+\max(10d,75)\times2$ 　其中 $b_1=\dfrac{(b-2c-2d-2\times D/2)}{n-1}\times(n_1-1)+2\times D_1/2+2d=\dfrac{(0.8-0.03\times2-2\times0.01-2\times0.022/2)}{(5-1)}\times(2-1)+2\times0.02/2+2\times0.01$ $=0.2145$m $L2=[0.2145+(0.8-2\times0.03)]\times2+1.9\times0.01\times2+\max(10\times0.01,0.075\text{m})\times2=2.15$m
3	小双肢箍 L3	计算方法同 L2，经计算 L3=2.15m
4	单肢箍 L4	$L4=(h-2c)+1.9d\times2+\max(10d,75)\times2$ $=(0.8-0.03\times2)+1.9\times0.01\times2+\max(10\times0.01,0.075)\times2$ $=0.98$m
5	单肢箍 L5	$L5=(b-2c)+1.9d\times2+\max(10d,75)\times2$ $=(0.8-0.03\times2)+1.9\times0.01\times2+\max(10\times0.01,0.075)\times2$ $=0.98$m
6	箍筋单根长度合计 L	$L=L1+L2+L3+L4+L5=3.2+2.15+2.15+0.98+0.98=9.46$m

3.3.2　箍筋根数计算

1. 柱箍筋根数构造要求

柱箍筋根数计算分为基础范围内箍筋、加密区箍筋、非加密区箍筋根数计算三种情况。

箍筋根数计算

（1）基础范围内箍筋根数构造

基础范围内箍筋根数构造见图集 22G101-3 第 2-10 页，分为两种情况。

1）保护层厚度 >5d，如图 3-39 所示。

① 基础范围内设置非复合箍（仅大箍筋）；

② 第一道箍筋在基础顶面下 100mm 处；

③ 箍筋间距 ≤500mm 且不少于两道箍筋；

$$计算公式 = \max\left\{\left(\frac{(h_j - 0.1 - 基础保护层厚度 - 基础钢筋网片)}{0.5} \text{向上取整} + 1\right), 2\right\}$$

公式中 h_j 为基础高度或基础梁高度，在基础图纸中查找，公式中 0.1m 为第一道箍筋距基础顶面 100mm；

④ 箍筋直径见图纸设计。

2）保护层厚度 $\leqslant 5d$，如图 3-40 所示。

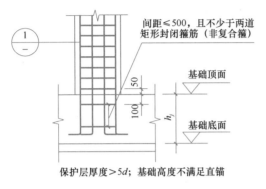
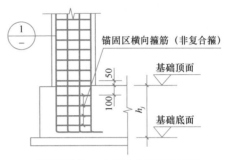

保护层厚度 > 5d；基础高度不满足直锚   保护层厚度 ≤ 5d；基础高度不满足直锚

图 3-39　基础内箍筋构造（一）　　　　图 3-40　基础内箍筋构造（二）

① 基础范围内设置非复合箍（仅大箍筋）；

② 第一道箍筋在基础顶面下 100mm 处；

③ 箍筋间距 min（$5d$，100），d 为柱纵筋最小直径；

④ 计算公式 $= \dfrac{(h_j - 0.1 - 基础保护层厚度 - 基础钢筋网片)}{\min(5d, 100)}$ 向上取整 $+ 1$；

公式中 h_j 为基础高度或基础梁高度，在基础图纸中查找，式中 0.1m 为第一道箍筋距基础顶面 100mm；

⑤ 箍筋直径应满足直径 $\geqslant d/4$（d 为纵筋最大直径）或详见图纸设计。

（2）箍筋加密区构造

箍筋加密区构造如图 3-41 所示，加密区根数计算公式如表 3-21 所示。

箍筋加密区根数计算　　　　　　　　　　　　表 3-21

部位		加密区长度	箍筋根数计算公式	备注
嵌固部位顶面		$\geqslant 1/3 H_n$	$n = \dfrac{1/3 H_n - 50}{箍筋加密区间距}$ 向上取整 $+1$	（1）嵌固部位在图纸中查找，图纸未注明时在基础顶面
梁顶面（楼面）处	梁顶面下加密区	$\max（H_n/6, h_c, 500）+ 梁高$	$n = \dfrac{\max(1/6 H_n, h_c, 500) + 梁高 - 50}{箍筋加密区间距}$ 向上取整 $+1$	（2）H_n 为所在楼层柱净高
	楼面处加密区	$\max（H_n/6, h_c, 500）$	$n = \dfrac{\max(1/6 H_n, h_c, 500) - 50}{箍筋加密区间距}$ 向上取整 $+1$	（3）h_c 为柱长边尺寸或圆柱直径
底层刚性地面处		上下各加密 500mm	$n = \dfrac{500 + 500}{箍筋加密区间距}$ 向上取整 $+1$	（4）50mm 为箍筋起步筋距离

（3）箍筋非加密区构造

1）箍筋非加密区构造如图 3-41 所示。

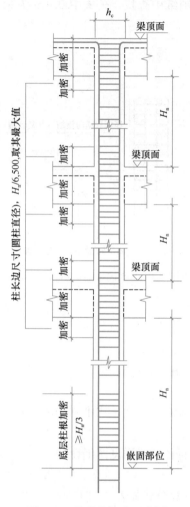

图 3-41　柱箍筋加密区范围

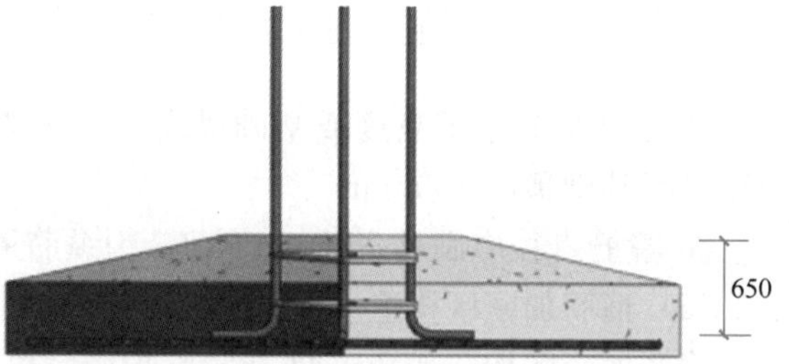

图 3-42　柱箍筋基础内构造

2）非加密区根数计算公式

$$n = \frac{\text{非加密区长度}}{\text{非加密区箍筋间距}} \text{向上取整} + 1 - 2$$

注：①非加密区长度＝层高－楼面处加密区长度－梁顶面下加密区长度，楼面处加密区长度和梁顶面下加密区长度根据表 3-21 计算；

②公式中减 2 根是因为柱加密区与非加密区分界处两根箍筋已经计算到加密区根数中，不能重复计算。

2. 柱箍筋总长度＝箍筋单根长度×箍筋根数

【**案例 3-10**】案例背景资料中某小区 2 号楼工程，KZc1 地下层配筋平面图如图 3-38 所示。柱混凝土保护层 30mm，地下各层梁高均为 500mm，KZc1 柱下为独立基础，基础高度 650mm，基础混凝土保护层 40mm，基础钢筋网片双向 $\underline{\Phi}$ 14

120

@200，试计算 KZc1 标高－0.16 以下（基础内、地下二层、地下一层）各层柱箍筋总长度（柱箍筋单根长度见上节箍筋长度计算讲解）。

解：

KZc1 地下各层柱截面尺寸 $b=0.8$m，$h=0.8$m，$c=0.03$m，箍筋类型 1，5×5 肢箍，箍筋单根长度见 3.3.1 讲解计算，各箍筋单根长度 $L1=3.2$m，$L2=2.15$m，$L3=2.15$m，$L4=0.98$m，$L5=0.98$m，箍筋计算过程如表 3-22 所示。

钢筋工程量计算表 表 3-22

序号	计算内容	计算式
1	基础内箍筋根数	（1）基础内构造如图 3-42 所示 （2）基础类型为独立基础，保护层厚度>5d，基础高度为 $h_j=0.65$m； $n = \max\left\{\left(\dfrac{h_j-0.1-基础保护层-基础钢筋网片}{0.5}向上取整+1\right), 2\right\} =$ $\max\left\{\left(\dfrac{0.65-0.1-0.04-0.014\times2}{0.5}向上取整+1\right), 2\right\}=2$ 根
2	地下二层箍筋根数	（1）地下二层箍筋构造要求如图 3-43 所示 （2）箍筋ф10@100/200，加密区间距 100mm，非加密区间距 200mm；地下二层层高为 3.6m，地下二层顶（梁顶标高－3.76m）梁高为 0.5m，地下二层净高 $H_{n2}=3.6-0.5=3.1$m；柱最大截面尺寸为 0.8m （3）加密区根数计算过程 ① 嵌固部位（标高－7.36m）加密区长度：嵌固端在基础，标高－7.36m 处加密区范围为 $1/3H_{n2}=1/3\times3.1=1.033$m $n_1=\dfrac{1.033-0.05}{0.1}$向上取整$+1=11$ 根 ② 梁顶（梁顶标高－3.76m）下加密区长度=$\max(H_{n2}/6, h_c, 500)$+梁高=$\max(3.1/6, 0.8, 0.5)+0.5=0.8+0.5=1.3$m $n_2=\dfrac{1.3-0.05}{0.1}$向上取整$+1=14$ 根 （4）非加密区根数 非加密区长度=地下二层层高－嵌固部位（标高－7.36m）加密区长度－地下二层梁顶（梁顶标高－3.76m）下加密区长度=$3.6-1.033-1.3=1.267$m $n_3=\dfrac{1.267}{0.2}$向上取整$+1-2=6$ 根 （5）地下二层箍筋根数合计=加密区根数+非加密区根数=$11+14+6=31$ 根
3	地下一层箍筋根数	（1）箍筋布置示意图如图 3-43 所示 （2）箍筋ф10@100/200，加密区间距 100mm，非加密区间距 200mm；地下一层层高为 3.6m，地下一层顶梁高为 0.5m，地下一层净高 $H_{n1}=3.6-0.5=3.1$m；柱最大截面尺寸为 0.8m （3）加密区根数计算过程 ① 地下一层楼面（标高－3.76m）加密区长度=$\max(H_{n1}/6, h_c, 500)=\max(3.1/6, 0.8, 0.5)=0.8$m $n_1=\dfrac{0.8-0.05}{0.1}$向上取整$+1=9$ 根 ② 地下一层梁顶（标高－0.16m）下加密区长度=$\max(H_{n1}/6, h_c, 500)+$梁高=$\max(3.1/6, 0.8, 0.5)+0.5=0.8+0.5=1.3$m $n_2=\dfrac{1.3-0.05}{0.1}$向上取整$+1=14$ 根 （4）非加密区根数 非加密区长度=地下一层层高－楼面（标高－3.76m）加密区长度－地下一层梁顶（梁顶标高－0.16m）下加密区长度=$3.6-0.8-1.3=1.5$m $n_3=\dfrac{1.5}{0.2}$向上取整$+1-2=7$ 根 （5）地下一层箍筋根数合计=加密区根数+非加密区根数=$9+14+7=30$ 根

序号	计算内容	计算式
4	KZc1 标高－0.16 以下柱箍筋总长度	$\Phi 10@100/200$ (1) 基础内：$n=2$ 根，基础内仅设置非复合箍，即只有箍筋 L_1 $L_{基础内}=L_1\times n=3.2\times 2=6.4$m (2) 地下二层：$n=31$ 根，柱箍筋类型 1（5×5）即设置箍筋 L_1、L_2、L_3、L_4、L_5 $L_{地下二层}=(L_1+L_2+L_3+L_4+L_5)\times n=(3.2+2.15+2.15+0.98+0.98)\times 31=293.26$m (3) 地下一层：$n=30$ 根，柱箍筋类型 1（5×5）即设置箍筋 L_1、L_2、L_3、L_4、L_5 $L_{地下一层}=(L_1+L_2+L_3+L_4+L_5)\times n=(3.2+2.15+2.15+0.98+0.98)\times 30=283.8$m (4) $\Phi 10$ 合计 长度合计：$6.4+293.26+283.8=583.46$m 重量合计：583.46×0.617kg/m$=359.99$kg$=0.360$t

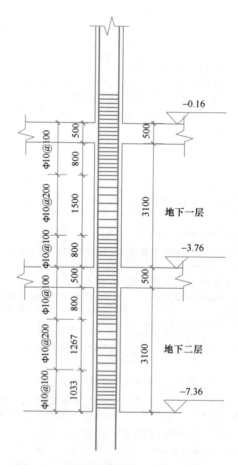

图 3-43　KZc1 柱箍筋地下室加密区范围

剪力墙钢筋工程量计算

【目标描述】

通过本任务的学习，学生能够：

（1）熟练进行剪力墙钢筋计算。

（2）熟练应用《混凝土结构施工图平面整体表示方法制图规则和构造详图（现浇混凝土框架、剪力墙、梁、板）》22G101-1 平法图集和结构规范解决实际问题。

【任务实训】

学生通过钢筋计算完成实训任务，进一步提高钢筋计算能力和图集的实际应用能力。

4.1 知识准备

1. 剪力墙构件

剪力墙平法施工图制图规则中，剪力墙按剪力墙柱、剪力墙身、剪力墙梁（简称墙柱、墙身、墙梁）三类构件分别编号。

2. 剪力墙钢筋

（1）剪力墙钢筋思维导图如图 4-1 所示。

（2）剪力墙身钢筋示意图如图 4-2 所示。

3. 剪力墙案例背景资料

【案例背景资料 1】 1 号住宅楼工程，结构类型短肢剪力墙结构，环境类别一类，抗震等级三级，首层（－0.17～2.78m）Q1 平面见图 4-3 所示，Q1 配筋表如

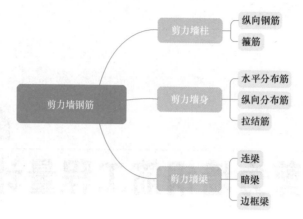

图 4-1　剪力墙钢筋

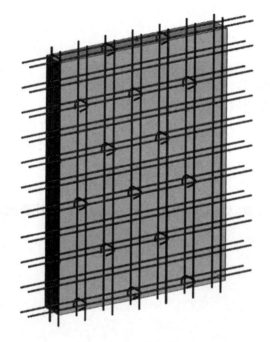

图 4-2　剪力墙身钢筋

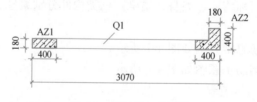

图 4-3　首层 Q1 平面图

表 4-1 所示。暗柱混凝土保护层 20mm，墙体水平分布筋采用搭接连接，钢筋定尺长度 12m。

剪力墙身表　表 4-1

编号	标高	墙厚（mm）	水平分布筋	竖向分布筋	拉筋
Q1（2排）	−0.17～2.78	180	Φ8@200	Φ8@200	Φ6@600×600

【案例背景资料2】 某办公大厦，框架-剪力墙结构，地下一层，地上四层。抗震等级二级，混凝土强度等级 C30。地下一层剪力墙、柱平面如图 4-4 所示，首层剪力墙、柱平面如图 4-5 所示，剪力墙身配筋表如表 4-2 所示，剪力墙梁表如表 4-3 所示。剪力墙混凝土保护层 20mm，墙体水平分布筋采用搭接连接，钢筋定尺长度 10m，搭接接头面积百分率 50%。

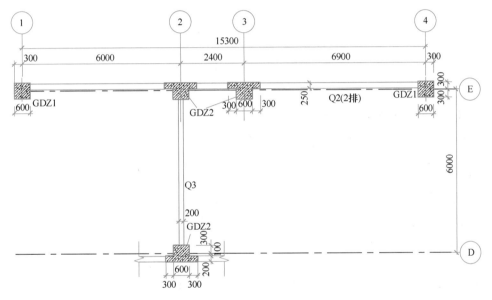

图 4-4　地下一层剪力墙、柱平面图

剪力墙身表　表 4-2

编号	标高	墙厚	水平分布筋	竖向分布筋	拉筋
Q2（2排）	−4.0～−0.1	250	Φ12@200	Φ12@200	Φ8@600×600
	−0.1～3.8	250	Φ12@200	Φ12@200	Φ8@600×600
Q3（2排）	−4.0～−0.1	200	Φ12@200	Φ12@200	Φ8@600×600
	−0.1～3.8	200	Φ12@200	Φ12@200	Φ8@600×600

剪力墙梁表　表 4-3

编号	所在楼层	梁顶相对标高差	截面尺寸	上部纵筋	下部纵筋	箍筋
LL4	1～4	0.000	250×1200	4Φ18 (2/2)	4Φ18 (2/2)	Φ10@100 (2)

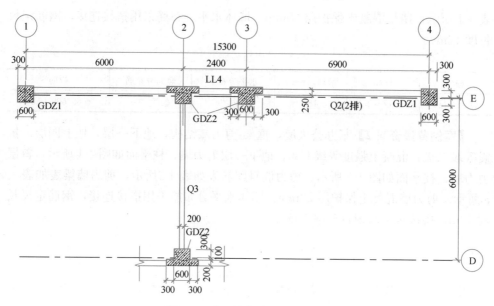

图 4-5　地上剪力墙、柱平面图

【案例背景资料 3】 某剪力墙工程，地上四层，环境类别一类，抗震等级二级，混凝土强度等级 C30。三层剪力墙、柱平法施工图如图 4-6 所示，结构层高表如表 4-4 所示，剪力墙身表如表 4-5 所示，剪力墙梁表如表 4-6 所示，剪力墙柱表如表 4-7 所示。剪力墙混凝土保护层 20mm，墙体水平分布筋采用搭接连接，直径 10mm 以内钢筋定尺长度 12m，直径 10mm 以上钢筋定尺长度 10m。

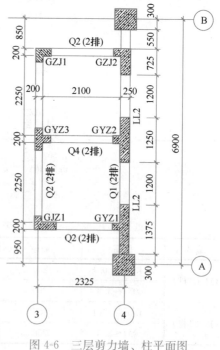

图 4-6　三层剪力墙、柱平面图

结构层高表　　　表 4-4

层号	标高 H（m）	层高（m）
4	11.6	3.9
3	7.7	3.9
2	3.8	3.9
1	−0.1	3.9

剪力墙身表　　　表 4-5

编号	标高	墙厚	水平分布筋	竖向分布筋	拉筋
Q1（2 排）	−0.1～15.5	250	Φ12@200	Φ12@200	Φ8@600×600
Q2（2 排）	−0.1～7.7	200	Φ12@200	Φ12@200	Φ8@600×600
	7.7～15.5	200	Φ10@200	Φ10@200	Φ8@600×600

编号	标高	墙厚	水平分布筋	竖向分布筋	拉筋
Q4（2排）	−0.1～7.7	200	Φ12@200	Φ12@200	Φ8@600×600
	7.7～15.5	200	Φ10@200	Φ10@200	Φ8@600×600

剪力墙梁表 　　　　表 4-6

编号	所在楼层	梁顶相对标高差	截面尺寸	上部纵筋	下部纵筋	箍筋
LL2	1～4	0.000	250×1300	4Φ22（2/2）	4Φ22（2/2）	Φ10@100（2）

剪力墙柱表 　　　　表 4-7

截面		截面		截面	
编号	GJZ1	编号	GJZ2	编号	GYZ1
标高	7.7～17.4	标高	7.7～17.4	标高	7.7～17.4
纵筋	12Φ14	纵筋	12Φ14	纵筋	18Φ14
箍筋	Φ8@150	箍筋	Φ8@150	箍筋	Φ8@150
截面		截面			
编号	GYZ2	编号	GYZ3		
标高	7.7～17.4	标高	7.7～17.4		
纵筋	18Φ14	纵筋	16Φ14		
箍筋	Φ8@15	箍筋	Φ8@150		

4.2　剪力墙身水平分布钢筋长度计算

4.2.1　端部水平分布筋计算

剪力墙端部构造要求：

构造要求见图集 22G101-1 第 2-19 页。分为端部一字形暗柱、端部 L 形暗柱两种情况。下面分别进行讲解。

（1）端部有暗柱时剪力墙水平钢筋端部构造，如图 4-7 所示。

1）墙体端部有一字形暗柱时，墙身水平分布筋从暗柱纵筋的外侧伸至暗柱端部紧贴角筋内侧弯折 $10d$。

2）计算公式：水平钢筋长度＝墙长（含暗柱长）－墙保护层厚度＋$10d$，d 为水平分布筋钢筋直径。

（3）端部有 L 形暗柱时剪力墙水平钢筋端部构造，如图 4-8 所示。

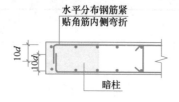

图 4-7　端部有暗柱时剪力
墙水平分布钢筋端部做法

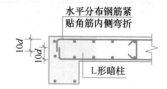

图 4-8　端部有 L 形暗柱时剪力墙
水平分布钢筋端部做法

1）墙体端部有 L 形暗柱时，墙身水平分布筋从暗柱纵筋的外侧伸至暗柱端部紧贴角筋内侧弯折 $10d$。

2）计算公式：水平钢筋长度＝墙长（含暗柱长）－墙保护层厚度＋$10d$，d 为水平分布筋钢筋直径。

【案例 4-1】 案例背景资料 1 中 1 号住宅楼工程，试计算首层 Q1 水平分布钢筋单根长度。

解：
计算过程见表 4-8。

钢筋工程量计算表

表 4-8

序号	计算内容	计算式
1	判断 Q1 端部构造	（1）Q1 左侧为一字形暗柱，剪力墙水平分布筋在一字形暗柱端部构造伸至暗柱端部紧贴角筋内侧弯折 $10d$ （2）Q1 右侧为 L 形暗柱，剪力墙水平分布筋在 L 形暗柱端部构造伸至暗柱端部紧贴角筋内侧弯折 $10d$
2	Q1 长度	$L＝3.07\mathrm{m}$（含暗柱长）
3	墙混凝土保护层	$c＝20\mathrm{mm}＝0.02\mathrm{m}$
4	Q1 水平筋单根长度	Q1 水平分布筋 ⌀8@200 单根长度＝墙长（含暗柱长）－墙保护层厚度＋$10d×2＝3.07－0.02×2＋10×0.008×2＝3.19\mathrm{m}$
5	搭接	单根长度 3.19m＜定尺长度 12m，所以不需要增加搭接

4.2.2 端柱端部水平分布筋计算

剪力墙端柱端部构造要求见图集 22G101-1 第 2-20 页。分为剪力墙肢位于端柱中间和剪力墙肢与端柱边对齐两种情况。

（1）剪力墙肢位于端柱中间构造要求

1）剪力墙水平分布筋应伸至端柱对边弯折 15d，伸入端柱长度取值＝端柱长度－保护层厚度＋15d。如图 4-19 所示。

2）位于端柱纵向钢筋内侧的墙水平分布筋伸入端柱的长度≥l_{aE} 时，采用直锚。直锚时锚固长度取值＝l_{aE}。构造要求详见图集 22G101-1 第 2-20 页备注。

（2）剪力墙肢与端柱边对齐构造要求

1）剪力墙水平分布筋应伸至端柱对边弯折 15d，伸入端柱长度取值＝端柱长度－保护层厚度＋15d。如图 4-10 所示。

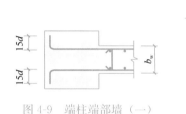

图 4-9　端柱端部墙（一）　　图 4-10　端柱端部墙（二）

2）位于端柱纵向钢筋内侧的墙水平分布筋伸入端柱的长度≥l_{aE} 时，采用直锚。直锚时锚固长度取值＝l_{aE}。构造要求详见图集 22G101-1 第 2-20 页备注。

【案例 4-2】案例背景资料 2 中某办公大厦，试计算地下一层 Q2 水平分布钢筋单根长度。

解：

读图可知，Q2 与 GDZ1 边对齐，属于剪力墙肢与端柱边对齐。计算过程见表 4-9。剪力墙水平分布钢筋交错搭接示意图，如图 4-11 所示。

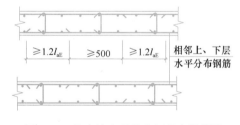

图 4-11　剪力墙水平分布钢筋交错搭接

钢筋工程量计算表　　　　　表 4-9

序号	计算内容	计算式
1	Q2 外侧水平分布筋	（1）墙长（含暗柱）＝15.3＋0.6＝15.9m （2）钢筋长度＝15.9－0.02×2＋15×0.012×2＝16.22m （3）单根长度 16.22m>定尺长度 10m，接头个数 16.22÷10＝1.622，所以计算一个搭接，查 22G101-1 第 2-3 页 1.2l_{aE}＝48d＝48×0.012＝0.576m （4）Φ12@200 单根长度＝16.22＋0.576＝16.80m
2	Q2 内侧水平分布筋	（1）判断端柱锚固长度：剪力墙水平分布筋伸入端柱的长度＝0.6－0.02＝0.58m，l_{aE}＝40d＝40×0.012＝0.48m，比较 0.58>0.48，即剪力墙水平分布筋伸入端柱的长度>l_{aE}，所以采用直锚，锚固长度取值＝l_{aE}＝0.48m

序号	计算内容	计算式
2	Q2 内侧水平分布筋	（2）右侧剪力墙水平分布筋伸入端柱的长度同左侧，锚固长度取值＝l_{aE}＝0.48m （3）Q2 墙长（不含暗柱）＝15.3－0.3－0.3＝14.7m （4）钢筋长度＝14.7＋0.48×2＝15.66m （5）单根长度 15.66m＞定尺长度 10m，接头个数 15.66÷10＝1.566，所以计算一个搭接，查 22G101-1 第 2-3 页 $1.2l_{aE}$＝48d＝48×0.012＝0.576m （6）Φ12@200 单根长度＝15.66＋0.576＝16.23m

4.2.3 端柱翼墙水平分布筋计算

端柱翼墙构造要求见图集 22G101-1 第 2-20 页。如图 4-12 所示。

端柱翼墙水平分布筋计算

端柱翼墙水平分布钢筋构造要求：

（1）剪力墙垂直方向的墙体水平分布筋贯通或分别锚固于端柱内（直锚长度≥l_{aE}）。

（2）端柱翼墙（一）：端柱与翼墙边对齐，剪力墙水平方向的墙体水平分布筋伸至端柱对边，弯折 15d。

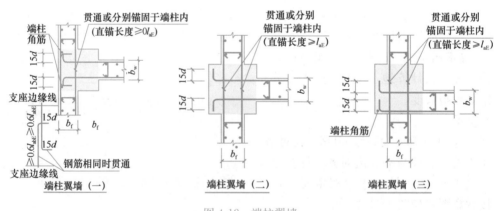

图 4-12　端柱翼墙

（3）端柱翼墙（二）：端柱在剪力墙位置居中，剪力墙水平方向的墙体水平分布筋伸至端柱对边，弯折 15d。

（4）端柱翼墙（三）：端柱与剪力墙肢边对齐，剪力墙水平方向的墙体水平分布筋伸至端柱对边，弯折 15d。

（5）位于端柱纵向钢筋内侧的墙水平分布筋伸入端柱的长度≥l_{aE}时，采用直锚。直锚时锚固长度取值＝l_{aE}。构造要求详见图集 22G101-1 第 2-20 页备注。

【案例 4-3】案例背景资料 2 中某办公大厦，试计算地下一层 Q3 水平分布钢筋单根长度。

解：

读图可知，端柱与翼墙边对齐，采用端柱翼墙（一）节点，计算过程见表 4-10。

钢筋工程量计算表 表 4-10

序号	计算内容	计算式
1	判断左侧端柱锚固长度	（1）剪力墙水平分布筋伸入端柱的长度＝0.6−0.02＝0.58m （2）l_{aE}＝40d（抗震等级二级、混凝土强度等级C30，剪力墙钢筋种类三级钢，查 22G101-1 第 2-3 页，l_{aE}＝40d＝40×0.012（剪力墙墙身表中可知墙水平筋直径为 12mm）＝0.48m （3）比较 0.58＞0.48，即剪力墙水平分布筋伸入端柱的长度＞l_{aE}，所以采用直锚。锚固长度取值＝l_{aE}＝0.48m
2	判断右侧端柱锚固长度	D 轴剪力墙水平分布筋伸入端柱的长度计算方法同 E 轴，经计算采用直锚，锚固长度取值＝l_{aE}＝0.48m
3	Q3 水平筋单根长度	Φ12@200 单根长度＝6−0.3−0.3＋0.48×2＝6.36m
4	搭接	单根长度 6.19m＜定尺长度 10m，所以不需要增加搭接

4.2.4 端柱转角墙水平分布筋计算

端柱转角墙构造要求见图集 22G101-1 第 2-20 页。如图 4-13 所示。

（1）端柱转角墙外侧水平分布钢筋构造要求：

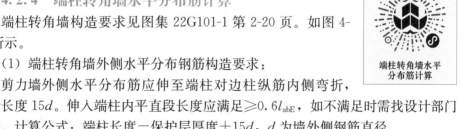

剪力墙外侧水平分布筋应伸至端柱对边柱纵筋内侧弯折，弯折长度 15d。伸入端柱内平直段长度应满足≥0.6l_{abE}，如不满足时需找设计部门核查。计算公式：端柱长度−保护层厚度＋15d，d 为墙外侧钢筋直径。

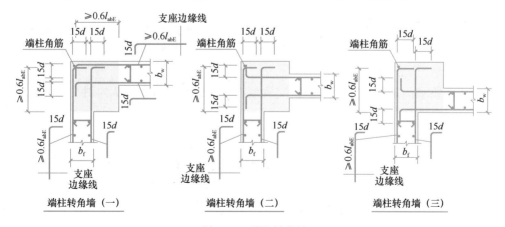

图 4-13 端柱转角墙

（2）端柱转角墙内侧水平分布钢筋构造要求：

1）位于端柱纵向钢筋内侧的墙水平分布筋伸入端柱的长度$\geqslant l_{aE}$时，采用直锚。直锚时锚固长度取值$= l_{aE}$。构造要求详见图集22G101-1第72页备注。计算公式：锚固长度$= l_{aE}$。

2）剪力墙内侧水平分布钢筋伸入端柱的长度$< l_{aE}$时，伸至端柱对边纵筋内侧弯折，弯折长度$15d$。计算公式：端柱长度－保护层厚度$+15d$，d为墙内侧钢筋直径。

4.2.5 翼墙水平分布筋计算

翼墙水平分布筋计算

构造要求见图集22G101-1第2-20页，分为三种情况。

（1）剪力墙翼墙（一）

构造要求：构造见图4-14所示，翼墙水平钢筋通长设置，端墙两侧墙体水平钢筋伸至翼墙对边后弯折$15d$。

（2）剪力墙翼墙（二）

构造要求：即变截面翼墙，需满足条件：端墙厚度/（$b_{w1} - b_{w2}$）< 6。如图4-15所示。

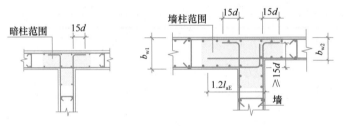

图4-14　翼墙（一）　　　　图4-15　翼墙（二）（$b_{w1} > b_{w2}$）

外侧水平钢筋通长设置，较厚剪力墙的内侧水平钢筋伸至变截面处向外弯折$15d$，较薄剪力墙内侧水平钢筋伸入较厚剪力墙内，伸入长度$1.2l_{aE}$。

（3）剪力墙翼墙（三）

构造要求：即变截面翼墙，需满足条件：端墙厚度/（$b_{w1} - b_{w2}$）$\geqslant 6$。如图4-16所示。外侧水平钢筋通长设置，内侧水平钢筋在变截面处斜折通长设置。

（4）剪力墙斜交翼墙构造

构造要求：如图4-17所示。斜交翼墙在斜交处弯折$15d$，d为斜交翼墙水平钢筋直径。

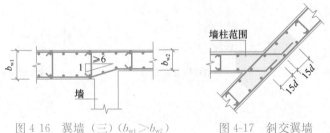

图4 16　翼墙（三）（$b_{w1} > b_{w2}$）　　　　图4-17　斜交翼墙

【案例 4-4】 案例背景资料 3 中某剪力墙工程，试计算三层 Q4 水平分布钢筋单根长度。

解：

读三层剪力墙平面图可知，Q4 采用剪力墙翼墙（一）节点，Q4 两侧墙体水平钢筋伸至 Q2 对边后弯折 15d，计算过程见表 4-11。

钢筋工程量计算表　　　　　　　　　　　　　　　　　　　　　　表 4-11

序号	计算内容	计算公式
1	Q4 长度	Q4 长度＝2.1m，Q2 墙厚＝0.2m，Q1 墙厚＝0.25m
2	Q4 水平钢筋单根长度	⏀10@200 单根长度＝2.1+0.2+0.25-0.02×2+15×0.01×2=2.81m
3	搭接	单根长度 2.81m＜定尺长度 12m，所以不需要增加搭接

4.2.6　转角墙水平分布筋计算

转角墙水平分布筋计算

剪力墙转角墙构造要求见图集 22G101-1 第 2-19 页，分为四种情况。

（1）转角墙（一）

墙体配筋量 $A_{s1} \leqslant A_{s2}$，如图 4-18 所示。

1）墙体外侧水平分布钢筋

构造要求：两侧墙体外侧水平分布筋连接区域在暗柱范围外，当 $A_{s1} \leqslant A_{s2}$，剪力墙的外侧水平分布筋从暗柱纵筋的外侧通过暗柱，绕出暗柱的一侧与另一侧的水平分布筋搭接，且上下相邻两层水平分布筋在转角配筋量较小一侧交错搭接，搭接长度 $\geqslant 1.2 l_{aE}$，上下两排错开距离 $\geqslant 500$mm。

2）墙体内侧水平分布钢筋

构造要求：剪力墙内侧水平分布筋伸至另一侧外墙纵筋内侧弯折，弯折长度为 15d。

（2）转角墙（二）

墙体配筋量 $A_{s1} = A_{s2}$，如图 4-19 所示。

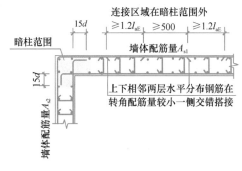

图 4-18　转角墙（一）
（外侧水平分布钢筋连续通过转弯，其中 $A_{s1} \leqslant A_{s2}$）

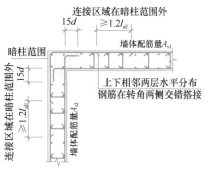

图 4-19　转角墙（二）
（其中 $A_{s1} = A_{s2}$）

1）墙体外侧水平分布筋

构造要求：连接区域在暗柱范围外，当 $A_{s1} = A_{s2}$ 时，剪力墙的外侧水平筋从暗柱纵筋的外侧通过暗柱，绕出暗柱的一侧与另一侧的水平分布筋搭接，且上下相邻两层水平分布筋在转角两侧交错搭接，搭接长度 $\geqslant 1.2 l_{aE}$。

2）墙体内侧水平分布筋

构造要求：剪力墙内侧水平分布筋伸至另一侧外墙纵筋内侧弯折，弯折长度为 $15d$。

（3）转角墙（三）

外侧水平分布筋在转角处搭接，如图 4-20 所示。

1）墙体外侧水平分布筋

构造要求：外侧水平分布筋在转角处搭接，在暗柱纵筋外侧搭接，搭接长度 $0.8 l_{aE}$。

2）墙体内侧水平分布筋

构造要求：剪力墙内侧水平分布筋伸至另一侧外墙纵筋内侧弯折，弯折长度为 $15d$。

（4）斜交转角墙，如图 4-21 所示。

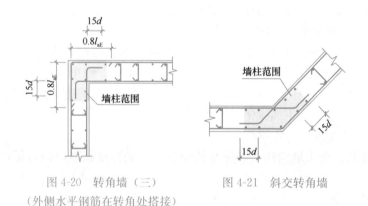

图 4-20　转角墙（三）　　　　图 4-21　斜交转角墙
（外侧水平钢筋在转角处搭接）

1）墙体外侧水平分布筋

构造要求：当两剪力墙斜交转角时，外侧水平分布筋连续通过（即在转角处不断开）。

2）墙体内侧水平分布筋

构造要求：剪力墙内侧水平分布筋伸至对边弯折，弯折长度为 $15d$。

【案例 4-5】案例背景资料 3 中某剪力墙工程，试计算三层③轴 Q2 水平分布钢筋单根长度。

解：

读剪力墙平面图可知，转角墙两侧墙体均为 Q2，墙体配筋量 $A_{s1} = A_{s2}$，采用转角墙（二），计算过程见表 4-12。

序号	计算内容	计算式
1	③轴 Q2 外侧水平钢筋	（1）外侧水平筋连接区域在暗柱范围外，且上下相邻两层水平分布筋在转角两侧交错搭接，即相邻两排分布筋搭接位置不一样，一排在③轴 Q2 上，相邻一排在另一侧 Q2 上 （2）Q2 外侧水平分布筋长度有两个长度，L1 和 L2，搭接长度≥$1.2l_{aE}$ （3）Φ10@200 L1＝2.25×2＋0.2×3－0.5×2＝4.1m L2＝2.25×2＋0.2×3－0.02×2＋0.5×2－0.02×2＋1.2×40×0.01×2＝6.98m
2	③轴 Q2 内侧水平钢筋	（1）内侧水平筋伸至另一侧外墙纵筋内侧弯折，弯折长度为 $15d$ （2）Φ10@200：2.25×2＋0.2×3－0.02×2＋15×0.01×2＝5.36m
3	搭接	内外侧水平钢筋单根长度＜定尺长度 12m，所以不需要增加搭接

4.3 剪力墙水平分布钢筋根数计算

基础内水平分布筋根数计算

4.3.1 基础内水平分布筋根数计算

水平分布筋基础内的构造要求见图集 22G101-3 第 2-8 页，如图 4-22 所示。分为保护层厚度＞$5d$、保护层厚度≤$5d$ 和搭接连接三种情况。

1. 保护层厚度＞$5d$

（1）构造要求：如图 4-22（a）节点和 1—1 剖面，水平分布筋间距≤500mm，且不少于两道水平分布钢筋。

（2）计算公式：

$$n = \max\left\{\frac{h_j - 基础保护层厚度 - 基础底钢筋网片 - 100}{500} 向上取整 +1, 2\right\}$$

$$\times 水平筋排数$$

公式中：

1）h_j 为基础或基础梁高度，基础图纸中查找；

2）基础保护层厚度在图纸或图集中查找；

3）基础底钢筋直径在基础图纸中查找；

4）100 为最上面一道水平钢筋距基础顶面的距离，如图 4-22（a）节点中显示。

2. 保护层厚度≤$5d$

构造要求如图 4-22（b）节点和 2—2 剖面，基础内需设置锚固区横向钢筋，图集 22G101-3 第 2-8 页备注第二条规定：锚固区横向钢筋直径应满足≥$d/4$（d 为纵筋最大直径），间距≤$10d$（d 为纵筋最小直径）且≤100mm。

3. 搭接连接

构造要求如图 4-22（c）节点。当选用基础钢筋与墙体外侧钢筋采用搭接连接

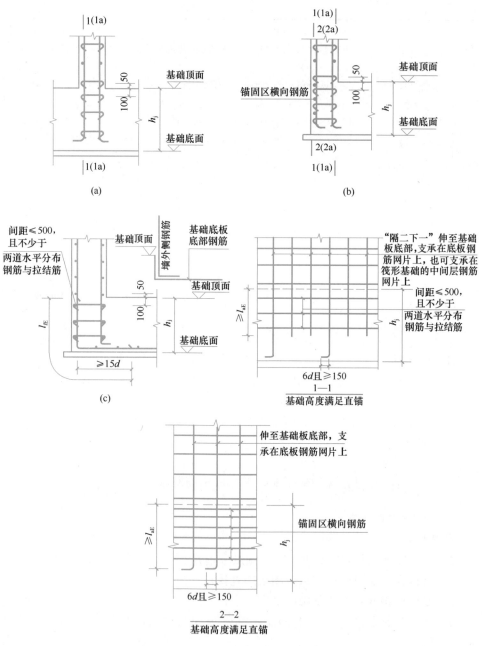

图 4-22　剪力墙身钢筋在基础内构造

（a）保护层厚度＞5d；（b）保护层厚度≤5d；（c）搭接连接

时，设计人员应在图纸中注明。水平钢筋根数计算方法同保护层厚度＞5d 计算，这里不再重复讲解。

【案例 4-6】案例背景资料 2 中某办公大厦工程，基础形式为板式筏形基础，筏形基础端部等截面外伸 1000mm，筏形基础高度为 500mm，筏形基础底部纵筋双向Φ25@200，基础混凝土保护层 40mm，试计算Ⓔ轴 **Q2** 基础内水平分布钢筋根数。

解：

筏形基础等截面外伸 1.0m，所以采用保护层厚度＞5d 构造。基础高度 h_j ＝0.5m，基础保护层 0.04m，基础底钢筋网片直径Φ25，计算过程见表 4-13。

钢筋工程量计算表　　　　　　表 4-13

序号	计算内容	计算式
1	Q2 基础内水平分布钢筋根数	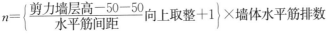 $n=\max\left\{\dfrac{h_j-\text{基础保护层厚度}-\text{基础底钢筋网片}-100}{500}\text{向上取整}+1,2\right\}\times2\text{排}$ $n=\max\left\{\dfrac{0.5-0.04-0.025\times2-0.1}{0.5}\text{向上取整}+1,2\right\}\times2\text{排}$ $n=\max\{2,2\}\times2\text{排}$ $n=2\text{根}\times2\text{排}$ $n=4\text{根}$

4.3.2 楼层水平分布筋根数计算

水平分布筋起步筋距离构造要求见图集 18G901-1 第 3-5、3-27、3-28 页。

楼层水平分布筋根数计算

（1）剪力墙层高范围最下一排水平分布筋距底部板顶 50mm，最上一排水平分布筋距板顶 50mm。如图 4-23 所示。

水平分布筋根数计算公式：

$$n=\left\{\dfrac{\text{剪力墙层高}-50-50}{\text{水平筋间距}}\text{向上取整}+1\right\}\times\text{墙体水平筋排数}$$

公式中：剪力墙层高、水平筋间距在图纸中查找。

（2）当层顶位置设有宽度大于剪力墙厚度的边框梁时，最上一排水平分布筋距顶部边框梁底 100mm，边框梁内部不设置水平分布筋。如图 4-24 所示。

水平钢筋根数计算公式：

$$n=\left\{\dfrac{\text{剪力墙层高}-\text{边框梁高度}-50-100}{\text{水平筋间距}}\text{向上取整}+1\right\}$$

$\times\text{墙体水平筋排数}$

公式中：剪力墙层高、边框梁高度、水平筋间距在图纸中查找。

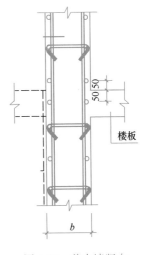

图 4-23　剪力墙竖向钢筋构造

【案例 4-7】 案例背景资料 2 中某办公大厦，试计算地下一层 Q2 水平分布钢筋总长度（Q2 水平筋单根长度见 4.2.2 案例 4-2 计算长度）。

解：

计算过程见表 4-14。

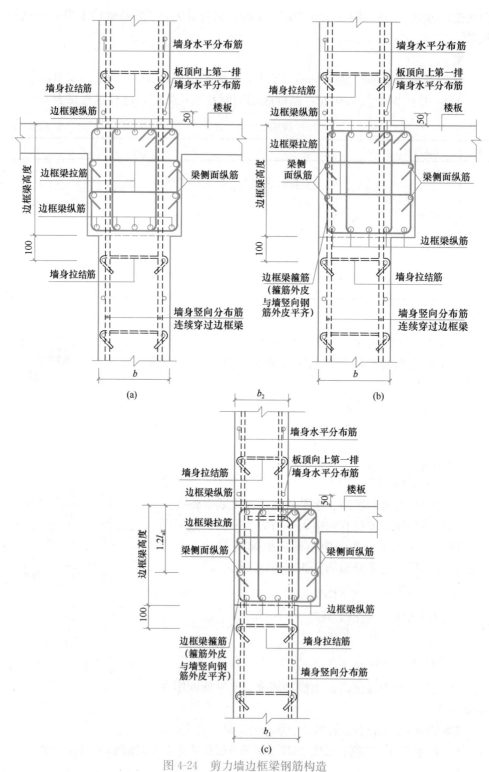

图 4-24　剪力墙边框梁钢筋构造
(a) 墙身截面未变化，边框梁居中；(b) 墙身截面未变化，边框梁与墙一侧平齐；
(c) 墙身截面单侧变化，边框梁与墙一侧平齐

序号	计算内容	计算式
1	Q2 水平分布钢筋单根长度	案例 4-2 中，可知墙水平筋 外侧单根长度 $l_{外}$＝16.8m 内侧单根长度 $l_{内}$＝16.23m
2	Q2 水平分布钢筋地下一层根数	地下一层层高＝4.0－0.1＝3.9m，Q2 水平分布筋间距为 0.2m，水平分布钢筋根数 $n=\left\{\dfrac{剪力墙层高-50-50}{水平筋间距}向上取整+1\right\}$ $=\left\{\dfrac{3.9-0.05-0.05}{0.2}向上取整+1\right\}$ ＝20 根
3	总长度	外侧水平筋长度＝单根长度×根数＝16.8×20＝336m 内侧水平筋长度＝单根长度×根数＝16.23×20＝324.6m
4	Q2 地下一层水平分布筋汇总	Φ 12 长度：660.6m Φ 12 重量：660.6m×0.888kg/m＝586.61kg＝0.587t

基础插筋计算

4.4　剪力墙竖向分布钢筋长度计算

4.4.1　基础插筋计算

1. 剪力墙基础插筋构造要求

见图集 22G101-3 第 2-8 页。如图 4-25 所示。

2. 墙竖向分布筋在基础内插筋计算

基础插筋长度有弯折长度、嵌入基础长度和伸出基础长度三部分组成。其中伸出基础的长度在中间楼层部分钢筋讲解，嵌入基础长度和弯折长度分为保护层厚度＞$5d$、保护层厚度≤$5d$ 和搭接连接三种情况，下面分别进行讲解。

（1）保护层厚度＞$5d$，如图 4-25 中（a）节点所示，分为基础高度满足直锚和基础高度不满足直锚两种情况。

1）h_j 的确定方法：

① 基础高度 h_j 为基础底面到基础顶面的高度即基础高度。

② 墙下有基础梁时，h_j 为梁底面至梁顶面的高度即基础梁高。

2）l_{aE} 为受拉钢筋抗震锚固长度，依据图纸中的混凝土强度等级、钢筋种类和抗震等级从 22G101 图集中查找。

3）基础高度满足直锚即（h_j－基础保护层厚度－基础钢筋直径）≥l_{aE}，如图 4-25 中（a）节点和 1—1 剖面。基础插筋长度：

① "隔二下一"伸至基础板底部，伸下去的钢筋支撑在底板钢筋网片上，弯折长度 max（$6d$，150）。基础插筋长度计算公式：

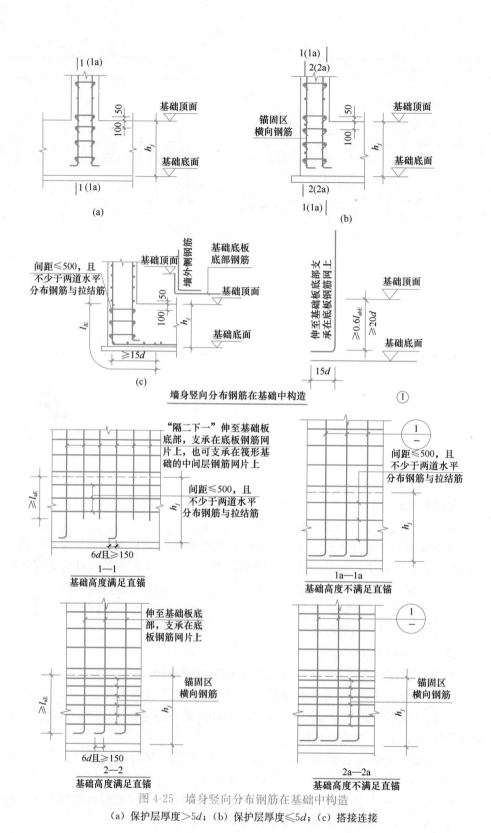

图 4-25　墙身竖向分布钢筋在基础中构造

（a）保护层厚度＞5d；（b）保护层厚度≤5d；（c）搭接连接

$$l_1 = (h_j - 基础保护层厚度 - 基础钢筋直径 + \max(6d,150)) \times 根数$$

② 当筏形基础中板厚＞2000mm 时，"隔二下一"伸下去的钢筋伸至筏形基础的中间层钢筋网片上，弯折长度 max（6d，150）。

基础插筋长度计算公式：
$$l_2 = (h_j/2 - 基础中间钢筋直径 + \max(6d,150)) \times 根数$$

③ "隔二下一"中间两根不伸至基础底板底部的钢筋伸入基础长度为 l_{aE}，基础插筋长度计算公式：
$$l_3 = l_{aE} \times 根数$$

4）基础高度不满足直锚，即（h_j－基础保护层厚度－基础钢筋直径）＜l_{aE}，如图 4-25 中（a）节点、1a—1a 剖面和①节点。基础插筋长度：

伸至基础板底部支撑在底板钢筋网片上且竖直段长度≥0.6l_{abE}且≥20d，如果竖直段长度不满足≥0.6l_{abE}且≥20d，需要找设计部门核查。弯折长度 15d。

基础插筋长度计算公式：
$$l_4 = (h_j - 基础保护层厚度 - 基础钢筋直径 + 15d) \times 根数$$

（2）保护层厚度≤5d，如图 4-25 中（b）节点所示。

1）墙体内侧钢筋计算方法同上面保护层厚度＞5d 讲解，这里不再重复讲解。

2）h_j 和 l_{aE} 计算同上面保护层厚度＞5d 讲解，这里不再重复讲解。

3）墙体外侧钢筋计算分为基础高度满足直锚和基础高度不满足直锚两种情况。

① 基础高度满足直锚，即（h_j－基础保护层厚度－基础钢筋直径）≥l_{aE}，如图 4-25 中 2—2 剖面。基础插筋长度：伸至基础板底部，支撑在底板钢筋网片上，弯折长度 max（6d，150）。基础插筋长度计算公式：
$$l_5 = (h_j - 基础保护层厚度 - 基础钢筋直径 + \max(6d,150)) \times 根数$$

② 基础高度不满足直锚，即（h_j－基础保护层厚度－基础钢筋直径）＜l_{aE}，如图 4-25 中（b）节点、2a—2a 剖面和①节点。基础插筋长度：伸至基础板底部支撑在底板钢筋网片上且竖直段长度≥0.6l_{abE}且≥20d，如果竖直段长度不满足≥0.6l_{abE}且≥20d，需要找设计部门核查。弯折长度 15d。

基础插筋长度计算公式：
$$l_6 = (h_j - 基础保护层厚度 - 基础钢筋直径 + 15d) \times 根数$$

（3）墙身竖向分布钢筋与基础钢筋搭接连接

墙身竖向分布钢筋与基础钢筋搭接连接时，如图 4-25 中（c）节点所示。当采用此方法时，设计人员应在图纸中注明。

基础插筋长度自基础顶面（或基础梁顶面）伸入基础 l_{lE}。

基础插筋长度计算公式：
$$l_7 = l_{lE} \times 根数$$

式中　d——墙身竖向分布钢筋直径；

l_{lE}——纵向受拉钢筋抗震搭接长度。

【案例 4-8】案例背景资料 2 中某办公大厦，基础形式为板式筏形基础，筏形基础底标高－4.9m，筏形基础端部等截面外伸 1000mm，筏形基础高度为 500mm，筏形基础纵筋双网双向Φ25@200，基础混凝土保护层 40mm，试计算地下一层$\textcircled{E}$轴/$\textcircled{1}$～$\textcircled{2}$间 Q2 竖向分布钢筋嵌入基础单根长度（假设剪力墙竖向钢筋全部伸至基础底部）。

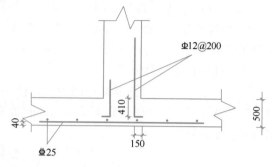

图 4-26　墙体基础插筋示意图

解：

筏形基础等截面外伸 1.0m，所以采用保护层厚度＞5d 构造。基础高度 h_j＝0.5m，基础保护层 0.04m，基础底钢筋网片直径Φ25，Q2 竖向分布筋直径 d＝0.012m，l_{aE}＝40d，墙体插筋示意图如图 4-26 所示，计算过程见表 4-15。

钢筋工程量计算表　　　　　　　　　　　　　　　表 4-15

序号	计算内容	计算式
1	判断 Q2 基础高度是否满足直锚	（1）h_j－基础保护层厚度－基础钢筋直径＝0.5－0.04－0.025×2＝0.41m （2）l_{aE}＝40d＝40×0.012＝0.48 （3）比较 0.41＜0.48，所以基础高度不满足直锚 （4）基础插筋长度计算公式采用 l_1＝(h_j－基础保护层厚度－基础钢筋直径＋15d)
2	Q2 基础插筋单根长度	Q2 竖向分布筋Φ12@200 单根长度＝0.5－0.04－0.025×2＋15×0.012＝0.59m

4.4.2　中间楼层墙体竖向分布钢筋长度计算

中间楼层（除顶层外的楼层）墙体竖向分布钢筋连接构造要求见图集 22G101-1 第 2-21 页。如图 4-27 所示。连接方式分为搭接、机械连接、焊接三种情况，下面分别进行讲解。

中间楼层墙体竖向分布钢筋长度计算

当相邻竖向钢筋连接接头位置要求高低错开时，位于同一连接区段竖向钢筋接头面积百分率不大于 50%。

1. 搭接连接时竖向分部钢筋长度计算

（1）相邻钢筋高低交错搭接：

① 适用于一、二级抗震等级剪力墙底部加强部位竖向分布钢筋搭接构造，如图 4-27（a）节点。搭接长度≥1.2l_{aE}，相邻纵筋交错连接差值≥500mm。

② 竖向筋交错搭接计算公式：

A. 低位钢筋长度＝层高＋1.2l_{aE}（伸入上层的搭接长度）

B. 高位钢筋长度＝层高－1.2l_{aE}－500（下层伸入本层的长度）＋1.2l_{aE}＋500

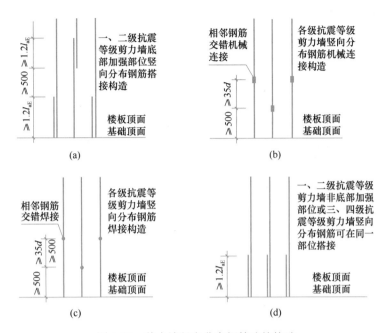

图 4-27　剪力墙竖向分布钢筋连接构造

$+1.2l_{aE}$（伸入上层的长度）

（2）同一部位搭接：

① 适用于一、二级抗震等级剪力墙非底部加强部位或三、四级抗震等级剪力墙竖向分布钢筋搭接构造，如图 4-27（d）节点。搭接长度 $\geqslant 1.2l_{aE}$。

② 竖向筋同一部位搭接计算公式：

钢筋长度＝本层层高＋$1.2l_{aE}$（伸入上层的搭接长度）

2. 机械连接时竖向分部钢筋长度计算

（1）适用于各级抗震等级剪力墙竖向分布钢筋机械连接构造，如图 4-27（b）节点。非连接区长度 $\geqslant 500mm$，相邻纵筋交错连接差值 $\geqslant 35d$（d 为竖向筋直径）。

（2）竖向筋交错机械连接计算公式：

① 低位钢筋长度＝层高－500（下层伸入本层的非连接区长度）＋500（本层伸入上层的非连接区长度）

② 高位钢筋长度＝层高－500（下层伸入本层的非连接区长度）－35d（本层相邻纵筋交错连接差值）＋500（本层伸入上层的非连接区长度）＋35d（与上层相邻纵筋交错连接差值）

3. 焊接时竖向分部钢筋长度计算

（1）适用于各级抗震等级剪力墙竖向分布钢筋焊接构造，如图 4-27（c）节点。非连接区长度 $\geqslant 500mm$，相邻纵筋交错连接差值 $\geqslant \max(35d, 500)$（d 为竖向筋直径）。

（2）竖向筋交错焊接计算公式：

① 低位钢筋长度＝层高－500（下层伸入本层的非连接区长度）＋500（本层

伸入上层的非连接区长度）

② 高位钢筋长度＝层高－500（下层伸入本层的非连接区长度）－max（35d，500）（本层相邻纵筋交错连接差值）＋500（本层伸入上层的非连接区长度）＋max（35d，500）（与上层相邻纵筋交错连接差值）

4. 关于 d 的说明

两根不同直径钢筋搭接时，以上公式中的 d 取较细钢筋直径。

【案例 4-9】 案例背景资料 3 中某剪力墙工程，试计算 Q4 二层竖向分布钢筋单根长度。

解：

Q4 二层竖向分布钢筋示意图如图 4-28 所示，计算过程见表 4-16。

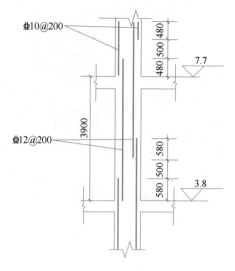

图 4-28 二层 Q4 竖向钢筋示意图

钢筋工程量计算表   表 4-16

序号	计算内容	计算式
1	搭接连接时计算公式	Q4 二层竖向分部钢筋Φ12@200 交错搭接连接，采用竖向筋交错搭接计算公式。 低位钢筋长度＝层高＋$1.2l_{aE}$（伸入上层的搭接长度） 高位钢筋长度＝层高－$1.2l_{aE}$－500（下层伸入本层的长度）＋$1.2l_{aE}$＋500＋$1.2l_{aE}$（伸入上层的长度）
2	标高 7.7m 伸出的搭接长度	二层层高 3.9m，二层 Q4 竖筋Φ12，三层竖筋Φ10，查 22G101-1 第 2-3 页得出 $l_{aE}=40d=40\times0.010=0.4m$，$1.2l_{aE}=1.2\times0.4=0.48m$
3	标高 3.8m 伸出搭接长度	一层 Q4 竖筋直径Φ12，一层伸入二层的长度 $1.2l_{aE}$，查 22G101-1 第 2-3 页得出 $l_{aE}=40d=40\times0.012=0.48m$，$1.2l_{aE}=1.2\times0.48=0.58m$
4	低位钢筋长度	Φ12@200 低位钢筋单根长度＝3.9＋0.48＝4.38m
5	高位钢筋长度	Φ12@200 高位钢筋单根长度＝3.9－0.58－0.5＋0.48＋0.5＋0.48＝4.28m

4.4.3 竖向分布钢筋顶部长度计算

剪力墙竖向分布钢筋顶部构造要求见图集 22G101-1 第 2-22 页。如图 4-29 所示。分为墙顶部是楼（屋）面板和边框梁两种情况，下面以竖向分布钢筋搭接连接进行讲解，机械连接和焊接连接可参照计算。

竖向分布钢筋顶部长度计算

（1）墙顶为屋面板或楼面板构造如图 4-29（a）节点、（b）节点。

1）构造要求：伸至屋（楼）面板顶部，弯折 12d。当考虑屋面板上部钢筋与剪力墙外侧竖向钢筋搭接传力时，外侧竖向钢筋弯折 15d。

2）顶层竖向分布钢筋长度计算公式（以相邻钢筋高低交错搭接方式）：

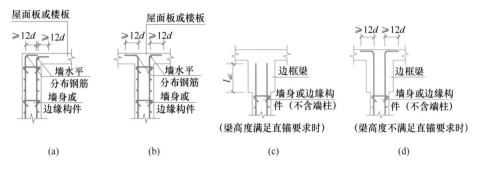

| (a) | (b) | (c) | (d) |

图 4-29 剪力墙竖向钢筋顶部构造

① 低位钢筋长度＝层高－墙顶混凝土保护层厚度＋12d（15d）

② 高位钢筋长度＝层高－1.2l_{aE}－500（下层伸入本层的长度）－墙顶混凝土保护层厚度＋12d（15d）

式中　d——墙竖向钢筋直径；

l_{aE}——受拉钢筋抗震锚固长度。

（2）墙顶为边框梁构造如图 4-29（c）节点、（d）节点。

1）边框梁高度满足直锚，即（边框梁梁高－墙顶保护层厚度）≥l_{aE} 时，如图 4-29（c）节点。墙竖向钢筋伸入边框梁长度为 l_{aE}。

顶层竖向分布钢筋长度计算公式（以相邻钢筋高低交错搭接方式）：

① 低位钢筋长度＝层高－边框梁梁高＋l_{aE}

② 高位钢筋长度＝层高－1.2l_{aE}－500（下层伸入本层的长度）－边框梁梁高＋l_{aE}

2）边框梁高度不满足直锚，即（边框梁梁高－墙顶保护层厚度）＜l_{aE} 时，如图 4-29（d）节点。墙竖向钢筋伸入边框梁顶弯折 12d。

顶层竖向分布钢筋长度计算公式（以相邻钢筋高低交错搭接方式）：

① 低位钢筋长度＝层高－墙顶混凝土保护层厚度＋12d

② 高位钢筋长度＝层高－1.2l_{aE}－500（下层伸入本层的长度）－墙顶混凝土保护层厚度＋12d

【案例 4-10】案例背景资料 3 中某剪力墙工程，Q4 墙顶为屋面板，墙顶混凝土保护层 50mm，试计算 Q4 四层竖向分布钢筋单根长度。

解：

四层竖向分布钢筋示意图如图 4-30 所示，计算过程见表 4-17。

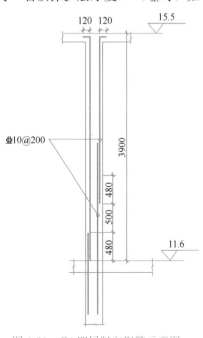

图 4-30　Q4 四层竖向钢筋示意图

钢筋工程量计算表　　　　　　　　　　　　表 4-17

序号	计算内容	计算式
1	搭接连接时计算公式	Q4 四层竖向分部钢筋⏣10@200 交错搭接连接，计算公式： a. 低位钢筋长度＝层高－墙顶混凝土保护层厚度＋12d b. 高位钢筋长度＝层高－1.2l_{aE}－500（下层伸入本层的长度）－墙顶混凝土保护层厚度＋12d
2	搭接长度	（1）四层层高＝3.9m （2）三层 Q4 竖向钢筋⏣10，三层竖向钢筋伸入四层 1.2l_{aE}＝1.2×40×0.01＝0.48m，四层竖向筋与三层竖向筋搭接长度 1.2l_{aE}＝1.2×40×0.01＝0.48m
3	Q4 四层竖向分布钢筋单根长度	⏣10@200 低位钢筋单根长度＝3.9－0.05＋12×0.01＝3.97m ⏣10@200 高位钢筋单根长度＝3.9－0.48－0.5－0.05＋12×0.01＝2.99m

4.4.4　变截面处竖向分布钢筋长度计算

1. 剪力墙变截面处竖向分布钢筋构造要求

剪力墙变截面处竖向分布钢筋构造要求见图集 22G101-1 第 2-22 页，如图 4-31 所示。

变截面处竖向分布钢筋长度计算

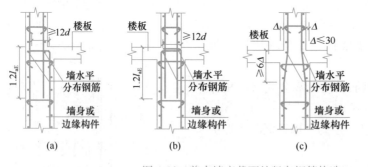

图 4-31　剪力墙变截面处竖向钢筋构造

2. 剪力墙变截面位置钢筋计算方法

分为三种情况，如表 4-18 所示。

剪力墙变截面位置构造　　　　　　　　　　　表 4-18

墙变截面形式	判断条件	计算方法	构造节点	备注
两侧有缩回	Δ≤30	墙两侧竖向筋，下层墙竖向筋自楼板顶下≥6Δ处斜折到上层墙内，并与上层墙竖向筋连接	如图 4-31（c）节点	1. Δ 为墙身变截面每侧缩回值，Δ根据图纸中墙变截面位置处尺寸计算出来

墙变截面形式	判断条件	计算方法	构造节点	备注
两侧有缩回	$\Delta > 30$	1. 墙两侧竖向筋，下层墙竖向筋伸到楼板顶并弯折，弯折长度$\geq 12d$ 2. 上层墙竖向筋锚入下层墙内$1.2l_{aE}$	如图 4-31（b）节点	（2）l_{aE} 为受拉钢筋抗震锚固长度，在图集中可以查出 （3）保护层厚度在图纸或图集中查找
一侧有缩回	缩回一侧$\Delta > 30$	1. 有缩回一侧的下层墙竖向筋伸到楼板顶并弯折，弯折长度$\geq 12d$；有缩回一侧的上层墙竖向筋锚入下层墙内$1.2l_{aE}$ 2. 无缩回一侧的下层墙竖向筋伸入上层墙内，与上层墙竖向筋连接	如图 4-31（a）和（d）节点	

【案例 4-11】 某剪力墙工程，各层层高 2.95m，环境类别一类，抗震等级三级，Q1 平面如图 4-32 所示，Q1 配筋表如表 4-19 所示，混凝土强度等级 C30，墙顶保护层 50mm，墙体竖向分布钢筋采用搭接连接，同一连接区段竖向钢筋接头面积百分率不大于 50%。试计算二层（标高 2.78～5.73m）Q1 竖向分布钢筋单根长度和三层插筋钢筋长度。

剪力墙墙身表　　　　　　　　　表 4-19

编号	所在楼层	标高	墙厚	水平分布筋	竖向分布筋	拉筋
Q1（2 排）	1～2	−0.17～5.73	200	⏀10@200	⏀10@200	⏀6@600×600
Q1（2 排）	3～4	5.73～8.68	160	⏀8@200	⏀8@200	⏀6@600×600

解：

二层顶（标高 5.73m 处）Q1 竖向分布钢筋示意图如图 4-33 所示，计算过程见表 4-20。

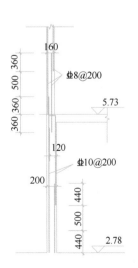

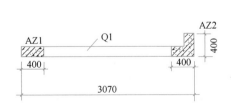

图 4-32　剪力墙 Q1 平面图　　　　图 4-33　二层剪力墙变截面处构造

钢筋工程量计算表　　　　　　　　　　　　　　　　　　　　表 4-20

序号	计算内容	计算式
		二层 Q1 内侧竖向筋⊉10@200 长度
1	判断变截面处节点构造	（1）Q1 标高 5.73m 处变截面，Q1 一侧变截面，$\Delta=200-160=40>30$，采用 a 节点 （2）二层 Q1 内侧竖向筋伸至标高 5.73m 弯折 12d，三层内侧竖向筋锚入二层 $1.2l_{aE}$ （3）二层 Q1 外侧竖向筋伸入三层墙内，与三层墙竖向筋搭接连接
2	标高 5.73m 处搭接长度	二层竖向筋伸入三层搭接长度 $L_2=1.2l_{aE}=1.2\times37d=1.2\times37\times0.008=0.36\text{m}$
3	标高 2.78m 处搭接长度	一层竖向筋伸入二层楼面处搭接长度 $L_1=1.2l_{aE}=1.2\times37d=1.2\times37\times0.01=0.44\text{m}$
4	二层 Q1 内侧竖向筋⊉10@200 长度	低位钢筋＝层高－墙顶保护层＋12d＝2.95－0.05＋12×0.01＝3.02m 高位钢筋＝层高－L_1－0.5（一层伸入二层的长度）－墙顶保护层厚度＋12d＝2.95－0.44－0.5－0.05＋12×0.01＝2.08m
		二层 Q1 外侧竖向筋⊉10@200 长度
5	低位钢筋	层高＋L_2＝2.95＋0.36＝3.31m
6	高位钢筋	层高－L_1－0.5（一层伸入二层的长度）＋L_2＋0.5＋L_2（二层伸入三层的长度）＝2.95－0.44－0.5＋0.36＋0.5＋0.36＝3.23m
		三层 Q1 内侧竖向筋插筋⊉8@200 长度
7	三层 Q1 内侧竖向筋插筋锚入二层搭接长度	三层 Q1 内侧竖向筋锚入二层 $1.2l_{aE}$，$L_3=1.2l_{aE}=1.2\times37d=1.2\times37\times0.008=0.36\text{m}$
8	三层 Q1 内侧竖向筋插筋⊉8@200 长度	低位钢筋＝L_3+L_3＝0.36＋0.36＝0.72m 高位钢筋＝L_3+L_3＋0.5＋L_3＝0.36＋0.36＋0.5＋0.36＝1.58m

4.5　剪力墙竖向分布钢筋根数计算

剪力墙竖向分布钢筋根数计算

剪力墙竖向分布钢筋根数构造见图集 18G901-1 第 3-7～3-16 页。

（1）剪力墙端部有暗柱

剪力墙端部有暗柱时构造，如图 4-34 所示。剪力墙竖向分布筋起步筋距离为 s，s 为竖向钢筋间距。

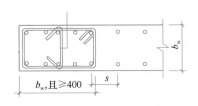

图 4-34 竖向分布钢筋构造

竖向分布筋根数计算公式

$$n = \left(\frac{剪力墙长度 - 暗柱长度 - 2 \times s}{s} 向上取整 + 1 \right) \times 排数$$

（2）剪力墙端部无暗柱

剪力墙端部无暗柱时，第一根竖向分布筋自墙端起步筋距离为保护层厚度。

竖向分布筋根数计算公式

$$n = \left(\frac{剪力墙长度 - 2 \times 保护层厚度}{s} 向上取整 + 1 \right) \times 排数$$

【案例 4-12】 案例背景资料 3 中某剪力墙工程，试计算 Q4 二层竖向分布钢筋工程量（Q4 竖向分布筋单根长度计算见案例 4-9）。

解：

Q4 二层竖向分布钢筋工程量计算过程见表 4-21。

钢筋工程量计算表   表 4-21

序号	计算内容	计算式
1	$\oplus$ 12 @ 200 单根长度	通过案例 4-9 计算可知，二层 Q4 单根长度：低位钢筋＝4.38m，高位钢筋＝4.28m
2	竖向分布筋根数	Q4 端部为暗柱，竖向分布筋根数 $$n = \left(\frac{剪力墙长度 - 暗柱长度 - 2 \times s}{s} 向上取整 + 1 \right) \times 排数$$ $$= \left(\frac{2.1 - 0.3 - 0.3 - 2 \times 0.2}{0.2} 向上取整 + 1 \right) \times 2 排 = 14 根$$ Q4 共 14 根，其中高位钢筋 7 根，低位钢筋 7 根
3	二层 Q4 竖向分布钢筋工程量	$\oplus$ 12 长度：$4.38 \times 7 + 4.28 \times 7 = 60.62m$ $\oplus$ 12 重量：$60.62 \times 0.888kg/m = 53.83kg = 0.054t$

4.6 剪力墙身拉结筋计算

4.6.1 矩形布置拉结筋计算

1. 剪力墙拉结筋构造要求

剪力墙拉结筋构造要求见图集 22G101-1 第 2-22 页。如图4-35 所示。

矩形布置拉结筋计算

149

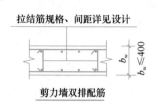
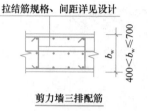
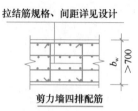

图 4-35　剪力墙拉筋

2. 拉结筋单根长度计算公式

$$l = 墙厚 - 2 \times 墙保护层 + 2 \times \max(10d, 75) + 2 \times 1.9d$$

3. 剪力墙拉结筋布置原则

（1）约束边缘构件沿墙肢长度 l_c 范围内、构造边缘构件范围内拉结筋布置详见图纸设计。

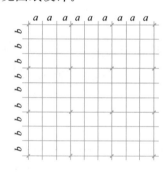

图 4-36　拉筋矩形布置

（2）剪力墙拉结筋竖直方向上层高范围由底部板顶向上第二排水平分布筋处开始设置，至顶部板底向下第一排水平分布筋处终止；水平方向上由距边缘构件边第一排墙身竖向分布筋处开始设置。

（3）剪力墙拉结筋排布设置有矩形、梅花两种形式。

4. 拉结筋矩形布置

拉结筋矩形布置见图集 22G101-1 第 1-12 页（a）节点，如图 4-36 所示。

（1）剪力墙拉结筋矩形布置根数计算公式＝水平向根数×竖直向根数

$$水平向根数 = \frac{墙长 - 暗柱长 - 2 \times 剪力墙竖向筋间距}{拉筋水平间距}向上取整 + 1$$

$$竖直向根数 = \frac{墙高 - 50 - 剪力墙水平筋间距 - 50 - 剪力墙水平筋间距}{拉筋竖向间距}向上取整 + 1$$

（2）边缘构件根数详见图纸设计。

【案例 4-13】案例背景资料 3 中某剪力墙工程，试计算 Q4 二层拉结筋工程量。

解：

Q4 二层拉结筋工程量计算过程见表 4-22。

钢筋工程量计算表　　　　　　　　　　　　　　　表 4-22

序号	计算内容	计算式
1	Q4 二层拉结筋钢筋信息	拉结筋ⱷ8@600×600 矩形布置，水平向间距 600mm，竖向间距 600mm，二层层高 3.9m
2	拉结筋单根长度	ⱷ8 单根长度=0.2－0.02×2+2×max（10×0.008，75）+1.9×0.008×2=0.35m

序号	计算内容	计算式
3	水平向根数	水平向根数=$\dfrac{2.1-0.3\times2-0.2\times2}{0.6}$向上取整+1=3
4	竖向根数	竖直向根数=$\dfrac{3.9-0.05-0.2-0.05-0.2}{0.6}$向上取整+1=7根
5	拉结筋总根数	3×7=21根
6	拉结筋长度	⌀8长度：0.35×21=7.35m 重量：7.35m×0.395kg/m=2.9kg=0.003t

4.6.2 梅花布置拉结筋计算

梅花布置拉结筋计算

1. 梅花布置拉结筋构造要求

拉结筋单根长度计算、拉结筋布置原则同 4.6.1 矩形布置拉结筋章节讲解，这里不再重复讲解。

2. 拉结筋梅花布置计算公式

（1）拉结筋梅花布置见图集 22G101-1 第 1-12 页（b）节点。如图 4-37 所示。

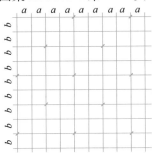

图 4-37 拉结筋梅花布置

（2）剪力墙拉结筋梅花布置根数计算公式=水平向根数×竖直向根数。

1）水平向根数=$\dfrac{墙长-暗柱长-2\times剪力墙竖向筋间距}{拉筋水平间距}$向上取整+1

2）竖直向根数=$\dfrac{墙高-50-剪力墙水平筋间距-50-剪力墙水平筋间距}{拉筋竖向间距\div2}$向上取整+1

（3）边缘构件根数详见图纸设计。

【案例 4-14】 某剪力墙工程，一层墙高 3.9m，环境类别一类，抗震等级二级，混凝土强度等级 C30。剪力墙长度 4.0m（不含暗柱长度），Q1 剪力墙配筋表如表 4-23 所示。墙混凝土保护层 20mm，试计算 Q1 一层拉结筋工程量。

剪力墙墙身表　　　　　　　　　表 4-23

编号	标高	墙厚 （mm）	水平分布筋	竖向分布筋	拉结筋（梅花布置）
Q1（2排）	−0.1～7.7	250	⌀12@150	⌀12@150	φ8@600×600
	7.7～15.5	250	φ10@150	φ10@150	φ6@600×600

解:

Q1 一层拉结筋工程量计算过程见表 4-24。

钢筋工程量计算表　　　　　　　　　　表 4-24

序号	计算内容	计算式
1	Q1 一层拉结筋钢筋信息	Φ8@600×600 梅花布置，水平向间距 600mm，竖向间距 600mm，一层墙高 3.9m
2	拉结筋单根长度	Φ8 单根长度＝0.25−0.02×2+2×max（10×0.008，75）+1.9×0.008 ×2=0.4m
3	水平向根数	水平向根数＝$\frac{4-0.15\times2}{0.6}$向上取整+1=8 根
4	竖向根数	竖直向根数＝$\frac{3.9-0.05-0.15-0.05-0.15}{(0.6\div2)}$向上取整+1=13 根
5	拉结筋总根数	拉结筋根数=8×13=104 根
6	拉结筋长度	Φ8 长度：0.4×104=41.6m 重量：41.6m×0.395kg/m=16.43kg=0.016t

4.7　连梁钢筋计算

单洞口（单跨）连梁钢筋计算

4.7.1　单洞口（单跨）连梁钢筋计算

按连梁位置分为楼层 LL 和墙顶 LL 两种，构造要求见图集 22G101-1 第 2-27 页，如图 4-38 所示。计算方法见表 4-25。

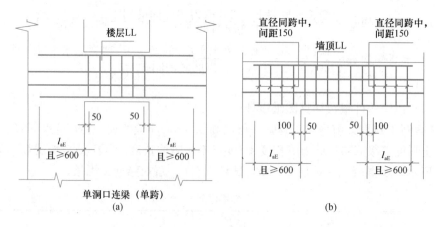

图 4-38　单洞口连梁

连梁位置	构造要求	计算公式	备注
楼层	（1）构造节点见图 4-38（a）节点 （2）连梁纵筋伸入两侧墙内长度 l_{aE} 且 ≥600mm （3）连梁箍筋设置范围：洞宽范围内设置连梁箍筋，箍筋起步距离为 50mm，箍筋直径间距见图纸设计	（1）纵筋长度＝单根长度×根数，单根长度＝洞口宽度＋2×max（l_{aE}，600） （2）箍筋长度＝箍筋单根长度×根数 ①箍筋单根长度＝（b+h）×2-8×保护层厚度＋2×max（10d，75）＋2×1.9d ②箍筋根数＝$\dfrac{洞口宽度-50×2}{箍筋间距}$ 向上取整＋1	公式中： （1）洞口宽度在墙体图纸中查找 （2）l_{aE} 根据图纸中混凝土强度等级、钢筋级别、抗震等级在图集中查找 （3）连梁纵筋、箍筋信息、截面尺寸 b、h 在图纸连梁表中查找 （4）保护层厚度在图纸或图集中查找 （5）d 为箍筋直径，图纸中查找
墙顶	（1）构造节点见图 4-38（b）节点 （2）连梁纵筋伸入两侧墙内长度 l_{aE} 且 ≥600mm （3）洞口范围内连梁箍筋，箍筋起步距离为 50mm，箍筋直径及间距见图纸 （4）洞口两侧设置连梁箍筋，箍筋起步距离为 100mm，箍筋直径同跨中，箍筋间距 150mm	（1）纵筋长度＝单根长度×根数，单根长度＝洞口宽度＋2×max（l_{aE}，600） （2）箍筋长度＝箍筋单根长度×（洞宽范围根数＋洞口两侧根数） ①箍筋单根长度＝（b+h）×2-8×保护层厚度＋2×max（10d，75）＋2×1.9d ②洞宽范围箍筋根数＝$\dfrac{洞口宽度-50×2}{箍筋间距}$ 向上取整＋1 ③洞口两侧箍筋根数＝2×$\dfrac{max（l_{aE}，600）-100}{150}$ 向上取整＋1	

【案例 4-15】 案例背景资料 2 中某办公大厦工程，试计算一至四层 LL4 钢筋。

解：

LL4 为单洞口连梁，一至三层 LL4 为楼层连梁，四层 LL4 为墙顶连梁。计算过程见表 4-26。

钢筋工程量计算表 表 4-26

序号	计算内容	计算式
		（一）一至三层楼层连梁工程量
1	4 ⽿ 18 上部纵筋长度	（1）上部纵筋长度＝单根长度×根数，单根长度＝洞口宽度＋2×max（l_{aE}，600） （2）洞口宽度＝2.4-0.3-0.3-0.3-0.3＝1.2m，max（l_{aE}，600）＝（40d，600）＝（40×18＝720，600）取 720mm＝0.72m （3）4 ⽿ 18＝（1.2＋2×0.72）×4 根＝2.64×4＝10.56m
2	4 ⽿ 18 下部纵筋长度	下部纵筋计算方法同上部纵筋 4 ⽿ 18＝（1.2＋2×0.72）×4 根＝2.64×4＝10.56m
3	Φ 10@100 箍筋长度	（1）箍筋单根长度＝（0.25＋1.2）×2-8×0.02＋2×10×0.01＋2×1.9×0.01＝2.978m （2）箍筋根数＝（1.2-0.05×2）÷0.1 向上取整＋1＝12 根 （3）箍筋长度＝2.978m×12 根＝35.74m

续表

序号	计算内容	计算式
4	一至三层 LL4 汇总	$\underline{\Phi}$18：(10.56+10.56)×3 层=63.36m Φ10：35.74×3 层=107.22m
		(二)四层墙顶连梁工程量
1	4$\underline{\Phi}$18 上部纵筋长度	(1) 上部纵筋长度=单根长度×根数，单根长度=洞口宽度+2×max(l_{aE}，600) (2) 洞口宽度=2.4-0.3-0.3-0.3-0.3=1.2m，max(l_{aE}，600)=(40d，600)=(40×18=720，600)取 720mm=0.72m (3) 4$\underline{\Phi}$18=(1.2+2×0.72)×4 根=2.64×4=10.56m
2	4$\underline{\Phi}$18 下部纵筋长度	下部纵筋计算方法同上部纵筋 4$\underline{\Phi}$18=(1.2+2×0.72)×4 根=2.64×4=10.56m
3	Φ10@100 箍筋长度	(1) 箍筋单根长度=(0.25+1.2)×2-8×0.02+2×10×0.01+2×1.9×0.01=2.978m (2) 洞口范围箍筋根数=(1.2-0.05×2)÷0.1 向上取整+1=12 根 (3) 洞口两侧箍筋根数=2×{(0.6-0.1)÷0.15 向上取整+1}=10 根 (4) 箍筋长度=2.978m×(12 根+10 根)=65.52m
4	四层 LL4 汇总	$\underline{\Phi}$18：(10.56+10.56)=21.12m Φ10：65.52m
		(三)一至四层连梁钢筋汇总
1	一至四层连梁钢筋汇总	长度：$\underline{\Phi}$18：63.36+21.12=84.48m Φ10：107.22+65.52=172.74m 重量：$\underline{\Phi}$18：84.48m×2.0kg/m=168.96kg=0.169t Φ10：172.74×0.617kg/m=106.58kg=0.107t

4.7.2 双洞口(双跨)连梁钢筋计算

按连梁位置分为楼层 LL 和墙顶 LL 两种，构造要求见图集 22G101-1 第 2-27 页，如图 4-39 所示，计算方法见表 4-27。

双洞口（双跨）连梁钢筋计算

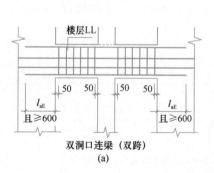

(a)

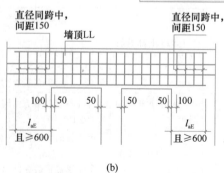

(b)

图 4-39 双洞口连梁

连梁位置	构造要求	计算公式	备注
楼层	(1) 构造节点见图 4- 39(a)节点 (2) 连梁纵筋伸入两侧墙内长度 l_{aE} 且 ≥600mm (3) 连梁箍筋范围:洞宽范围内设置连梁箍筋,箍筋起步距离为50mm,箍筋直径及间距见图纸设计	(1) 纵筋长度＝单根长度×根数 单根长度＝洞口1宽度＋洞口2宽度＋洞口间墙长＋2×max(l_{aE}, 600) (2) 箍筋长度＝箍筋单根长度×根数 ①箍筋单根长度＝$(b+h)×2-8×$保护层厚度$+2×$max($10d$, 75)$+2×1.9d$ ② 箍筋根数＝$\left(\dfrac{洞口1宽度-50×2}{箍筋间距}\right.$ 向上取整$+1)$ $+\left(\dfrac{洞口2宽度-50×2}{箍筋间距}\right.$ 向上取整$+1)$	公式中: (1) 洞口宽度在墙体图纸中查找 (2) l_{aE} 根据图纸中混凝土强度等级、钢筋级别、抗震等级在图集中查找 (3) 连梁纵筋、箍筋信息、截面尺寸 b、h 在图纸连梁表中查找 (4) 保护层厚度在图纸或图集中查找 (5) d 为箍筋直径,图纸中查找
墙顶	(1) 构造节点见图 4-39(b)节点 (2) 连梁纵筋伸入两侧墙内长度 l_{aE} 且 ≥600mm (3) 洞宽及洞口间设置连梁箍筋,箍筋起步距离为 50mm,箍筋直径及间距见图纸 (4) 洞口两侧设置连梁箍筋,箍筋起步距离 100mm,箍筋直径同跨中,箍筋间距 150mm	(1) 纵筋长度＝单根长度×根数 单根长度＝洞口1宽度＋洞口2宽度＋洞口间墙长＋2×max(l_{aE}, 600) (2) 箍筋长度＝箍筋单根长度×(洞宽范围根数＋洞口两侧根数) ①箍筋单根长度＝$(b+h)×2-8×$保护层厚度$+2×$max($10d$, 75)$+2×1.9d$ ②洞宽范围箍筋根数 $=\left(\dfrac{洞口1宽度＋洞口2宽度＋洞口间墙长-50×2}{箍筋间距}\right.$ 向上取整$+1)$ ③洞口两侧箍筋根数＝$2×\dfrac{max(l_{aE}, 600)-100}{150}$ 向上取整$+1$	

【案例 4-16】 案例背景资料 3 中某剪力墙工程,试计算一至四层 LL2 钢筋。

解:

LL2 为双洞口连梁,一至三层 LL2 为楼层连梁,四层 LL2 为墙顶连梁。计算过程见表 4-28。

钢筋工程量计算表 表 4-28

序号	计算内容	计算式
		(一) 一至三层楼层连梁工程量
1	4 Φ 22 上部纵筋长度	(1) 上部纵筋长度＝单根长度×根数 (2) 单根长度＝洞口1宽度＋洞口2宽度＋洞口间墙长＋2×max(l_{aE}, 600),洞口1宽度＝1.2m,洞口2宽度＝1.2m,洞口间墙长＝1.25m,max(l_{aE}, 600)＝(40d, 600)＝(40×22＝880, 600)取880mm＝0.88m (3) 4 Φ 22＝(1.2＋1.2＋1.25＋0.88×2)×4 根＝5.41×4＝21.64m

续表

序号	计算内容	计算式
2	4⎇22下部纵筋长度	下部纵筋计算方法同上部纵筋 4⎇22＝(1.2＋1.2＋1.25＋0.88×2)×4根＝5.41×4＝21.64m
3	Φ10@100箍筋长度	(1)箍筋单根长度＝(0.25＋1.3)×2－8×0.02＋2×10×0.01＋2×1.9×0.01＝3.178m (2)洞口范围箍筋根数＝(1.2－0.05×2)÷0.1向上取整＋1＝12根 (3)箍筋长度＝3.178m×12根×2个洞口＝76.27m
4	一至三层LL2合计	⎇22：(21.64＋21.64)×3层＝129.84m Φ10：76.27×3层＝228.81m
	(二)四层墙顶连梁工程量	
1	4⎇22上部纵筋长度	(1)上部纵筋长度＝单根长度×根数 (2)单根长度＝洞口1宽度＋洞口2宽度＋洞口间墙长＋2×max(l_{aE}，600)，洞口1宽度＝1.2m，洞口2宽度＝1.2m，洞口间墙长＝1.25m，max(l_{aE}，600)＝(40d，600)＝(40×22＝880，600)取880mm＝0.88m (3)4⎇22＝(1.2＋1.2＋1.25＋0.88×2)×4根＝5.41×4＝21.64m
2	4⎇22下部纵筋长度	下部纵筋计算方法同上部纵筋 4⎇22＝(1.2＋1.2＋1.25＋0.88×2)×4根＝5.41×4＝21.64m
3	Φ10@100箍筋长度	(1)箍筋单根长度＝(0.25＋1.3)×2－8×0.02＋2×10×0.01＋2×1.9×0.01＝3.178m (2)洞口范围箍筋根数＝(1.2＋1.2＋1.25－0.05×2)÷0.1向上取整＋1＝37根 (3)洞口两侧箍筋根数＝2×{(0.726－0.1)÷0.15向上取整＋1}＝12根 (4)箍筋长度＝3.178m×(37＋12)根＝155.72m
4	四层LL2合计	⎇22：21.64＋21.64＝43.28m Φ10：155.72m
	(三)一至四层LL2钢筋汇总	
1	一至四层LL2钢筋汇总	长度：⎇22：129.84＋43.28＝173.12m Φ10：228.81＋155.72＝384.53m 重量：⎇22：173.12m×2.98kg/m＝515.9kg＝0.516t Φ10：384.53×0.617kg/m＝237.26kg＝0.237t

4.7.3 小墙垛处洞口(端部墙肢较短)连梁钢筋计算

小墙垛处(端部墙肢长度＜l_{aE}或者＜600mm时为小墙垛)洞口连梁分为楼层LL和墙顶LL两种，构造要求见图集22G101-1第2-27页，如图4-40所示。计算方法见表4-29。

小墙垛处洞口连梁钢筋计算

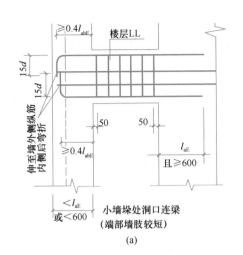
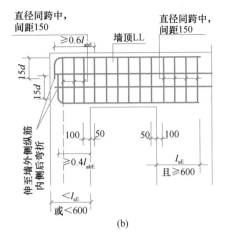

图 4-40　小墙垛处洞口连梁

小墙垛处洞口连梁计算

表 4-29

连梁位置	构造要求	计算公式	备注
楼层	(1) 构造节点见图 4-40 (a)节点 (2) 连梁纵筋伸入右侧墙内长度 l_{aE} 且≥600mm，伸入左侧小墙垛墙端至墙外侧纵筋内侧，弯折 15d (3) 连梁箍筋设置范围：洞宽范围内设置连梁箍筋，箍筋起步筋距离为50mm，箍筋直径及间距见图纸设计	(1) 纵筋长度＝单根长度×根数 　单根长度＝洞口宽度＋max(l_{aE},600)＋小墙垛长度－保护层厚度＋15d_1 (2) 箍筋长度＝箍筋单根长度×根数 ①箍筋单根长度＝$(b+h)×2-8×$保护层厚度＋$2×$max($10d_2$,75)＋$2×1.9d_2$ ②箍筋根数＝$\dfrac{洞口宽度-50×2}{箍筋间距}$ 向上取整＋1	公式中： (1) 洞口宽度、小墙垛长度在墙体图纸中查找 (2) l_{aE}根据图纸中混凝土强度等级、钢筋级别、抗震等级在图集中查找 (3) 连梁纵筋、箍筋信息、截面尺寸 b、h 在图纸连梁表中查找 (4) 保护层厚度在图纸或图集中查找 (5) d_1为连梁纵筋直径，d_2箍筋直径，图纸中查找
墙顶	(1) 构造节点见图 4-40 (b)节点 (2) 连梁纵筋伸入右侧墙内长度 l_{aE} 且≥600mm，伸入左侧小墙垛墙端至墙外侧纵筋内侧，弯折 15d (3) 洞宽范围内设置连梁箍筋，箍筋起步筋距离为 50mm，直径及箍筋间距见图纸设计 (4) 洞口两侧设置连梁箍筋，箍筋起步筋距离 100mm，箍筋直径同跨中，箍筋间距 150mm	(1) 纵筋长度＝单根长度×根数 　单根长度＝洞口宽度＋max(l_{aE},600)＋小墙垛长度－保护层厚度＋15d_1 (2) 箍筋长度＝箍筋单根长度×（洞宽范围根数＋洞口两侧根数） ①箍筋单根长度＝$(b+h)×2-8×$保护层厚度＋$2×$max($10d_2$,75)＋$2×1.9d_2$ ②洞宽范围箍筋根数＝$\dfrac{洞口宽度-50×2}{箍筋间距}$ 向上取整＋1 ③洞口右侧箍筋根数＝$\dfrac{max(l_{aE},600)-100}{150}$ 向上取整＋1 ④洞口左侧箍筋根数＝$\dfrac{左侧墙垛长度-100-保护层厚度}{150}$ 向上取整＋1	

157

【案例 4-17】某剪力墙工程，共四层，环境类别一类，抗震等级二级，混凝土强度等级 C30。一层连梁平面如图 4-41 所示，连梁配筋表如表 4-30 所示。混凝土保护层 20mm，试计算一层 LL4 钢筋。

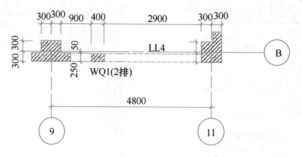

图 4-41　一层连梁平面图

剪力墙梁表　　　　　　　　　　　　　　表 4-30

编号	所在楼层	梁顶相对标高差	截面尺寸（mm）	上部纵筋	下部纵筋	箍筋
LL4	1	0.000	250×700	2 Φ 25	2 Φ 25	ϕ 10@100（2）

解：

LL4 计算过程见表 4-31。

钢筋工程量计算表　　　　　　　　　　　　表 4-31

序号	计算内容	计算式
1	LL4 构造分析	LL4 右侧端部墙肢＝0.6m，l_{aE}＝40d＝40×0.025＝1.0，LL4 右侧端部墙肢＜l_{aE}，所以，LL4 右侧为小墙肢
2	上部纵筋 2 Φ 25	（1）洞口宽＝2.9m （2）左侧锚固长度 max(l_{aE}，600)＝max(40×25＝1000，600)＝1000mm＝1.0m （3）右侧锚固长度＝0.6－0.02＋15d＝0.6－0.02＋15×0.025＝0.955m （4）2 Φ 25：(2.9＋1.0＋0.955)×2 根＝4.855×2 根＝9.71m
3	下部纵筋 2 Φ 25	下部纵筋同上部纵筋计算 2 Φ 25：(2.9＋1.0＋0.955)×2 根＝4.855×2 根＝9.71m
4	ϕ 10@100 箍筋长度	（1）箍筋单根长度＝(0.25＋0.7)×2－8×0.02＋2×10×0.01＋2×1.9×0.01＝1.978m （2）箍筋根数＝(2.9－0.05×2)÷0.1 向上取整＋1＝29 根 （3）箍筋长度＝1.978m×29 根＝57.36m
5	LL4 钢筋合计	长度：Φ25：9.71＋9.71＝19.42m 　　　ϕ10：57.36m 重量：Φ25：19.42m×3.85kg/m＝74.77kg＝0.075t 　　　ϕ10：57.36m×0.617kg/m＝35.39kg＝0.035t

4.7.4 连梁拉筋计算

1. 连梁拉筋构造要求见图集 22G101-1 第 2-27 页注 4 条

(1) 连梁拉筋直径确定：当梁宽≤350mm 时直径为 6mm，梁宽＞350mm 时直径为 8mm。

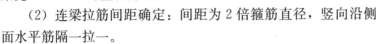

(2) 连梁拉筋间距确定：间距为 2 倍箍筋直径，竖向沿侧面水平筋隔一拉一。

2. 计算公式：拉筋长度＝单根长度×根数

(1) 单根长度＝$(b-2×c)+2×\max(10d,75)+2×1.9d$

公式中：b 为连梁截面宽度，在连梁表中查找；

c 为连梁混凝土保护层，在图纸或图集中查找；

d 为连梁箍筋直径，在连梁表中查找。

(2) 根数：

1) 楼层连梁拉筋根数＝$\dfrac{洞口宽-50×2}{2×箍筋间距}×竖向排数$

2) 墙顶单洞口连梁拉筋根数＝$\left[\left(\dfrac{洞口宽-50×2}{2×箍筋间距}向上取整+1\right)+2×\left(\dfrac{\max(l_{aE},600)-100}{2×150}向上取整+1-1\right)\right]×竖向排数$

3) 墙顶双洞口连梁拉筋根数＝$\left[\left(\dfrac{双洞口间宽度+洞口间墙长-50×2}{2×箍筋间距}向上取整+1\right)+2×\left(\dfrac{\max(l_{aE},600)-100}{2×150}向上取整+1-1\right)\right]×竖向排数$

4) 墙顶小墙肢连梁拉筋根数＝$\left(\dfrac{洞口宽-50×2}{2×箍筋间距}向上取整+1\right)×竖向排数+\left[\left(\dfrac{\max(l_{aE},600)-100}{2×150}向上取整+1-1\right)+\left(\dfrac{端部墙肢长度-c-100}{2×150}向上取整+1-1\right)\right]×$ 竖向排数

公式中：①洞口宽、洞口间墙长、端部墙肢长度在墙体图中查找。

② 箍筋间距在连梁表中查找。

③ c 为混凝土保护层，在图纸或图集中查找。

④ l_{aE} 在图集中查找。

⑤ 竖向排数＝$\left(\dfrac{连梁高度-2×50-侧面水平筋间距×2}{2×侧面水平筋间距}向上取整+1\right)$。

【案例 4-18】 案例背景资料 3 中某剪力墙工程，试计算一至四层 LL2 拉筋工程量。

解：

LL2 为双洞口连梁，一至三层 LL2 为楼层连梁，四层 LL2 为墙顶连梁。连梁宽度为 250mm，所以拉筋直径为 6mm，间距为箍筋间距的 2 倍，计算过程见表 4-32。

钢筋工程量计算表 表 4-32

序号	计算内容	计算式
		（一）楼层连梁拉筋工程量
1	拉筋单根长度	拉筋单根长度 $=(b-2\times c)+2\times\max(10d,\ 75)+2\times1.9d$ $\Phi6$ 单根长度 $=(0.25-2\times0.02)+2\times\max(10\times0.006,\ 0.075)+2\times1.9\times0.006$ $=0.383\text{m}$
2	拉筋根数	(1) 楼层连梁拉筋根数 $=\dfrac{\text{洞口宽}-50\times2}{2\times\text{箍筋间距}}\times\text{竖向排数}$ (2) 洞口宽 $=1.2\text{m}$，箍筋间距 $=0.1\text{m}$，连梁高度 $=1.3\text{m}$，梁侧面水平筋间距 0.2m，每个洞口处拉筋数量 $\left(\dfrac{1.2-0.05\times2}{2\times0.1}\text{向上取整}+1\right)\times\left(\dfrac{1.3-2\times0.05-0.2\times2}{2\times0.2}\text{向上取整}+1\right)$ $=7\times3=21$ 根 (3) 一至三层拉筋合计 $=21\times2$ 个洞口/层$\times3$ 层$=126$ 根
		（二）墙顶连梁拉筋工程量
3	四层墙顶双洞口拉筋根数	(1) 墙顶连梁拉筋根数 $=\left[\left(\dfrac{\text{双洞口间宽度}-50\times2}{2\times\text{箍筋间距}}\text{向上取整}+1\right)+2\times\right.$ $\left.\left(\dfrac{\max(l_{aE},\ 600)-100}{2\times150}\text{向上取整}+1-1\right)\right]\times\text{竖向排数}$ (2) 双洞口间宽度 $=1.2+1.25+1.2=3.65\text{m}$，箍筋间距 $=0.1\text{m}$，$l_{aE}=33d=33\times0.022=0.726\text{m}$，梁高 $=1.3\text{m}$，竖向排数同 1 层$=3$ 排 $\left[\left(\dfrac{3.65-0.05\times2}{2\times0.1}\text{向上取整}+1\right)+2\times\left(\dfrac{0.726-0.1}{2\times0.15}\text{向上取整}+1-1\right)\right]\times3$ 排 $=（19+2\times3）\times3=75$ 根
		（三）一至四层 LL2 拉筋合计
4	一至四层 LL2 拉筋合计	$\Phi6$ 长度 $=$ 单根长度$\times$根数$=0.383\times(126+75)=76.98\text{m}$ 重量 $=76.98\text{m}\times0.260\text{kg/m}=20.02\text{kg}=0.020\text{t}$

4.8 剪力墙柱、剪力墙梁钢筋计算

1. 剪力墙墙柱钢筋计算

剪力墙墙柱钢筋计算参照任务 3 柱钢筋工程量计算，这里不再重复讲解。

2. 暗梁、边框梁钢筋节点做法

暗梁（AL）、边框梁（BKL）钢筋节点做法同框架结构梁钢筋计算，详见任务 5 梁钢筋工程量计算，这里不再重复讲解。

梁钢筋工程量计算

【目标描述】

通过本任务的学习，学生能够：

（1）熟练进行梁钢筋计算。

（2）熟练应用《混凝土结构施工图平面整体表示方法制图规则和构造详图（现浇混凝土框架、剪力墙、梁、板)》22G101-1 平法图集和结构规范解决实际问题。

【任务实训】

学生通过钢筋计算完成实训任务，进一步提高钢筋计算能力和图集的实际应用能力。

5.1 知识准备

1. 梁类型

根据图集 22G101-1 第 1-23 页表 4.2.2 可知，梁类型有楼层框架梁、楼层框架扁梁、屋面框架梁、框支梁、托柱转换梁、非框架梁、悬挑梁、井字梁。下面以楼层框架梁为例对梁钢筋进行了解。

2. 楼层框架梁钢筋

（1）楼层框架梁钢筋思维导图，如图 5-1 所示。

（2）楼层框架梁钢筋示意图，如图 5-2 所示。

3. 案例背景资料

【案例背景资料 1】 某学校教学楼工程，框架结构，环境类别一类，抗震等级三级，混凝土强度等级 C30，楼层框架梁 KL3 平面图如图 5-3 所示，柱截面尺寸

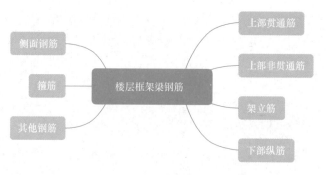

图 5-1　楼层框架梁钢筋思维导图

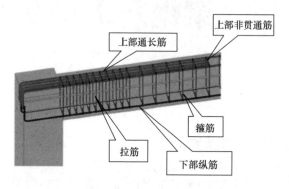

图 5-2　楼层框架梁钢筋示意图

600mm×600mm，柱、梁混凝土保护层厚度 25mm，梁贯通筋连接采用直螺纹连接，钢筋定尺长度 10m。

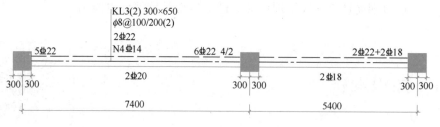

图 5-3　KL3 平面图

【案例背景资料 2】 某办公大厦工程，框架结构，环境类别一类，抗震等级二级，混凝土强度等级 C30，楼层框架梁 KL1 平面图如图 5-4 所示，柱截面尺寸 600mm×600mm，柱混凝土保护层厚度 25mm。

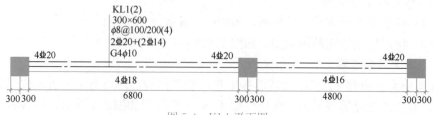

图 5-4　KL1 平面图

【案例背景资料3】 某医院门诊楼工程，框架结构，环境类别一类，抗震等级二级，混凝土强度等级 C30，楼层框架梁 KL1 平面图如图 5-5 所示，柱截面尺寸 600mm×600mm，柱、梁混凝土保护层厚度 25mm，梁纵筋连接采用直螺纹连接，钢筋定尺长度 10m。

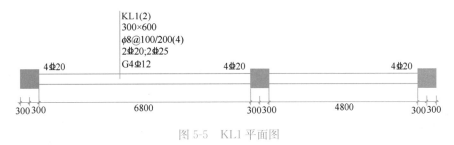

图 5-5　KL1 平面图

【案例背景资料4】 某医院门诊楼工程，框架结构，环境类别一类，抗震等级二级，混凝土强度等级 C30，屋面框架梁 WKL1 平面图如图 5-6 所示，柱截面尺寸 600mm×600mm，柱、梁混凝土保护层厚度 25mm，梁纵筋连接采用直螺纹连接，钢筋定尺长度 10m，端支座锚固方式采用柱纵筋锚入梁中。

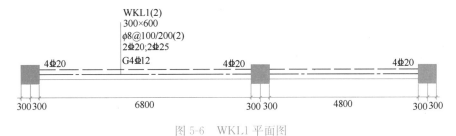

图 5-6　WKL1 平面图

【案例背景资料5】 某学校教学楼工程，框架结构，环境类别一类，抗震等级三级，混凝土强度等级 C30，屋面框架梁 WKL3 平面图如图 5-7 所示，柱截面尺寸 600mm×600mm，柱混凝土保护层厚度 25mm。

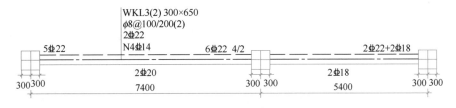

图 5-7　WKL3 平面图

【案例背景资料6】 某框架工程，环境类别一类，混凝土强度等级 C30，非框架梁 L1 平面图如图 5-8 所示，混凝土保护层厚度 25mm，梁纵筋连接采用直螺纹连接，钢筋定尺长度 10m。

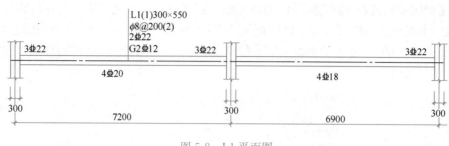

图 5-8　L1 平面图

5.2　楼层框架梁钢筋计算

5.2.1　楼层框架梁上部贯通筋（通长筋）计算

1. 上部贯通筋

上部贯通筋构造见图集 22G101-1 第 2-33 页，如图 5-9 所示。

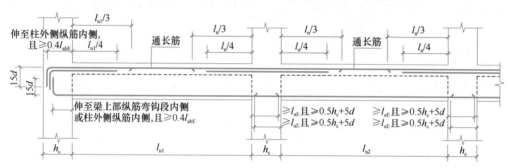

图 5-9　楼层框架梁 KL 纵向钢筋构造

2. 上部通长筋计算方法

由图 5-9 可知，梁上部贯通筋是沿梁上部全跨通长设置的钢筋，上部贯通筋计算方法：

上部贯通筋长度＝（各跨净跨长之和＋各中间支座宽度之和＋端支座锚固长度）×根数

公式中：

① 各跨净跨长 l_n 图纸中可以读取，如图 5-9 中 l_{n1}、l_{n2}。

② 各中间支座宽度图纸中可以读取，如图 5-9 中 h_c。

③ 端支座锚固长度如图 5-9 左支座所示，计算分为三种情况：端支座直锚、端支座弯锚、端支座加锚头（锚板固定）。

（1）端支座直锚：构造见图集 22G101-1 第 2-33 页，如图 5-10 所示。

1）支座宽 h_c：可以从图纸中查出，计算出 h_c－柱保护层（柱保护层从图纸或图集查找）

2）l_{aE} 为受拉钢筋抗震锚固长度：依据图纸中抗震等级、混凝土强度等级、钢筋种类从图集 22G101-1 第 2-3 页表格查到。

3）$0.5h_c+5d$：h_c 为支座宽可以从图纸中查出，d 为所计算上部通长筋钢筋直径，可以从图纸中查出。

4）比较（h_c－柱保护层厚度）与 max（l_{aE}，$0.5h_c+5d$）大小，如果（h_c－柱保护层厚度）≥max（l_{aE}，$0.5h_c+5d$）则采用直锚。

5）计算公式：端支座直锚长度＝max（l_{aE}，$0.5h_c+5d$）。

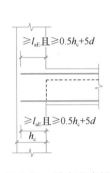

图 5-10　端支座直锚

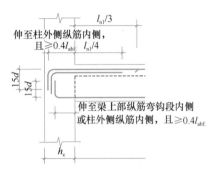

图 5-11　端支座弯锚

（2）端支座弯锚：构造见图集 22G101-1 第 2-33 页，如图 5-11 所示。

1）如果（h_c－柱保护层厚度）＜max（l_{aE}，$0.5h_c+5d$），则采用弯锚。

2）弯锚长度有两部分，平直段长度构造要求伸至柱外侧纵筋内侧且 ≥$0.4l_{abE}$，其中≥$0.4l_{abE}$ 为设计要求，如果不满足，需要找设计部门核查，所以平直段长度＝支座宽 h_c－柱保护层；弯折长度是一个固定值取 $15d$，d 为上部通长筋直径。

3）计算公式：端支座弯锚长度＝端支座宽度 h_c－柱保护层厚度＋$15d$。

（3）端支座加锚头（锚板）锚固：构造见图集 22G101-1 第 2-33 页，如图 5-12 所示。

1）平直段长度构造要求伸至柱外侧纵筋内侧且≥$0.4l_{abE}$，≥$0.4l_{abE}$ 为设计要求，如果不满足，需要找设计部门核查，所以平直段长度＝支座宽 h_c－柱保护层厚度。

2）计算公式：端支座加锚头（锚板）锚固长度＝端支座宽度 h_c－柱保护层厚度。

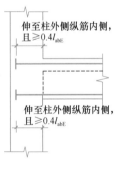

图 5-12　端支座加锚头
（锚板）锚固

3）锚板根据图纸设计另行计算。

3. 上部通长筋连接

计算出上部通长筋长度大于钢筋定尺长度时，应按照设计图纸要求采用搭接或接头连接，连接位置宜位于跨中 $1/3l_{ni}$ 范围内。

4. 楼层框架梁上部贯通筋计算实例

【案例 5-1】案例背景资料 1 中某学校教学楼工程，试计算 KL3 上部通长筋工程量。

解：

读图可知，KL3 上部通长筋为 2 根三级直径 22mm 的钢筋，计算过程见表 5-1。

钢筋工程量计算表

表 5-1

序号	计算内容	计算式
1	净跨长	第一跨净跨长 l_{n1}＝7.4－0.3×2＝6.8m 第二跨净跨长 l_{n2}＝5.4－0.3×2＝4.8m
2	中间支座宽	h_c＝0.6m
3	左侧端支座	h_c＝0.6m，支座宽－保护层＝0.6－0.025＝0.575m 查图集 22G101-1 第 2-3 页可知 l_{aE}＝37d＝37×0.022＝0.814m 0.5h_c＋5d＝0.5×0.6＋5×0.022＝0.41 max（l_{aE}，0.5h_c＋5d）＝max（0.814，0.41）取 0.814m 比较 0.575＜0.814，所以端支座采用弯锚，弯锚长度＝支座宽－柱保护层＋15d＝0.6－0.025＋15×0.022＝0.905m
4	右侧端支座	h_c＝0.6m，支座宽－保护层＝0.6－0.025＝0.575m 查图集 22G101-1 第 2-3 页可查 l_{aE}＝37d＝37×0.022＝0.814m 0.5h_c＋5d＝0.5×0.6＋5×0.022＝0.41 max（l_{aE}，0.5h_c＋5d）＝max（0.814，0.41）取 0.814m 比较 0.575＜0.814，所以端支座采用弯锚，弯锚长度＝支座宽－柱保护层＋15d＝0.6－0.025＋15×0.022＝0.905m
5	上部通长筋	Σl＝6.8＋4.8＋0.6＋0.905＋0.905＝14.01m
6	上部通长筋汇总	⊕22 总长合计：$\Sigma l_{总长}$＝Σl×2 根＝14.01×2＝28.02m ⊕22 总重合计：$\Sigma_{总重}$＝28.02m×2.98kg/m＝83.5kg＝0.084t
7	钢筋接头	单根上部通长筋长度为 14.01m，钢筋定尺长度为 10m，14.01＞10，所以每根通长筋上增加 1 个直螺纹接头，上部通长筋共有 2 根 ⊕22 直螺纹接头总计：2 个

5.2.2 楼层框架梁上部非贯通筋计算（支座负筋）

1. 上部非贯通筋构造

上部非贯通筋构造见图集 22G101-1 第 2-33 页，如图 5-9 所示。

楼层框架梁上部
非贯通筋计算

2. 梁上部非贯通筋计算

由图 5-9 可知，梁上部非贯通筋可以按端支座上部非贯通筋和中间支座上部非贯通筋两类进行计算，计算方法见表 5-2。

按支座位置	钢筋排数	长度公式计算	计算说明
端支座	第一排非贯通筋	端支座锚固+$1/3l_{ni}$	端支座锚固分为直锚、弯锚、锚板锚固三种情况；l_{ni} 为本跨净跨长，在图纸中查找
	第二排非贯通筋	端支座锚固+$1/4l_{ni}$	
	多于三排非贯通筋	依据设计确定长度	
中间支座	第一排非贯通筋	$1/3l_n$+中间支座宽度+$1/3l_n$	l_n 为左跨 l_{ni} 与右跨 l_{ni+1} 的较大值
	第二排非贯通筋	$1/4l_n$+中间支座宽度+$1/4l_n$	
	多于三排非贯通筋	依据设计确定长度	

（1）端支座非贯通筋

端支座非贯通筋在计算时，首先要判断非贯通筋在端支座的锚固。

1）端支座直锚：构造见图集 22G101-1 第 2-33 页，如图 5-10 所示。

① 支座宽 h_c：可以从图纸中查出，计算出 h_c-柱保护层厚度（柱保护层厚度从图纸或图集查找）。

② l_{aE} 为受拉钢筋抗震锚固长度：依据图纸中抗震等级、混凝土强度等级、钢筋种类从图集 22G101-1 第 2-3 页表格查到。

③ $0.5h_c+5d$：h_c 为支座宽可以从图纸中查出，d 为所计算上部非贯通筋直径，可以从图纸中查出。

④ 比较（h_c-柱保护层厚度）与 max（l_{aE}, $0.5h_c+5d$）大小，如果（h_c-柱保护层厚度）≥max（l_{aE}, $0.5h_c+5d$）则采用直锚。

⑤ 计算公式：端支座直锚长度=max（l_{aE}, $0.5h_c+5d$）

2）端支座弯锚：构造见图集 22G101-1 第 2-33 页，如图 5-11 所示。

① 如果（h_c-柱保护层厚度）<max（l_{aE}, $0.5h_c+5d$），则采用弯锚。

② 弯锚长度有两部分，平直段长度构造要求伸至柱外侧纵筋内侧且≥$0.4l_{abE}$，其中≥$0.4l_{abE}$ 为设计要求，如果不满足需要找设计部门核查，所以平直段长度=支座宽 h_c-柱保护层厚度；弯折长度是一个固定值取 $15d$，d 为上部非贯通筋直径。

③ 计算公式：端支座弯锚长度=端支座宽度 h_c-柱保护层厚度+$15d$

3）端支座加锚头（锚板）锚固：构造见图集 22G101-1 第 2-33 页，如图 5-12 所示。

① 平直段长度构造要求伸至柱外侧纵筋内侧且≥$0.4l_{abE}$，≥$0.4l_{abE}$ 为设计要求，如果不满足需要找设计部门核查，所以平直段长度=支座宽 h_c-柱保护层厚度。

② 计算公式：端支座加锚头（锚板）锚固长度=端支座宽度 h_c-柱保护层厚度

③ 锚板根据图纸设计另行计算。

（2）中间支座非贯通筋

在计算时，l_n 为左右相邻两跨净跨长的较大值，中间支座宽度由图纸中读取。

钢
筋
GANGJIN
混
凝
土
HUNNINGTU
结
构
JIEGOU
平
法
PINGFA
钢
筋
GANGJIN
工
程
量
GONGCHENGLIANG
计
算
JISUAN

3. 楼层框架梁上部非贯通筋计算实例

【**案例 5-2**】案例背景资料 1 中某学校教学楼工程，试计算 KL3 上部非贯通筋工程量。

解：

读图可知，KL3 有三个支座，其中两个端支座，一个中间支座，计算过程见表 5-3。

表 5-3

钢筋工程量计算表

序号	计算内容	计算式
1	左侧端支座上部非贯通筋	（1）左侧端支座上部非贯通筋，钢筋信息一排，3 Φ 22，长度＝1/3l_{n1}＋端支座锚固 （2）第一跨净跨长：$l_{n1}=7.4-0.3\times2=6.8$m，1/3 $l_{n1}=1/3\times6.8=2.27$m （3）端支座锚固：左侧端支座 $h_c=0.6$m，支座宽－保护层厚度＝$0.6-0.025=0.575$m 查 22G101-1 第 2-3 页可查 $l_{aE}=37d=37\times0.022=0.814$m 比较 0.575＜0.814，所以端支座采用弯锚，弯锚长度＝支座宽－柱保护层厚度＋15$d=0.6-0.025+15\times0.022=0.905$m （4）3 Φ 22 合计＝$(2.27+0.905)\times3$ 根＝9.53m
2	右侧端支座上部非贯通筋	（1）右侧端支座上部非贯通筋，钢筋信息一排，2 Φ 18，长度＝1/3l_{n2}＋端支座锚固 （2）第二跨净跨长：$l_{n2}=5.4-0.3\times2=4.8$m，1/3$l_{n2}=1/3\times4.8=1.6$m （3）端支座锚固：右侧端支座 $h_c=0.6$m，支座宽－保护层厚度＝$0.6-0.025=0.575$m 查图集 22G101-1 第 2-3 页可查 $l_{aE}=37d=37\times0.018=0.666$m 比较 0.575＜0.666，所以端支座采用弯锚，弯锚长度＝支座宽－柱保护层厚度＋15$d=0.6-0.025+15\times0.018=0.845$m （4）2 Φ 18 合计＝$(1.6+0.845)\times2$ 根＝4.89m
3	中间支座上部非贯通筋	中间支座上部非贯通筋，钢筋信息二排，第一排 2 Φ 22，长度＝1/3l_n＋中间支座宽度＋1/3l_n；第二排 2 Φ 22，长度＝1/4l_n＋中间支座宽度＋1/4l_n （1）第一排 2 Φ 22 ① 第一跨净跨长：$l_{n1}=7.4-0.3\times2=6.8$m，第二跨净跨长：$l_{n2}=5.4-0.3\times2=4.8$m，$l_n$ 取 l_{n1} 与 l_{n2} 较大值，所以取 6.8m，1/3$l_n=1/3\times6.8=2.27$m ② 中间支座宽度：读图可知，$h_c=0.6$m ③ 第一排上部非贯通筋 2 Φ 22 合计＝$(2.27+0.6+2.27)\times2=10.28$m （2）第二排 2 Φ 22 ① 第一跨净跨长：$l_{n1}=7.4-0.3\times2=6.8$m，第二跨净跨长：$l_{n2}=5.4-0.3\times2=4.8$m，$l_n$ 取 l_{n1} 与 l_{n2} 较大值，所以取 6.8m，1/4$l_n=1/4\times6.8=1.7$m ② 中间支座宽度：读图可知，$h_c=0.6$m ③ 第二排上部非贯通筋 2 Φ 22 合计＝$(1.7+0.6+1.7)\times2$ 根＝8m
4	KL3 上部非贯通筋汇总	Φ 22 长度合计：27.81m Φ 22 总重合计：27.81m×2.98kg/m＝82.9kg＝0.083t Φ 18 长度合计：4.89m Φ 18 总重合计：4.89m×2kg/m＝9.78kg＝0.01t

5.2.3 楼层框架梁架立筋计算

1. 架立筋构造

架立筋构造见图集 22G101-1 第 2-33 页，如图 5-13 所示。

2. 架立筋公式

架立筋设置于梁上部跨中位置，与非贯通筋搭接，如图 5-14 所示。

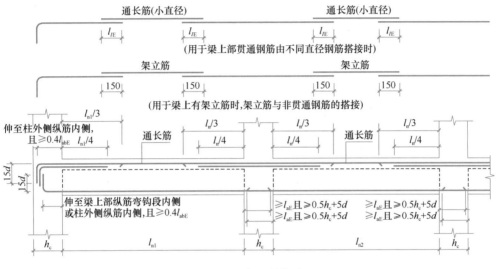

图 5-13 架立筋构造

架立筋计算公式：架立筋长度＝本跨净跨长－左右非贯通筋伸入跨内的长度 ＋搭接长度×2。

公式中：

（1）净跨长在图纸中查找。

（2）左右非贯通筋伸入跨内的长度分为两种情况：端支座处取本跨净跨长的 1/3；中间支座处取左右相邻两跨净跨长较大值的 1/3。

（3）搭接长度如图 5-14 可知为 150mm。

图 5-14 架立筋

3. 屋面框架梁、非框架梁中架立筋计算方法

屋面框架梁、非框架梁中架立筋计算方法同本章节楼层框架梁架立筋计算。

4. 楼层框架梁架立筋计算实例

【**案例 5-3**】案例背景资料 2 中某办公大厦工程，试计算 KL1 中架立筋工程量。

解：

KL1 有两跨，架立筋为两根三级钢直径 14mm 钢筋，计算过程见表 5-4。

钢筋工程量计算表 表 5-4

序号	计算内容	计算式
1	第一跨架立筋	(1) 第一跨净跨长：$l_{n1}=6.8$m (2) 第一跨左支座为端支座，左侧端支座处非贯通筋伸入跨内长度取第一跨净跨长的 1/3，长度=$1/3 \times 6.8=2.27$m；第一跨右支座为中间支座，中间支座处非贯通筋伸入跨内长度取第一跨和第二跨净跨长较大值的 1/3，第一跨 $l_{n1}=6.8$m，第二跨 $l_{n2}=4.8$m，l_n 取 6.8m，长度=$1/3 \times 6.8=2.27$m (3) 搭接长度根据图集 22G101-1 第 2-33 页构造要求，每侧取 150mm (4) 第一跨架立筋 2$\underline{\Phi}$14：$l_1=(6.8-2.27-2.27+0.15 \times 2) \times 2$ 根=5.12m
2	第二跨架立筋	(1) 第二跨净跨长：$l_{n2}=4.8$m (2) 第二跨左支座为中间支座，中间支座处非贯通筋伸入跨内长度取第一跨和第二跨净跨长较大值的 1/3，第一跨 $l_{n1}=6.8$m，第二跨 $l_{n2}=4.8$m，应取 6.8m，长度=$1/3 \times 6.8=2.27$m；右支座为端支座，右侧端支座处非贯通筋伸入跨内长度取第二跨净跨长的 1/3，长度=$1/3 \times 4.8=1.6$m (3) 搭接长度根据图集 22G101-1 第 2-33 页构造要求，每侧取 150mm (4) 第二跨架立筋 2$\underline{\Phi}$14：$l_2=(4.8-2.27-1.6+0.15 \times 2) \times 2$ 根=2.46m
3	KL1 架立筋钢筋汇总	2$\underline{\Phi}$14 总长合计：$\Sigma l_{总长}=l_1+l_2=5.12+2.46=7.58$m 2$\underline{\Phi}$14 总重合计：7.58m$\times$1.21kg/m=9.17kg=0.009t

5.2.4 楼层框架梁下部纵筋计算

1. 楼层框架梁下部纵筋构造

楼层框架梁下部纵筋构造见图集 22G101-1 第 2-33 页，如图 5-9 所示。

楼层框架梁下部纵筋计算

梁下部纵筋分为三种情况，第一种是梁下部通长纵筋，第二种梁下部非贯通筋，第三种不伸入支座的梁下部纵筋。

（1）梁下部通长纵筋计算方法

梁下部通长纵筋是沿梁下部全跨通长设置的钢筋，下部纵筋计算公式：

下部纵筋长度＝（各跨净跨长之和＋各中间支座宽度之和＋端支座锚固长度）×根数

公式中：

① 各跨净跨长 l_n 图纸中可以读取。

② 各中间支座宽度 h_c 图纸中可以读取。

③ 端支座锚固长度如图 5-9 中左支座，计算分为三种情况：端支座直锚、端

支座弯锚、端支座加锚头（锚板固定）。

1）端支座直锚

端支座直锚构造见图集 22G101-1 第 2-33 页，如图 5-10 所示。

① 支座宽 h_c：可以从图纸中查出，计算出 h_c－柱保护层（柱保护层厚度从图纸或图集查找）

② l_{aE} 为受拉钢筋抗震锚固长度：依据图纸中抗震等级、混凝土强度等级、钢筋种类从 22G101-1 第 2-3 页表格查到。

③ $0.5h_c+5d$：h_c 为支座宽可以从图纸中查出，d 为所计算下部纵筋直径，可以从图纸中查出。

④ 比较（h_c－柱保护层厚度）与 max（l_{aE}，$0.5h_c+5d$）大小，如果（h_c－柱保护层厚度）$\geqslant$max（l_{aE}，$0.5h_c+5d$）则采用直锚。

⑤ 计算公式：端支座直锚长度＝max（l_{aE}，$0.5h_c+5d$）

2）端支座弯锚

端支座弯锚构造见图集 22G101-1 第 2-33 页，如图 5-11 所示。

① 如果（h_c－柱保护层厚度）$<$max（l_{aE}，$0.5h_c+5d$），则采用弯锚。

② 弯锚长度有两部分，平直段长度构造要求伸至柱外侧纵筋内侧且$\geqslant 0.4l_{abE}$，其中$\geqslant 0.4l_{abE}$ 为设计要求，如果不满足需要找设计部门核查，所以平直段长度＝支座宽 h_c－柱保护层厚度；弯折长度是一个固定值取 $15d$，d 为下部纵筋直径。

③ 计算公式：端支座弯锚长度＝端支座宽度 h_c－柱保护层厚度＋$15d$

3）端支座加锚头（锚板）锚固：构造见图集 22G101-1 第 2-33 页，如图 5-12 所示。

① 平直段长度构造要求伸至柱外侧纵筋内侧且$\geqslant 0.4l_{abE}$，$\geqslant 0.4l_{abE}$ 为设计要求，如果不满足需要找设计部门核查，所以平直段长度＝支座宽 h_c－柱保护层厚度。

② 计算公式：端支座加锚头（锚板）锚固长度＝端支座宽度 h_c－柱保护层厚度

③ 锚板根据图纸设计，另行计算。

4）计算出下部通长纵筋长度大于钢筋定尺长度时，应按照设计图纸要求采用搭接或接头连接，连接位置宜位于支座 $1/3l_{ni}$ 范围内。

（2）梁下部非贯通筋

梁下部非贯通筋指梁下部钢筋一跨一锚固。

下部非贯通筋计算公式：

第一跨和最后一跨下部纵筋长度＝（本跨净跨长 l_{ni}＋中间支座锚固长度＋端支座锚固长度）×根数

中间各跨下部纵筋长度＝（本跨净跨长 l_{ni}＋左侧中间支座锚固长度＋右侧中间支座锚固长度）×根数

1）各跨净跨长 l_{ni} 图纸中可以读取。

2）端支座锚固长度计算同上面梁下部通长纵筋计算方法。

3）中间支座锚固长度取 max（l_{aE}，$0.5h_c+5d$）。

① l_{aE} 为受拉钢筋抗震锚固长度，依据图纸中抗震等级、混凝土强度等级、钢筋种类从图集 22G101-1 第 2-3 页表格查到。

② $0.5h_c+5d$：h_c 为支座宽可以从图纸中查出，d 为所计算下部纵筋直径，可以从图纸中查出。

（3）不伸入支座的梁下部纵筋

1）构造节点见图集 22G101-1 第 2-41 页，如图 5-15 所示。

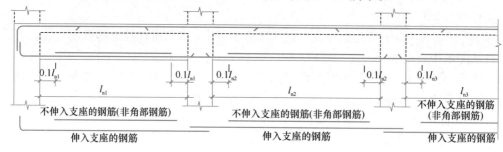

图 5-15　不伸入支座的梁下部纵向钢筋构造
（本构造详图不适用于框支梁、框架扁梁）

2）计算公式：不伸入支座的钢筋长度 ＝（各跨净跨长 l_{ni} － $0.1\times l_{ni}\times 2$）× 根数

2. 楼层框架梁下部纵筋计算实例

【案例 5-4】案例背景资料 3 中某医院门诊楼工程，试计算 KL1 下部通长筋工程量。

解：

KL1 下部钢筋为通长设置。2 根三级钢直径 25mm 的钢筋，计算过程见表 5-5。

钢筋工程量计算表
表 5-5

序号	计算内容	计算式
1	第一、二跨净跨长	第一跨净跨长 $l_{n1}=6.8$m 第二跨净跨长 $l_{n2}=4.8$m
2	中间支座宽	中间支座宽 $h_c=0.6$m
3	左侧端支座	左侧端支座 $h_c=0.6$m，支座宽－保护层厚度 $=0.6-0.025=0.575$m 查图集 22G101-1 第 2-3 页可知 $l_{aE}=40d=40\times0.025=1$m $0.5h_c+5d=0.5\times0.6+5\times0.025=0.425$m $\max(l_{aE}, 0.5h_c+5d)=\max(1, 0.425)$ 取 1m 比较 $0.575<1$，所以端支座采用弯锚，弯锚长度＝端支座宽度 h_c－柱保护层厚度$+15d=0.6-0.025+15\times0.025=0.95$m
4	右侧端支座	右侧端支座 $h_c=0.6$m，支座宽－保护层厚度 $=0.6-0.025=0.575$m 查图集 22G101-1 第 2-3 页可查 $l_{aE}=40d=40\times0.025=1$m $0.5h_c+5d=0.5\times0.6+5\times0.025=0.425$m $\max(l_{aE}, 0.5h_c+5d)=\max(1, 0.425)$ 取 1m 比较 $0.575<1$，所以端支座采用弯锚，弯锚长度＝端支座宽度 h_c－柱保护层厚度$+15d=0.6-0.025+15\times0.025=0.95$

序号	计算内容	计算式
5	下部通长筋	下部通长筋单根长度 $\Sigma l = 6.8 + 4.8 + 0.6 + 0.95 + 0.95 = 14.1m$，共 2 根 $2\Phi25$ 总长合计：$l_{总长} = \Sigma l \times 2$ 根 $= 14.1 \times 2 = 28.2m$ $\Phi25$ 总重合计：$28.2m \times 3.85kg/m = 108.57kg = 0.109t$
6	钢筋接头	钢筋接头：单根下部纵筋长度为 14.1m，钢筋定尺长度为 10m，14.1>10，所以每根通长筋上增加 1 个直螺纹接头，下部纵筋共有 2 根 $\Phi25$ 直螺纹接头总计：2 个

【案例 5-5】 案例背景资料 1 中某学校教学楼工程，试计算 KL3 下部纵筋工程量。

解：

KL3 下部纵筋第一跨为 2 根三级钢直径 20 的钢筋，第二跨为 2 根三级钢直径 18 的钢筋，计算过程见表 5-6。

钢筋工程量计算表

表 5-6

序号	计算内容	计算式
（一）	第一跨下部纵筋长度	第一跨下部纵筋长度 =（本跨净跨长 l_{n1} +中间支座锚固长度+端支座锚固长度）×根数
1	第一跨净跨长	第一跨净跨长 $l_{n1} = 7.4 - 0.3 \times 2 = 6.8m$
2	左侧端支座	左侧端支座 $h_c = 0.6m$，支座宽－保护层厚度 $= 0.6 - 0.025 = 0.575m$ 查图集 22G101-1 第 2-3 页可查 $l_{aE} = 37d = 37 \times 0.020 = 0.74m$ $0.5h_c + 5d = 0.5 \times 0.6 + 5 \times 0.020 = 0.4m$ $\max(l_{aE}, 0.5h_c + 5d) = \max(0.74, 0.4)$ 取 $0.74m$ 比较 $0.575 < 0.74$，所以端支座采用弯锚，弯锚长度＝支座宽－柱保护层厚度+$15d = 0.6 - 0.025 + 15 \times 0.020 = 0.875m$
3	右支座	右支座为中间支座，锚固长度 $= \max(l_{aE}, 0.5h_c + 5d) = \max(0.74, 0.4)$，取 $0.74m$
4	第一跨 $2\Phi20$ 长度	第一跨 $2\Phi20$ 长度：$\Sigma l = 6.8 + 0.875 + 0.74 = 8.415m \times 2$ 根 $= 16.83m$
（二）	第二跨下部纵筋长度	第二跨下部纵筋长度 =（本跨净跨长 l_{n2} +中间支座锚固长度+端支座锚固长度）×根数
1	第二跨净跨长	第二跨净跨长 $l_{n2} = 5.4 - 0.3 \times 2 = 4.8m$
2	右侧端支座	右侧端支座 $h_c = 0.6m$，支座宽－保护层厚度 $= 0.6 - 0.025 = 0.575m$ 查图集 22G101-1 第 2-3 页可查 $l_{aE} = 37d = 37 \times 0.018 = 0.666m$ $0.5h_c + 5d = 0.5 \times 0.6 + 5 \times 0.018 = 0.39m$ $\max(l_{aE}, 0.5h_c + 5d) = \max(0.666, 0.39)$ 取 $0.666m$ 比较 $0.575 < 0.666$，所以端支座采用弯锚，弯锚长度＝支座宽－柱保护层厚度+$15d = 0.6 - 0.025 + 15 \times 0.018 = 0.845m$
3	左支座	左支座为中间支座，锚固长度 $= \max(l_{aE}, 0.5h_c + 5d) = \max(0.666, 0.39)$，取 $0.666m$

任务 5 — 梁钢筋工程量计算

续表

序号	计算内容	计算式
4	第二跨 2 $\underline{\Phi}$ 18 长度	$\Sigma l = (4.8 + 0.845 + 0.666) \times 2 = 6.31\text{m} \times 2$ 根 $= 12.62\text{m}$
（三）	汇总 KL3 下部纵筋长度	2 $\underline{\Phi}$ 20 总长合计：$\Sigma l_{总长} = 16.83\text{m}$ 2 $\underline{\Phi}$ 20 总重合计：$\Sigma_{总重} = 16.83\text{m} \times 2.47\text{kg/m} = 41.57\text{kg} = 0.042\text{t}$ 2 $\underline{\Phi}$ 18 总长合计：$\Sigma l_{总长} = 12.62\text{m}$ 2 $\underline{\Phi}$ 18 总重合计：$\Sigma_{总重} = 12.62\text{m} \times 2\text{kg/m} = 25.24\text{kg} = 0.025\text{t}$

5.2.5 楼层框架梁侧面钢筋计算

1. 梁侧面钢筋构造

当 $h_w \geq 450\text{mm}$ 时，在梁的两个侧面应沿高度配置纵向构造钢筋，纵向钢筋间距 $a \leq 200$，h_w 为梁的净高。梁侧面钢筋构造见图集 22G101-1 第 2-41 页，如图 5-16 所示。

楼层框架梁侧面钢筋计算

图 5-16 梁侧面纵向构造筋和拉筋

2. 梁侧面钢筋计算

梁侧面钢筋分类，如图 5-17 所示。

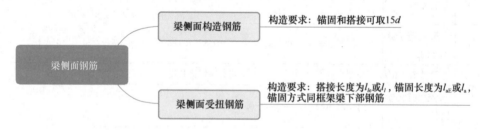

图 5-17 梁侧面钢筋分类

（1）梁侧面构造钢筋

1）梁侧面构造钢筋计算公式：

① 侧面构造钢筋通长设置时，钢筋长度＝（各跨净跨长之和＋各中间支座宽度之和＋端支座锚固长度）×根数

② 侧面构造钢筋非通长设置时，钢筋长度＝（本跨净跨长＋左、右支座锚固

长度)×根数

公式中：①各跨净跨长 l_n 图纸中可以读取。

② 中间支座宽度图纸可以读取。

③ 左、右端支座锚固长度根据 22G101-1 图集构造要求取 $15d$。

④ 非通长设置时，中间支座锚固长度根据 22G101-1 图集构造要求取 $15d$。

⑤ 计算出侧面构造钢筋长度大于钢筋定尺长度时，应按照设计图所要求采用搭接或接头连接。

（2）梁侧面受扭钢筋

1）梁侧面受扭钢筋通长设置时，钢筋长度＝（各跨净跨长之和＋各中间支座宽度之和＋端支座锚固长度）×根数

公式中：① 各跨净跨长 l_n 图纸中可以读取。

② 各中间支座宽度图纸中可以读取。

③ 端支座锚固长度根据图集 22G101-1 构造要求，同框架梁下部钢筋构造，分为端支座直锚、端支座弯锚、端支座加锚头（锚板）锚固三种情况。这里不再重复讲解。

2）梁侧面受扭钢筋非通长设置

梁侧面受扭钢筋非通长设置时，钢筋长度＝（本跨净跨长＋左、右支座锚固长度）×根数

① 中间支座锚固构造同框架梁下部纵筋，如图 5-9 所示，长度取值 max（l_{aE}，$0.5h_c+5d$）

② 端支座锚固长度同框架梁下部纵筋端支座锚固长度计算，这里不再重复讲解。

3）侧面受扭钢筋连接

计算出侧面受扭钢筋长度大于钢筋定尺长度时，应按照设计图纸要求采用搭接或接头连接。

3. 楼层框架梁侧面钢筋计算实例

【案例 5-6】案例背景资料 3 中某医院门诊楼工程，试计算 KL1 侧面构造钢筋工程量。

解：

KL1 集中标注位置有 4 根三级钢直径 12mm 的构造钢筋，通长设置。计算过程见表 5-7。

钢筋工程量计算表　　　　　　　　　　　　　　　表 5-7

序号	计算内容	计算式
1	净跨长	第一跨净跨长 $l_{n1}=6.8m$ 第二跨净跨长 $l_{n2}=4.8m$
2	中间支座宽	中间支座宽 $h_c=0.6m$
3	两侧端支座处锚固	左、右两侧端支座处锚固长度各取 $15d=15\times0.012=0.18m$

续表

序号	计算内容	计算式
4	侧面构造钢筋单根长度	侧面构造钢筋单根长度 $\Sigma l = 6.8 + 4.8 + 0.6 + 0.18 + 0.18 = 12.56$m
5	搭接长度	单根侧面构造钢筋长度为 12.56m，钢筋定尺长度为 10m，12.56＞10，所以每根钢筋上增加 1 个搭接，根据 22G101-1 图集构造要求，搭接长度取 $15d = 15 \times 0.012 = 0.18$
6	汇总	4Φ12 总长合计：$\Sigma l_{总长} = (\Sigma l + 搭接长度) \times 4$根 $= (12.56 + 0.18) \times 4 = 50.96$m 4$\Phi$12 总重合计：$\Sigma_{总重} = 50.96m\times 0.888$kg/m $= 45.25$kg $= 0.045$t

【案例 5-7】 案例背景资料 1 中某学校教学楼工程，试计算 KL3 侧面受扭钢筋工程量。

解：

读图 5-31 可知，KL3 集中标注位置有 4 根三级钢直径 14 的侧面受扭钢筋，通长设置。计算过程见表 5-8。

钢筋工程量计算表 表 5-8

序号	计算内容	计算式
1	净跨长	第一跨净跨长 $l_{n1} = 7.4 - 0.3 \times 2 = 6.8$m 第二跨净跨长 $l_{n2} = 5.4 - 0.3 \times 2 = 4.8$m
2	中间支座宽度	中间支座宽度 $h_c = 0.6$m
3	左侧端支座锚固长度	(1) 左侧端支座构造同框架梁下部纵筋，$h_c = 0.6$m，支座宽－保护层厚度 $= 0.6 - 0.025 = 0.575$m，查图集 22G101-1 第 2-3 页可查 $l_{aE} = 37d = 37 \times 0.014 = 0.518$m (2) $0.5h_c + 5d = 0.5 \times 0.6 + 5 \times 0.014 = 0.37$m (3) max $(l_{aE}, 0.5h_c + 5d) = $ max $(0.518, 0.37)$ 取 0.518m (4) 比较 0.575＞0.518，所以端支座采用直锚，直锚长度 $= $ max $(l_{aE}, 0.5h_c + 5d) = $ max $(0.518, 0.37)$ 取 0.518m
4	右侧端支座锚固长度	右侧端支座锚固长度计算方法同左侧端支座，经过计算右侧端支座锚固长度为 0.518m
5	侧面构造受扭钢筋单根长度	侧面构造受扭钢筋单根长度 $\Sigma l = 6.8 + 4.8 + 0.6 + 0.518 + 0.518 = 13.24$m
6	搭接	单根侧面受扭钢筋长度为 13.24m，钢筋定尺长度为 10m，13.24＞10，所以每根钢筋上增加 1 个搭接，根据 22G101-1 图集构造要求，搭接长度为 l_{lE}，查 22G101-1 第 2-6 页表可知 $l_{lE} = 52d = 52 \times 0.014 = 0.728$m
7	Φ14 钢筋汇总	$\Sigma l_{总长} = (\Sigma l + 搭接长度) \times 4$根 $= (13.24 + 0.728) \times 4 = 55.87$m $\Sigma_{总重} = 55.87$m$\times 1.21$kg/m $= 67.6$kg $= 0.068$t

5.2.6 楼层框架梁箍筋计算

1. 梁箍筋

楼层框架梁箍筋计算思维导图，如图 5-18 所示。

2. 梁箍筋根数计算

梁箍筋根数计算，构造见图集 22G101-1 第 2-39 页，如图 5-19 所示。

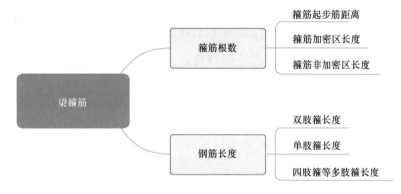

图 5-18　楼层框架梁箍筋计算思维导图

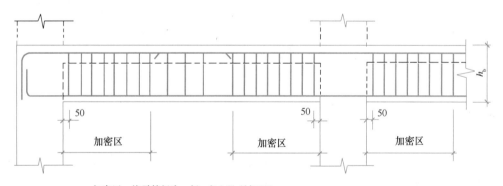

加密区：抗震等级为一级：≥2.0h_b且≥500
抗震等级为二～四级：≥1.5h_b且≥500

图 5-19　框架梁箍筋加密区范围
（弧形梁沿梁中心线展开，箍筋间距沿凸面线量度。h_b 为梁截面高度）

（1）箍筋起步筋距离，也就是第一根箍筋距离梁支座边缘的距离，从图 5-19 中可知，箍筋起步筋距离为 50mm。

（2）由图 5-19 可知，箍筋加密区设置于梁支座处，通常情况下，每跨有两个加密区，加密区长度与抗震等级有关，箍筋加密区计算：

1）抗震等级为一级，加密区长度 max（2.0h_b，500），h_b 为本跨梁的高度。

2）抗震等级为二～四级，加密区长度 max（1.5h_b，500），h_b 为本跨梁的高度。

3）箍筋加密区根数 $= \left(\dfrac{\text{加密区长度} - \text{箍筋起步距离}}{\text{箍筋加密区间距}} \right)$ 向上取整 $+1$

（3）由图 5-19 可知，箍筋非加密区设置于跨中间位置，长度计算公式：

箍筋非加密区长度 $=$ 本跨净跨长 $-$ 箍筋加密区长度

箍筋非加密区根数 $= \left(\dfrac{\text{本跨净跨长} - \text{箍筋加密区长度}}{\text{箍筋非加密区间距}} \right)$ 向上取整 $+1-2$

公式中：减 2 为非加密区与加密区交界处 2 根箍筋，已计入加密区根数中，不能重复计算，所以减 2。

（4）梁箍筋只有一种间距时，箍筋根数计算公式：

$$\text{箍筋根数} = \left(\frac{\text{本跨净跨长} - \text{箍筋起步距离} \times 2}{\text{箍筋间距}} \right) \text{向上取整} + 1$$

3. 梁箍筋长度计算

（1）梁箍筋常见类型

梁箍筋常见类型，如图 5-20 所示。

（2）双肢箍构造

双肢箍构造，如图 5-21 所示。

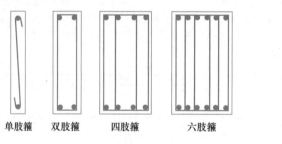

| 单肢箍 | 双肢箍 | 四肢箍 | 六肢箍 |

图 5-20　箍筋类型

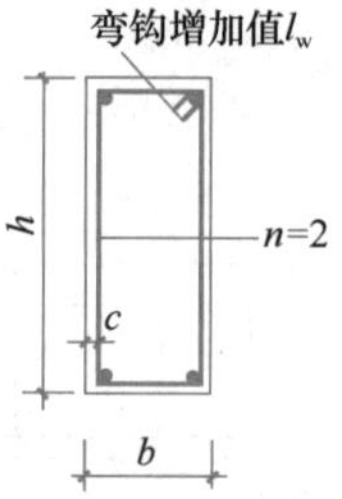

图 5-21　双肢箍

1）封闭式双肢箍 b 边箍筋长度 $=$ 梁宽（b）$-$ 混凝土保护层（c）$\times 2$

2）h 边箍筋长度 $=$ 梁高（h）$-$ 混凝土保护层（c）$\times 2$

3）弯钩增加值 l_w 根据图集 22G101-1 第 2-7 页弯钩构造如图 5-22 所示，平直段长度取 max（$10d$，75），d 为箍筋直径。非框架梁以及不考虑地震作用的悬挑梁，箍筋平直段可以考虑 $5d$，135° 弯钩增加值为 $1.9d$/个。

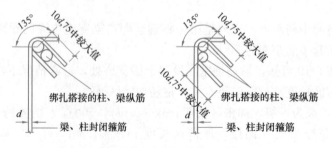

图 5-22　封闭箍筋弯钩构造

4）不考虑 3 个 90°弯钩增加值。

5）汇总以上，双肢箍单根长度计算公式：

$$\sum l_{单根长度} = (b-2c) \times 2 + (h-2c) \times 2 \\ + \max(10d, 75) \times 2 + 1.9d \times 2$$

（3）单肢箍（拉钩）

单肢箍构造如图 5-23 所示。

1）弯钩增加值 l_w 根据图集 22G101-1 第 2-7 页弯钩构造如图 5-24 所示，平直段长度取 $\max(10d, 75)$，d 为箍筋直径。非框架梁以及不考虑地震作用的悬挑梁，箍筋平直段可以考虑 $5d$，135°弯钩增加值为 1.9d。

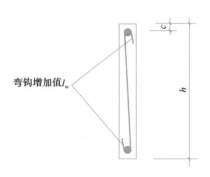

图 5-23 单肢箍

拉筋同时勾住纵筋和箍筋　拉筋紧靠纵向钢筋并勾住箍筋　拉筋紧靠箍筋并勾住纵筋

图 5-24 拉钩构造

2）单肢箍单根长度计算公式：

$$l_{单根长度} = (h-2c) + \max(10d, 75) \times 2 + 1.9d \times 2$$

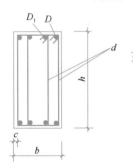

图 5-25 四肢箍

（4）四肢箍

1）四肢箍由一个大封闭箍筋和一个小封闭箍筋组成，如图 5-25 所示。

2）大封闭箍筋计算方法同双肢箍。

3）小封闭箍筋计算公式：

$$l_{单根长度} = \left(\frac{b-2c-2d-D}{n-1} \times (n_1-1) + D_1 + 2d \right) \times 2 \\ + (h-2c) \times 2 + \max(10d, 75) \times 2 + 2 \times 1.9d$$

公式中：

① b、h 为梁截面尺寸，在梁平面图纸中查找。

② c 为梁混凝土保护层，在图纸或图集中查找。

③ d 为梁箍筋直径。

④ D 为梁角部钢筋直径，D_1 为梁 b 边中部筋直径。

⑤ n 为 b 边梁纵筋数量，n_1 为小双肢箍 b 边箍住的纵筋数量。

4. 屋面框架梁、非框架梁箍筋计算方法

屋面框架梁、非框架梁箍筋计算方法同楼层框架梁箍筋计算。

5. 梁箍筋计算实例

【**案例 5-8**】案例背景资料 1 中某学校教学楼工程，试计算 KL3 箍筋工程量。

解：

KL3 箍筋一级钢直径 8mm，加密区间距 100mm，非加密区间距 200mm，双肢箍。计算过程见表 5-9。

表 5-9

钢筋工程量计算表

序号	计算内容	计算式
（一）		第一跨
1	箍筋根数	（1）加密区根数：抗震等级三级，可知箍筋加密区长度 max（$1.5h_b$，500），h_b $=0.65$，$1.5h_b=1.5\times0.65=0.975$m，比较 max（0.975，500）加密区长度取 0.975m。 加密区根数 $=\left(\dfrac{0.975-0.05}{0.1}\text{向上取整}+1\right)\times2=22$ 根 （2）非加密区根数：第一跨净跨长 $l_{n1}=7.4-0.6=6.8$m 非加密区根数 $=\left(\dfrac{6.8-0.975\times2}{0.2}\right)\text{向上取整}+1-2=24$ 根 （3）Σ第一跨箍筋根数 $=$ 加密区根数 $+$ 非加密区根数 $=22+24=46$ 根
2	单根箍筋长度	KL3 原位标注可知，箍筋为双肢箍，单根长度计算 $l_{单根}=(0.3-2\times0.025)\times2+(0.65-2\times0.025)\times2+\max(10\times0.008,0.075)\times2+1.9\times0.008\times2=1.89$m
3	第一跨箍筋长度	$l_1=$ 根数 $\times$ 单根长度 $=46\times1.89=86.94$m
（二）		第二跨
1	箍筋根数	（1）加密区根数：抗震等级三级，可知箍筋加密区长度 max（$1.5h_b$，500），h_b $=0.65$，$1.5h_b=1.5\times0.65=0.975$m，比较 max（0.975，500）加密区长度取 0.975m。 加密区根数 $=\left(\dfrac{0.975-0.05}{0.1}\text{向上取整}+1\right)\times2=22$ 根 （2）非加密区根数：第一跨净跨长 $l_{n1}=5.4-0.6=4.8$m 非加密区根数 $=\left(\dfrac{4.8-0.975\times2}{0.2}\right)\text{向上取整}+1-2=14$ 根 （3）Σ第二跨箍筋根数 $=$ 加密区根数 $+$ 非加密区根数 $=22+14=36$ 根
2	单根箍筋长度	KL3 原位标注可知，箍筋为双肢箍，单根长度 $l_{单根}=(0.3-2\times0.025)\times2+(0.65-2\times0.025)\times2+\max(10\times0.008,0.075)\times2+1.9\times0.008\times2=1.89$m
3	第二跨箍筋长度	$l_2=$ 根数 $\times$ 单根长度 $=36\times1.89=68.04$m
（三）	KL3 箍筋汇总	$\Phi8$ 总长度：$\Sigma=l_1+l_2=86.94+68.04=154.98$m $\Phi8$ 总重量：$\Sigma-154.98$m$\times0.395$kg/m$=61.22$kg$=0.061$t

5.2.7 楼层框架梁其他钢筋（拉筋、附加吊筋、附加箍筋）计算

1. 拉筋

（1）拉筋构造要求见图集22G101-1第2-41页。

拉筋应用于梁侧面钢筋与箍筋的拉结，梁宽≤350mm时，拉筋直径为6mm；梁宽＞350mm时，拉筋直径为8mm，拉筋间距为非加密区箍筋间距的两倍。当设有多排拉筋时，上下两排拉筋竖向错开。

（2）计算公式：

$$拉筋根数 = \left(\frac{本跨净跨长 - 2 \times 箍筋起步距离}{箍筋非加密区间距两倍} 向上取整 + 1\right) \times 拉筋排数$$

$$拉筋单根长度 = (梁宽 b - 2c) + \max(10d, 75) \times 2 + 1.9d \times 2$$

$$总长 = 根数 \times 单根长度$$

2. 附加吊筋

（1）附加吊筋构造要求见图集22G101-1第2-39页，如图5-26所示。

（2）附加吊筋直径、根数由设计标注。

梁高 h_b≤800mm 时，图中 α＝45°，梁高 h_b＞800mm 时，图中 α＝60°。

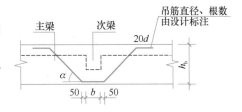

图5-26　附加吊筋构造

（3）计算公式

$$\alpha = 45° 附加吊筋长度 = 次梁宽 + 2 \times 50 + \sqrt{2 \times (h_b - 2c)^2} \times 2 + 20d \times 2$$

$$\alpha = 60° 附加吊筋长度 = 次梁宽 + 2 \times 50 + \frac{h_b - 2c}{\sin 60°} \times 2 + 20d \times 2$$

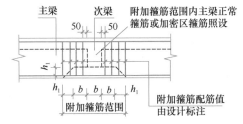

图5-27　附加箍筋范围

3. 附加箍筋

（1）附加箍筋构造要求见图集22G101-1第2-39页，如图5-27所示。

（2）计算方法

附加箍筋根数由设计标注。

附加箍筋长度同主梁箍筋长度。

4. 屋面框架梁、非框架梁其他钢筋

屋面框架梁、非框架梁其他钢筋计算方法同楼层框架梁其他钢筋计算。

5. 梁其他钢筋计算实例

【案例5-9】 案例背景资料1中某学校教学楼工程，试计算KL3拉筋工程量。

解：

KL3设有4根受扭钢筋，所以拉筋有两排，梁宽＝300mm，根据拉筋构造要求知道拉筋规格为Φ6@400，计算过程见表5-10。

181

任务5——梁钢筋工程量计算

钢筋工程量计算表 表 5-10

序号	计算内容	计算式
1	拉筋根数	第一跨 Σ拉筋根数 $= \left(\dfrac{6.8-2\times0.05}{0.4} \text{向上取整}+1\right)\times2=36$ 根 第二跨 Σ拉筋根数 $= \left(\dfrac{4.8-2\times0.05}{0.4} \text{向上取整}+1\right)\times2=26$ 根 Σ总根数 $=$ 第一跨 $+$ 第二跨 $=36+26=62$ 根
2	拉筋单根长度	拉筋单根长度 $=(0.3-2\times0.025)+0.075\times2+1.9\times0.006\times2=0.42\text{m}$
3	汇总	$\Phi 6@400$ 总长：根数×单根长度 $=62\times0.42=26.04\text{m}$ $\Phi 6@400$ 总重量：$26.04\text{m}\times0.260\text{kg/m}=6.77\text{kg}=0.007\text{t}$

【**案例 5-10**】某框架工程，环境类别一类，抗震等级三级，混凝土强度等级 C30，楼层框架梁 KL3 平面如图 5-28，柱截面尺寸 600×600，梁混凝土保护层厚度 25mm，主次梁相交处增加 $2\Phi18$ 吊筋，次梁宽 250mm。试计算 KL3 中吊筋工程量。

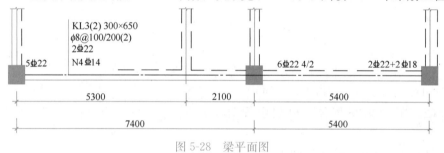

KL3(2) 300×650
$\phi8@100/200(2)$
$2\Phi22$

5Φ22 N4Φ14   6Φ22 4/2   2Φ22+2Φ18

5300   2100   5400
7400   5400

图 5-28 梁平面图

解：

$2\Phi18$ 吊筋计算过程见表 5-11。

钢筋工程量计算表 表 5-11

序号	计算内容	计算式
1	单根长度	图中可知，$h_b=0.65\text{m}<0.85\text{m}$，所以 $\alpha=45°$，计算公式为 附加吊筋长度 $=$ 次梁宽 $+2\times50+\sqrt{2\times(h_b-2c)^2}\times2+20d\times2$ 次梁宽 $=0.25\text{m}$，$h_b=0.65\text{m}$，$c=0.025\text{m}$，$d=0.018\text{m}$ 求出单根长度 $=0.25+0.05\times2+\sqrt{2\times(0.65-0.025\times2)^2}+20\times0.018\times2=2.77\text{m}$
2	汇总	$l_{长度}=2.77\text{m}\times2$ 根 $=5.54\text{m}$ 重量 $=5.54\text{m}\times2\text{kg/m}=11.08\text{kg}=0.011\text{t}$

5.3 屋面框架梁钢筋计算

5.3.1 屋面框架梁上部贯通筋计算

1. 上部贯通筋构造

上部贯通筋构造见图集 22G101-1 第 2-34 页，如图 5-29 所示。

屋面框架梁上部贯通筋计算

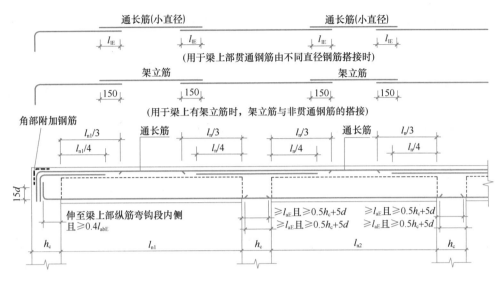

图 5-29 屋面框架梁纵向钢筋构造

2. 上部通长筋计算

由图 5-29 可知，梁上部通长筋是沿梁上部全跨通长设置的钢筋，上部通长筋计算与楼层框架梁上部钢筋计算类似，计算公式如下：

上部通长筋长度＝（各跨净跨长之和＋各中间支座宽度之和＋端支座锚固长度）×根数

公式中：① 各跨净跨长 l_n 图纸中可以读取。

② 各中间支座宽度图纸中可以读取。

③ 端支座锚固长度计算分为两种情况：柱纵筋锚入梁中、梁纵筋锚入柱中。

（1）柱钢筋锚入梁中

1）构造节点见图集 22G101-1 第 2-34 页，如图 5-29 中左支座。锚固长度有两部分，平直段长度构造要求伸至柱外侧纵筋内侧，所以平直段长度＝支座宽 h_c －柱保护层厚度；弯折伸至屋面梁底，弯折长度＝屋面框架梁高－梁保护层厚度。

2）计算公式：端支座锚固长度＝端支座宽度 h_c －柱保护层厚度＋梁高－梁保护层厚度

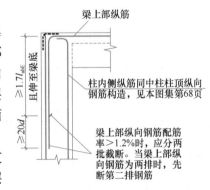

图 5-30 梁、柱纵向钢筋连接

（2）梁纵筋锚入柱中

梁纵筋锚入柱中，构造节点见图集 22G101-1 第 2-15 页，如图 5-30 所示。

1）平直段长度：梁上部纵筋伸至柱外侧纵筋内侧，所以平直段长度＝支座宽 h_c －柱保护层厚度

2）弯折长度：向下弯折长度 $\geqslant 1.7 l_{abE}$ 且伸至梁底。l_{abE} 为受拉钢筋基本锚固长

度。当梁上部纵向钢筋配筋率＞1.2％时，分两批断开，一部分向下延伸20d，d为梁纵筋直径。

3）计算公式：

① 端支座锚固长度＝端支座宽度 h_c－柱保护层厚度＋max（1.7l_{abE}，梁高－保护层厚度）

② 分两批断开时，第二批长度＝端支座宽度 h_c－柱保护层厚度＋max（1.7l_{abE}，梁高－梁保护层）＋20d

（3）上部贯通筋连接

计算出上部贯通筋长度大于钢筋定尺长度时，应按照设计图纸要求采用搭接或接头连接。

3. 屋面框架梁上部通长筋计算实例

【**案例 5-11**】案例背景资料 4 中某医院门诊楼工程，试计算 WKL1 上部通长筋工程量。

解：

WKL1 上部通长筋为 2 根三级钢直径 20mm 的钢筋，计算过程见表 5-12。

钢筋工程量计算表 表 5-12

序号	计算内容	计算式
1	净跨长	第一跨净跨长 l_{n1}＝6.8m 第二跨净跨长 l_{n2}＝4.8m
2	中间支座宽	中间支座宽 h_c＝0.6m
3	端支座	端支座采用柱纵筋锚入梁中，左侧端支座内水平段长度＝支座宽－保护层厚度＝0.6－0.025＝0.575m，弯折长度＝梁高－保护层厚度＝0.6－0.025＝0.575m
4	右侧端支座	右侧端支座内水平段长度＝支座宽－保护层厚度＝0.6－0.025＝0.575m，弯折长度＝梁高－保护层厚度＝0.6－0.025＝0.575m
5	上部通长筋	上部通长筋单根长度Σl＝6.8＋4.8＋0.6＋0.575×2＋0.575×2＝14.5m
6	汇总	2⊕20 总长度：Σl 总长＝Σl×2 根＝14.5×2 根＝29m 2⊕20 总重量：29m×2.47kg/m＝71.63kg＝0.072t ⊕20 直螺纹接头 2 个

5.3.2 屋面框架梁上部非贯通筋计算

1. 上部非贯通筋构造

上部非贯通筋构造见图集 22G101-1 第 2-34 页，如图 5-29 所示。

屋面框架梁上部非贯通筋计算

2. 梁上部非贯通筋

由图 5-29 可知，梁上部非贯通筋可以按端支座上部非贯通筋和中间支座上部非贯通筋两类进行计算，计算方法见表 5-13。

按支座位置	钢筋所在排数	长度计算公式	计算说明
端支座	第一排非贯通筋	端支座锚固＋$1/3l_{ni}$	端支座锚固分为柱纵筋锚入梁中和梁纵筋锚入柱中两种情况；l_{ni} 可以在图中查找
	第二排非贯通筋	端支座锚固＋$1/4l_{ni}$	
	多于三排非贯通筋	依据设计确定长度	
中间支座	第一排非贯通筋	$1/3l_n$＋中间支座宽度＋$1/3l_n$	l_n 为左跨 l_{ni} 与右跨 l_{ni+1} 的较大值
	第二排非贯通筋	$1/4l_n$＋中间支座宽度＋$1/4l_n$	
	多于三排非贯通筋	依据设计确定长度	

端支座非贯通筋在计算时，首先要判断非贯通筋在端支座的锚固。判断方法同 5.3.1 中端支座长度计算，这里不再重复讲解。

3. 屋面框架梁上部非贯通筋计算实例

【**案例 5-12**】案例背景资料 4 中某医院门诊楼工程，试计算 WKL1 上部非贯通筋工程量。

解：

WKL1 有三个支座，其中两个端支座，一个中间支座，计算过程见表 5-14。

钢筋工程量计算表　　　　表 5-14

序号	计算内容	计算式
（一）	左侧端支座上部非贯通筋，钢筋为一排，2Φ20，长度＝$1/3l_{n1}$＋端支座锚固	
1	第一跨	第一跨净跨长 l_{n1}＝6.8m，$1/3l_{n1}$＝$1/3×6.8$＝2.27m
2	端支座	端支座采用柱纵筋锚入梁中，左侧端支座内水平段长度＝支座宽－保护层厚度＝$0.6-0.025$＝0.575m，弯折长度＝梁高－保护层厚度＝$0.6-0.025$＝0.575m
3	2Φ20 长度	Σl_1＝$2.27+0.575+0.575$＝3.42m×2 根＝6.84m
（二）	中间支座上部非贯通筋，钢筋为一排，2Φ20，长度＝$1/3l_n×2$＋中间支座宽度	
1	第一跨净跨长	第一跨净跨长 l_{n1}＝6.8m，第二跨净跨长 l_{n2}＝4.8m，l_n 取 max（6.8，4.8），取 6.8m，$1/3l_n$＝$1/3×6.8$＝2.27m
2	中间支座	中间支座宽度 0.6m
3	2Φ20 长度	Σl_2＝$2.27+0.6+2.27$＝5.14m×2 根＝10.28m
（三）	右侧端支座上部非贯通筋，钢筋为一排，2Φ20，长度＝$1/3l_{n2}$＋端支座锚固	
1	第二跨	第二跨净跨长 l_{n2}＝4.8m，$1/3l_{n2}$＝$1/3×4.8$＝1.6m
2	端支座	端支座采用柱纵筋锚入梁中，右侧端支座内水平段长度＝支座宽－保护层厚度＝$0.6-0.025$＝0.575m，弯折长度＝梁高－保护层厚度＝$0.6-0.025$＝0.575m
3	2Φ20 长度	Σl_3＝$1.6+0.575+0.575$＝2.75m×2 根＝5.5m
（四）	汇总	Φ20 总长度：Σl＝$\Sigma l_1+\Sigma l_2+\Sigma l_3$＝$6.84+10.28+5.5$＝22.62m Φ20 总重量：22.62m×2.47kg/m＝55.87kg＝0.056t

5.3.3 屋面框架梁下部纵筋计算

1. 下部纵筋构造

下部纵筋构造见图集 22G101-1 第 2-34 页，如图 5-29 所示。

2. 梁下部纵筋

梁下部纵筋分为两种情况，第一种是梁下部为通长纵筋，第二种梁下部为非贯通筋。

（1）梁下部通长纵筋

梁下部通长纵筋是沿梁下部全跨通长设置的钢筋，下部纵筋计算公式：

下部纵筋长度＝（各跨净跨长之和＋各中间支座宽度之和＋端支座锚固长度）×根数

公式中：①各跨净跨长 l_n 图纸中可以读取。

②各中间支座宽度图纸中可以读取。

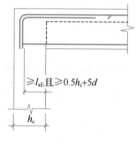

图 5-31　端支座梁下部
纵筋直锚

③端支座锚固长度计算分为三种情况：端支座直锚、端支座弯锚、端支座加锚头（锚板固定）。

1）端支座直锚：构造见图集 22G101-1 第 2-34 页，如图 5-31 所示。

①支座宽 h_c：可以从图纸中查出，计算出 h_c－柱保护层厚度（柱保护层厚度从图纸或图集查找）。

② l_{aE} 为受拉钢筋抗震锚固长度：依据图纸中抗震等级、梁混凝土强度等级、钢筋种类从 22G101-1 第 2-3 页表格查到。

③ $0.5h_c+5d$：h_c 支座宽可以从图纸中查出，d 为所计算下部纵筋直径，可以从图纸中查出。

④比较（h_c－柱保护层厚度）与 $\max(l_{aE}, 0.5h_c+5d)$ 大小，如果（h_c－柱保护层厚度）≥$\max(l_{aE}, 0.5h_c+5d)$ 则采用直锚。

⑤计算公式：端支座直锚长度＝$\max(l_{aE}, 0.5h_c+5d)$。

2）端支座弯锚：构造节点见图集 22G101-1 第 2-34 页，如图 5-32 所示。

①如果（h_c－柱保护层厚度）＜$\max(l_{aE}, 0.5h_c+5d)$，则采用弯锚。

②弯锚长度有两部分，平直段长度构造要求伸至梁上部纵筋弯钩段内侧且≥$0.4l_{abE}$，其中≥$0.4l_{abE}$ 为设计要求，如果不满足需要找设计部门核查，所以平直段长度＝支座宽 h_c－柱保护层厚度；弯折长度是一个固定值取 $15d$，d 为下部纵筋直径。

③计算公式：端支座弯锚长度＝端支座宽度 h_c－柱保护层厚度＋$15d$

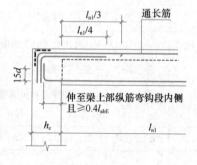

图 5-32　端支座梁下部
纵筋弯锚

3）端支座加锚头（锚板）锚固：构造见图集 22G101-1 第 2-34 页，如图 5-33 所示。

① 平直段长度构造要求伸至梁上部纵筋弯钩段内侧且 $\geq 0.4l_{abE}$，其中 $\geq 0.4l_{abE}$ 为设计要求，如果不满足需要找设计部门核查，所以平直段长度＝支座宽 h_c －柱保护层厚度。

② 计算公式：端支座加锚头（锚板）锚固长度＝端支座宽度 h_c －柱保护层厚度

③ 锚板根据工程设计另行计算。

伸至梁上部纵筋弯钩段内侧
且 $\geq 0.4l_{abE}$

图 5-33　端支座梁下部纵筋
加锚头（锚板）锚固

（2）梁下部非贯通筋

梁下部非贯通筋指梁下部钢筋一跨一锚固，计算公式：

1）第一跨和最后一跨下部纵筋长度＝（本跨净跨长 l_{ni} ＋中间支座锚固长度＋端支座锚固长度）×根数

2）中间各跨下部纵筋长度＝（本跨净跨长 l_{ni} ＋左侧中间支座锚固长度＋右侧中间支座锚固长度）×根数

公式中：①各跨净跨长 l_{ni} 图纸中可以读取。

② 端支座锚固长度计算同梁下部贯通筋端支座计算方法，这里不再重复讲解。

③ 中间支座锚固长度取 $\max(l_{aE}, 0.5h_c+5d)$。

④ l_{aE} 为受拉钢筋抗震锚固长度，依据图纸中抗震等级、混凝土强度等级、钢筋种类从 22G101-1 第 2-3 页表格查到。

⑤ $0.5h_c+5d$：h_c 为支座宽可以从图纸中查出，d 为所计算下部纵筋直径，可以从图纸中查出。

（3）下部纵筋连接

计算出下部纵筋长度大于钢筋定尺长度时，应按照设计图纸要求采用搭接或接头连接，连接位置宜位于支座 $1/3l_n$ 范围内。

3. 屋面框架梁下部纵筋计算实例

【案例 5-13】案例背景资料 4 中某医院门诊楼工程，试计算 WKL1 下部纵筋工程量。

解：

读图可知，WKL1 下部为通长筋，2 根三级钢直径 25mm 的钢筋，计算过程见表 5-15。

钢筋工程量计算表　　　　　　　　　　　　　　　　表 5-15

序号	计算内容	计算式
1	净跨长	第一跨净跨长 $l_{n1}=6.8m$ 第二跨净跨长 $l_{n2}=4.8m$
2	中间支座宽	中间支座宽 $h_c=0.6m$

187

续表

序号	计算内容	计算式
3	左侧端支座	(1) 左侧端支座 $h_c=0.6$m，支座宽－保护层厚度$=0.6-0.025=0.575$m (2) 查 22G101-1 第 2-3 页可查 $l_{aE}=40d=40\times0.025=1.0$m $0.5h_c+5d=0.5\times0.6+5\times0.025=0.425$，max $(l_{aE}, 0.5h_c+5d)=$max $(1.0, 0.425)$ 取 1.0m (3) 比较 $0.575<1.0$，所以端支座采用弯锚，弯锚长度＝端支座宽度 h_c－柱保护层厚度$+15d=0.6-0.025+15\times0.025=0.95$m
4	右侧端支座	(1) 右侧端支座 $h_c=0.6$m，支座宽－保护层厚度$=0.6-0.025=0.575$m (2) 查 22G101-1 第 2-3 页可查 $l_{aE}=40d=40\times0.025=1.0$m $0.5h_c+5d=0.5\times0.6+5\times0.025=0.425$m max $(l_{aE}, 0.5h_c+5d)=$max $(1.0, 0.425)$ 取 1.0m (3) 比较 $0.575<1.0$，所以端支座采用弯锚，弯锚长度＝端支座宽度 h_c－柱保护层厚度$+15d=0.6-0.025+15\times0.025=0.95$m
5	下部通长筋	下部通长筋单根长度$\Sigma l=6.8+4.8+0.6+0.95+0.95=14.1$m
6	汇总	$\Phi25$ 总长合计：$\Sigma l_{总长}=\Sigma l\times2$ 根$=14.1\times2=28.2$m $\Phi25$ 总重合计：28.2m$\times3.85$kg/m$=108.57$kg$=0.109$t
7	钢筋接头	钢筋接头：单根下部纵筋长度为 14.1m，钢筋定尺长度为 10m，$14.1>10$，所以每根通长筋上增加 1 个直螺纹接头，下部纵筋共有 2 根 $\Phi25$ 直螺纹接头总计：2 个

【案例 5-14】 案例背景资料 5 中，试计算 WKL3 下部纵筋工程量。

解：

WKL3 下部纵筋第一跨为 2 根三级钢直径 20mm 的钢筋，第二跨为 2 根三级钢直径 18mm 的钢筋，计算过程见表 5-16。

钢筋工程量计算表　　　　　　　　　表 5-16

序号	计算内容	计算式
（一）	第一跨下部纵筋长度＝（本跨净跨长 l_{n1}＋中间支座锚固长度＋端支座锚固长度）×根数	
1	净跨长	第一跨净跨长 $l_{n1}=7.4-0.3\times2=6.8$m
2	左侧端支座	(1) 左侧端支座 $h_c=0.6$m，支座宽－保护层$=0.6-0.025=0.575$m (2) 查 22G101-1 第 2-3 页可查 $l_{aE}=37d=37\times0.020=0.74$m $0.5h_c+5d=0.5\times0.6+5\times0.020=0.4$m max $(l_{aE}, 0.5h_c+5d)=$max $(0.74, 0.4)$ 取 0.74m (3) 比较 $0.575<0.74$，所以端支座采用弯锚，弯锚长度＝支座宽－柱保护层厚度$+15d=0.6-0.025+15\times0.020=0.875$m
3	右支座	右支座为中间支座，锚固长度＝max $(l_{aE}, 0.5h_c+5d)=$max $(0.74, 0.4)$，取 0.74m
4	第一跨	第一跨 2Φ20 长度：$\Sigma l=6.8+0.875+0.74=8.415m\times2$ 根$=16.83$m
（二）	第二跨下部纵筋长度＝（本跨净跨长 l_{n2}＋中间支座锚固长度＋端支座锚固长度）×根数	
1	第二跨净跨长	第二跨净跨长 $l_{n1}=5.4-0.3\times2=4.8$m

序号	计算内容	计算式
2	右侧端支座	(1) 右侧端支座 $h_c=0.6$m，支座宽－保护层厚度＝0.6－0.025＝0.575m (2) 查 22G101-1 第 2-3 页可查 $l_{aE}=37d=37\times0.018=0.666$m $0.5h_c+5d=0.5\times0.6+5\times0.018=0.39$m $\max(l_{aE}, 0.5h_c+5d)=\max(0.666, 0.39)$ 取 0.666m (3) 比较 0.575＜0.666，所以端支座采用弯锚，弯锚长度＝支座宽－柱保护层厚度＋15d＝0.6－0.025＋15×0.018＝0.845m
3	左支座	左支座为中间支座，锚固长度＝$\max(l_{aE}, 0.5h_c+5d)=\max(0.666, 0.39)$，取 0.666m
4	第二跨	第二跨 2Φ18 长度：$\Sigma l=4.8+0.845+0.666=6.31$m×2 根＝12.62m
(三)	汇总 KL3 下部纵筋长度	Φ20 总长合计：16.83m Φ20 总重合计：16.83m×2.47kg/m＝41.57kg＝0.042t Φ18 总长合计：12.62m Φ18 总重合计：12.62m×2kg/m＝25.24kg＝0.025t

5.4 非框架梁钢筋计算

5.4.1 非框架梁上部纵筋计算

1. 非框架梁上部通长筋构造

上部通长筋构造见图集 22G101-1 第 2-40 页，如图 5-34 所示。

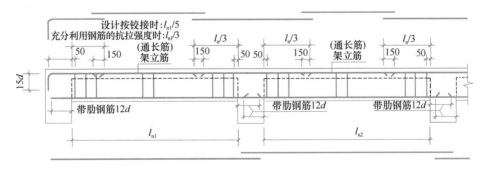

图 5-34 非框架梁配筋构造

2. 非框架梁上部通长筋计算公式

由图 5-34 可知，梁上部通长筋是沿梁上部全跨通长设置的钢筋，上部通长筋计算公式：

上部通长筋长度＝（各跨净跨长之和＋各中间支座宽度之和＋端支座锚固长度）×根数

公式中：①各跨净跨长图纸中可以读取。

②各中间支座宽度图纸中可以读取。

③端支座锚固长度计算分为两种情况：端支座直锚、端支座弯锚。

（1）端支座直锚

1）由图 5-35 可知，当伸入端支座直段长度 $\geq l_a$ 时，可采用直锚。即端支座宽－保护层厚度 $\geq l_a$ 时，可采用直锚。

2）直锚计算公式：锚固长度＝端支座宽－保护层厚度

（2）端支座弯锚

1）由图 5-35 可知，当伸入端支座直段长度 $< l_a$ 时，不满足直锚，可弯锚。弯锚时平直段长度伸至支座对边且满足设计按铰接时 $\geq 0.35 l_{ab}$，充分利用钢筋的抗拉强度时 $\geq 0.6 l_{ab}$，为设计要求，如果不满足需要找设计部门核查。

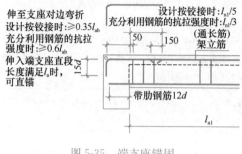

图 5-35　端支座锚固

2）计算公式：弯锚锚固长度＝端支座宽度－保护层厚度＋15d

（3）非框架梁上部通长筋连接

计算出上部通长筋长度大于钢筋定尺长度时，应按照设计图纸要求采用搭接或接头连接，连接位置宜位于跨中 $1/3 l_{ni}$ 范围内。

3. 非框架梁上部通长筋计算实例

【**案例 5-15**】案例背景资料 6 中某框架工程，试计算 L1 上部通长筋工程量。

解：

L1 上部通长筋为 2 根三级钢直径 22 的钢筋，计算过程见表 5-17。

钢筋工程量计算表　　　　　　　　　　　　　　　表 5-17

序号	计算内容	计算式
1	净跨长	第一跨净跨长 $l_{n1}=7.2-0.3=6.9$m 第二跨净跨长 $l_{n2}=6.9-0.3=6.6$m
2	中间支座	中间支座宽 $h_c=0.3$m
3	左侧端支座	（1）左侧端支座 $h_c=0.3$m，支座宽－保护层厚度＝$0.3-0.025=0.275$m （2）查图集 22G101-1 第 2-3 页可查 $l_a=35d=35\times0.022=0.77$m （3）比较 $0.275<0.77$，所以端支座采用弯锚，弯锚长度＝支座宽－柱保护层厚度＋$15d=0.3-0.025+15\times0.022=0.605$m
4	右侧端支座	（1）右侧端支座 $h_c=0.3$m，支座宽－保护层厚度＝$0.3-0.025=0.275$m （2）查图集 22G101-1 第 2-3 页可查 $l_a=35d=35\times0.022=0.77$m （3）比较 $0.275<0.77$，所以端支座采用弯锚，弯锚长度＝支座宽－柱保护层厚度＋$15d=0.3-0.025+15\times0.022=0.605$m
5	上部通长筋	上部通长筋单根长度 $\Sigma l=6.9+6.6+0.3+0.605+0.605=15.01$m 2 ⏀22 总长合计：$\Sigma l_{总长}=\Sigma l\times2$ 根 ＝$15.01\times2=30.02$m 2 ⏀22 总重合计：30.02m$\times2.98$kg/m＝89.46kg＝0.089t ⏀22 直螺纹接头 2 个

序号	计算内容	计算式
6	钢筋接头	钢筋接头：单根上部通长筋长度为 15.01m，钢筋定尺长度为 10m，15.01＞10，所以每根通长筋上增加 1 个直螺纹接头，上部通长筋共有 2 根 Φ22 直螺纹接头总计：2 个

5.4.2 非框架梁上部非贯通筋计算

1. 非框架梁上部非贯通筋构造

上部非贯通筋构造见图集 22G101-1 第 2-40 页，如图 5-34 所示。

非框架梁上部
非贯通筋计算

2. 非框架梁上部非贯通筋计算

由图 5-34 可知，梁上部非贯通筋可以按端支座上部非贯通筋和中间支座上部非贯通筋两类进行计算，计算方法见表 5-18。

非框架梁上部非贯通筋计算方法 表 5-18

按支座位置	长度计算公式	计算说明
端支座	端支座锚固＋$1/3l_{ni}$（或者 $1/5l_{ni}$）	（1）端支座锚固分为直锚、弯锚两种情况 （2）当设计按铰接时取 $1/5l_{ni}$，充分利用钢筋的抗拉强度时取 $1/3l_{ni}$ （3）l_{ni} 为本跨净跨长，可以在图中查找
中间支座	$1/3l_n$＋中间支座宽度＋$1/3l_n$	l_n 为左跨 l_{ni} 与右跨 l_{ni+1} 的较大值

端支座非贯通筋计算时，首先要判断非贯通筋在端支座的锚固，端支座锚固计算同 5.4.1 中非框架梁上部贯通筋中端支座锚固计算，这里不再重复讲解。

3. 非框架梁上部非贯通筋计算实例

【案例 5-16】案例背景资料 6 中某框架工程，试计算 L1 上部非贯通筋工程量。

解：

计算过程见表 5-19。

钢筋工程量计算表 表 5-19

序号	计算内容	计算式
（一）		左侧端支座非贯通筋 1 Φ 22
1	净跨长	本跨净跨长 $l_{n1}＝7.2-0.3＝6.9$m，假设设计按铰接时，$1/5l_{n1}＝1/5×6.9＝1.38$m
2	左侧端支座	左侧端支座 $h_c＝0.3$m，支座宽－保护层厚度＝$0.3-0.025＝0.275$m 查图集 22G101-1 第 2-3 页可查 $l_a＝35d＝35×0.022＝0.77$m 比较 $0.275＜0.77$，所以端支座采用弯锚，弯锚长度＝支座宽－柱保护层厚度＋$15d＝0.3-0.025+15×0.022＝0.605$m
3	1 Φ 22 长度	$\Sigma l_1＝1.38+0.605＝1.985$m

续表

序号	计算内容	计算式
(二)		中间支座非贯通筋 1 Φ 22
1	净跨长	第一跨净跨长 $l_{n1}=7.2-0.3=6.9$m，第二跨净跨长 $l_{n2}=6.9-0.3=6.6$m l_n 取 max $(l_{n1}, l_{n2})=6.9$m，$1/3l_n=1/3\times6.9=2.3$m
2	中间支座宽	中间支座宽 $h_c=0.3$m
3	1 Φ 22 长度	$\Sigma l_2=2.3+0.3+2.3=4.9$m
(三)		右侧端支座非贯通筋 1 Φ 22
1	净跨长	本跨净跨长 $l_{n1}=6.9-0.3=6.6$m，假设设计按铰接时，$1/5l_{n2}=1/5\times6.6=1.32$m
2	右侧端支座	右侧端支座 $h_c=0.3$m，支座宽—保护层厚度 $=0.3-0.025=0.275$m 查图集 22G101-1 第 2-3 页可查 $l_a=35d=35\times0.022=0.77$m 比较 $0.275<0.77$，所以端支座采用弯锚，弯锚长度 $=$ 支座宽—柱保护层厚度 $+$ $15d=0.3-0.025+15\times0.022=0.605$m
3	1 Φ 22 长度	$\Sigma l_3=1.32+0.605=1.925$m
(四)	汇总	Φ 22 总长合计：$\Sigma l_{总长}=\Sigma l_1+\Sigma l_2+\Sigma l_3=1.985+4.9+1.925=10.61$m Φ 22 总重合计：8.81m × 2.98kg/m $=26.25$kg $=0.032$t

5.4.3 非框架梁下部纵筋计算

1. 非框架梁下部纵筋构造

下部纵筋构造见图集 22G101-1 第 2-40 页，如图 5-34 所示。

非框架梁下部纵筋计算

梁下部纵筋分为两种情况，第一种是梁下部为贯通筋，第二种梁下部为非贯通筋。

（1）梁下部贯通筋

梁下部贯通筋是沿梁下部全跨通长设置的钢筋，下部纵筋计算公式：

下部贯通筋长度＝（各跨净跨长之和＋各中间支座宽度之和＋端支座锚固长度）×根数

1）各跨净跨长 l_n 图纸中可以读取。

2）各中间支座宽度图纸中可以读取。

3）端支座锚固长度计算分为两种情况：端支座直锚、端支座弯锚。

① 端支座直锚：

图 5-34 中，当端支座宽—保护层厚度≥12d 时，可以直锚，锚固长度＝12d。

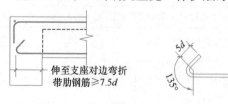

图 5-36 端支座非框架梁下部纵筋弯锚构造

② 端支座弯锚：

当端支座宽—保护层厚度＜12d 时，不满足直锚，应采用弯锚。如图 5-36 所示，弯锚时平直段长度伸至支座对边且满足带肋钢筋≥7.5d 为设计要求，如果不满足，需要找设计部门核查。135°弯钩平直段长度为 $5d$，135°弯钩考虑弯曲增加值 $1.9d$。

计算公式：弯锚锚固长度＝端支座宽度－保护层厚度＋$5d$＋$1.9d$

4）计算出下部纵筋长度大于钢筋定尺长度时，应按照设计图纸要求采用搭接或接头连接，连接位置宜位于支座 $1/3l_{ni}$ 范围内。

（2）梁下部非贯通筋

梁下部非贯通筋指梁下部钢筋一跨一锚固，下部纵筋计算方法：

1）第一跨和最后一跨下部纵筋长度＝（本跨净跨长 l_{ni}＋中间支座锚固长度＋端支座锚固长度）×根数

2）中间各跨下部纵筋长度＝（本跨净跨长 l_{ni}＋中间支座锚固长度＋中间支座锚固长度）×根数

公式中：① 各跨净跨长 l_{ni} 图纸中可以读取。

② 端支座锚固长度计算同上部贯通筋计算方法。

③ 中间支座锚固长度带肋钢筋 $12d$。

2. 非框架梁下部纵筋计算实例

【**案例 5-17**】案例背景资料 6 中某框架工程，试计算 L1 下部纵筋工程量。

解：

L1 下部纵筋第一跨为 4Φ20，第二跨为 4Φ18，两跨钢筋直径不同，所以按非贯通筋计算，计算过程如表 5-20。

钢筋工程量计算表 表 5-20

序号	计算内容	计算式
（一）		第一跨 4Φ20
1	净跨长	第一跨净跨长 l_{n1}＝7.2－0.3＝6.9m
2	左侧端支座	左侧端支座 h_c＝0.3m，支座宽－保护层厚度＝0.3－0.025＝0.275，钢筋为带肋钢筋，取 $12d$＝12×0.02＝0.24，支座宽－保护层厚度＝0.275＞$12d$＝0.24，所以采用直锚，直锚长度＝$12d$＝12×0.02＝0.24m
3	右支座	右支座是中间支座，锚固长度＝$12d$＝12×0.02＝0.24m
4	4Φ20 长度	Σl＝6.9＋0.24＋0.24＝7.38m×4 根＝29.52m
（二）		第二跨 4Φ18
1	净跨长	第二跨净跨长 l_{n2}＝6.9－0.3＝6.6m
2	左侧支座	左侧支座是中间支座，锚固长度＝$12d$＝12×0.018＝0.216m
3	右侧端支座	右侧端支座 h_c＝0.3m，支座宽－保护层厚度＝0.3－0.025＝0.275，钢筋为带肋钢筋，取 $12d$＝12×0.018＝0.216，支座宽－保护层厚度＝0.275＞$12d$＝0.216，所以采用直锚，直锚长度＝$12d$＝12×0.018＝0.216m
4	4Φ18 长度	Σl＝6.6＋0.216＋0.216＝7.032m×4 根＝28.13m
（三）	下部纵筋汇总	Φ20 总长合计：29.52m Φ20 总重合计：29.52m×2.47kg/m＝72.91kg＝0.073t Φ18 总长合计：28.13m Φ20 总重合计：28.13m×2.0kg/m＝56.26kg＝0.056t

板钢筋工程量计算

【目标描述】

通过本任务的学习，学生能够：

（1）熟练进行板钢筋计算。

（2）熟练应用《混凝土结构施工图平面整体表示方法制图规则和构造详图（现浇混凝土框架、剪力墙、梁、板）》22G101-1 平法图集和结构规范解决实际问题。

【任务实训】

学生通过钢筋计算完成实训任务，进一步提高钢筋计算能力和图集的实际应用能力。

6.1 知识准备

1. 板平法施工图规则

板平法施工图规则中，板块集中标注的内容为：板块编号，板厚，上部贯通纵筋，下部纵筋，以及当板面标高不同时的标高高差。

2. 板块编号

板块编号按 22G101-1 图集第 1-34 页表 5.2.1 的规定。如表 6-1 所示。

板块编号

表 6-1

板类型	代号	序号
楼面板	LB	××
屋面板	WB	××
悬挑板	XB	××

3. 有梁楼盖楼（屋）面板钢筋

（1）有梁板钢筋思维导图，如图 6-1 所示。

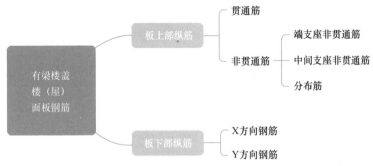

图 6-1　有梁板钢筋思维导图

（2）有梁板钢筋示意图，如图 6-2 所示。

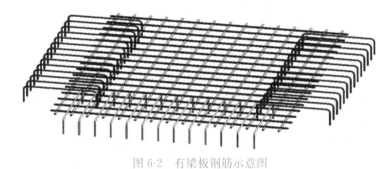

图 6-2　有梁板钢筋示意图

6.2　有梁板钢筋计算

6.2.1　有梁楼盖楼（屋）面板上部贯通筋计算

1. 上部贯通钢筋构造

上部贯通钢筋构造见图集 22G101-1 第 2-50 页，如图 6-3 所示。

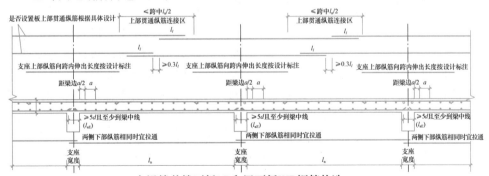

有梁楼盖楼面板LB和屋面板WB钢筋构造
（括号内的锚固长度l_{aE}用于梁板式转换层的板）

图 6-3　有梁板钢筋构造

2. 上部贯通钢筋计算

上部贯通筋平法标注分为 X、Y 两个方向，如图 6-4 所示。

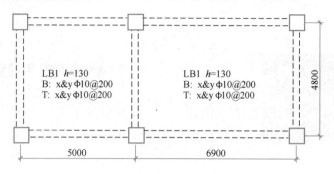

LB1 *h*=130
B: x&y φ10@200
T: x&y φ10@200

LB1 *h*=130
B: x&y φ10@200
T: x&y φ10@200

图 6-4　有梁板钢筋平法标注

（1）板钢筋长度计算

X 方向上部贯通筋长度＝（各板跨净跨长之和＋各中间支座宽度之和＋端支座锚固长度）×根数

公式中：① 各板跨净跨长图纸中可以读取。

② 各中间支座宽度图纸中可以读取。

③ 板端为梁支座时，端支座锚固长度分为两种情况：端支座直锚、端支座弯锚。

1）端支座直锚：

① 构造节点见图集 22G101-1 第 2-50 页注释第 7 条，纵筋在端支座应伸至梁支座外侧纵筋内侧后弯折 15d，当平直段长度分别≥l_a、l_{aE} 时可不弯折。

② 端支座直锚判断：如果支座宽－混凝土保护层厚度≥l_a（l_{aE}）时，采用直锚。

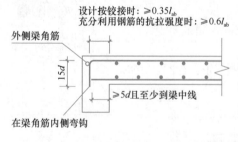

设计按铰接时：≥0.35l_{ab}
充分利用钢筋的抗拉强度时：≥0.6l_{ab}

外侧梁角筋

15d

≥5d且至少到梁中线

在梁角筋内侧弯钩

图 6-5　有梁板端支座弯锚

③ 计算公式：端支座直锚锚固长度＝支座宽－混凝土保护层厚度

2）端支座弯锚：如果支座宽－梁保护层厚度＜l_a（l_{aE}）时，采用弯锚，如图 6-5 所示。

① 构造要求：平直段长度构造要求伸至外侧梁角筋内侧，同时满足设计要求，设计按铰接时≥0.35l_{ab}，设计利用钢筋的抗拉强度时≥0.6l_{ab}，所以平直段长度＝支座宽－混凝土保护层厚度；弯折长度是一个固定值取 15d，d 为上部纵筋直径。

② 计算公式：端支座弯锚锚固长度＝支座宽－混凝土保护层厚度＋15d

3）计算出上部通长纵筋长度大于钢筋定尺长度时，应按照设计图纸要求采用搭接、机械连接、焊接连接方式，连接位置宜在板跨中 1/2l_n 范围内，搭接长度 l_l。

（2）板钢筋根数计算

$$X \text{ 向上部贯通筋根数} \frac{Y \text{ 向板净跨长} - \text{板钢筋起步距离} \times 2}{X \text{ 方向板钢筋间距}} \text{ 向上取整} + 1$$

公式中：① Y 向板跨净跨长图纸中可以读取。

② 板起步距离为 X 向 1/2 板筋间距。

③ X 向板钢筋间距图纸中查找。

（3）Y 向上部贯通筋长度和根数计算方法同 X 向

3. 板上部贯通筋计算实例

【**案例 6-1**】某框架工程，环境类别一类，抗震等级二级，混凝土强度等级 C30，LB1 平面图见图 6-4，图中未注明梁宽度为 300mm，轴线居梁中，梁混凝土保护层 25mm，平板混凝土保护层 15mm，板贯通筋连接采用搭接连接，钢筋定尺长度 12m，试计算 LB1 中上部钢筋工程量。

解：

X 方向上部贯通筋 ϕ 10@200，Y 方向上部贯通筋 ϕ 10@200，计算过程见表 6-2。

钢筋工程量计算表 表 6-2

序号	计算内容	计算式
（一）		X 方向 ϕ 10@200
1	净跨长	第一跨净跨长 X 方向 $l_{n1} = 5 - 0.3 = 4.7\text{m}$ 第二跨净跨长 X 方向 $l_{n2} = 6.9 - 0.3 = 6.6\text{m}$
2	中间支座宽	中间支座宽 $= 0.3\text{m}$
3	左支座锚固长度	（1）左侧板端为梁支座，梁宽 $= 0.3\text{m}$，支座宽 $-$ 梁保护层厚度 $= 0.3 - 0.025 = 0.275\text{m}$ （2）查图集 22G101-1 第 2-3 页可查 $l_a = 30d = 30 \times 0.01 = 0.3\text{m}$ （3）比较 $0.275 < 0.3$，所以端支座采用弯锚，弯锚长度 $=$ 端支座宽度 $-$ 梁保护层厚度 $+ 15d + 6.25d = 0.3 - 0.025 + 15 \times 0.01 + 6.25 \times 0.01 = 0.49\text{m}$
4	右支座锚固长度	右侧板端为梁支座，梁宽 $= 0.3\text{m}$ 同左侧支座，弯锚长度 $=$ 端支座宽度 $-$ 梁保护层厚度 $+ 15d + 6.25d = 0.3 - 0.025 + 15 \times 0.01 + 6.25 \times 0.01 = 0.49\text{m}$
5	上部贯通筋长度	上部贯通筋单根长度 $\Sigma l = 4.7 + 6.6 + 0.3 + 0.49 + 0.49 = 12.58\text{m}$
6	上部贯通筋根数	上部贯通筋根数 $n = \dfrac{4.8 - 0.3 - 1/2 \times 0.2 \times 2}{0.2}$ 向上取整 $+1 = 23$ 根
7	搭接长度	单根上部贯通筋长度为 12.58m，12.58m>12m，所以每根贯通筋上增加 1 个搭接，搭接长度 $l_l = 42d = 42 \times 0.01 = 0.42\text{m}$
8	X 向 ϕ 10@200 长度合计	$l_X = (12.58 + 0.42) \times 23 = 299\text{m}$

序号	计算内容	计算式
（二）		Y 方向Φ 10@200
1	Y 方向净跨长	$l_n = 4.8 - 0.3 = 4.5$m
2	板端锚固长度	两侧板端为梁支座，锚固长度计算方法同 X 方向，弯锚长度＝端支座宽度－梁保护层厚度＋$15d + 6.25d = 0.3 - 0.025 + 15 \times 0.01 + 6.25 \times 0.01 = 0.49$m
3	上部贯通筋单根长度	上部贯通筋单根长度$\Sigma l = 4.5 + 0.49 + 0.49 = 5.48$m
4	上部贯通筋根数	第一跨上部贯通筋根数$\dfrac{5 - 0.3 - 1/2 \times 0.2 \times 2}{0.2}$向上取整$+1 = 24$ 根 第二跨上部贯通筋根数$\dfrac{6.9 - 0.3 - 1/2 \times 0.2 \times 2}{0.2}$向上取整$+1 = 33$ 根
5	Y 方向Φ 10@200 长度	$l_Y = 5.48 \times (24 + 33) = 312.36$m
（三）		LB1 上部钢筋汇总
1	板钢筋汇总	Φ 10 总长合计：Σl 总长 $= 299 + 312.36 = 611.36$m Φ 10 总重合计：611.36m$\times 0.617$kg/m $= 377.21$kg $= 0.377$t

6.2.2 有梁楼盖楼（屋）面板上部非贯通筋计算

1. 上部非贯通钢筋构造

上部非贯通钢筋构造见图集 22G101-1 第 2-50 页，如图 6-3 所示。

2. 上部非贯通筋

上部非贯通筋分为端支座负筋和中间支座负筋，平面示意如图 6-6 所示。

有梁楼盖楼（屋）面板上部非贯通筋计算

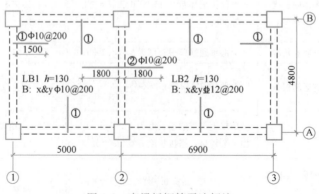

图 6-6　有梁板钢筋平法标注

（1）端支座负筋

1）端支座负筋构造如图6-7所示。

2）X向端支座负筋长度＝（向板跨内伸出长度＋端支座锚固长度）×根数

公式中：①向板跨内伸出长度和板厚度、板保护层厚度图纸中可以读取。

②板端为梁支座时，端支座锚固长度分为两种情况：端支座直锚、端支座弯锚。判断计算同6.2.1板上部贯通筋端支座锚固计算，这里不再重复讲解。

3）X向上部非贯通筋根数$\dfrac{Y向板净跨长－板筋起步距离×2}{X向板钢筋间距}$向上取整＋1

公式中：①Y向板跨净跨长图纸中可以读取。

② 板筋起步距离为X向1/2板筋间距。

③ X向板钢筋间距图纸中查找。

4）Y向端支座负筋长度及根数计算方法同X向。

（2）中间支座负筋

1）构造要求如图6-8所示。

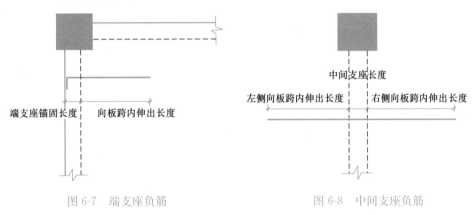

图6-7 端支座负筋　　　　　图6-8 中间支座负筋

2）中间支座负筋长度＝（左侧向板跨内伸出长度＋中间支座宽度＋右侧向板跨内伸出长度）×根数

公式中：（1）左、右向板跨内伸出长度和中间支座宽度图纸中可以读取。

3）X向上部非贯通筋根数$\dfrac{Y向板净跨长－板筋起步距离×2}{X向板钢筋间距}$向上取整＋1

公式中：板筋起步距离为X向1/2板筋间距。

4）Y向端支座负筋长度及根数计算方法同X向。

3. 板分布筋

（1）板分布筋示意如图6-9所示。

（2）分布筋长度＝（板净跨长－两侧负筋向板跨内伸出长度＋搭接长度150mm×2）×根数

公式中：向板跨内伸出长度和板净跨长图纸中可以读取。

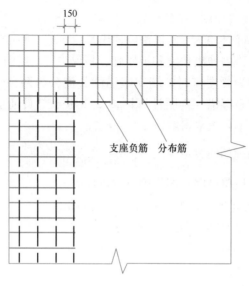

图 6-9 分布筋示意图

（3）分布筋根数 $\dfrac{\text{板负筋向板跨内伸出长度}-1/2\text{分布筋间距}}{\text{分布筋间距}}$ 向上取整＋1

4. 板上部非贯通筋计算实例

【**案例 6-2**】图 6-6 中有梁板，混凝土强度等级 C30，板支撑在框架梁上，未注明梁宽度为 300mm，轴线居梁中，梁混凝土保护层厚度 25mm，平板混凝土保护层厚度 15mm，板分布筋Φ6@250。试计算 LB1 中①、②号负筋工程量。

解：

①号负筋Φ10@200 为端支座负筋，②号负筋Φ10@200 为中间支座负筋，计算过程见表 6-3。

钢筋工程量计算表 表 6-3

序号	计算内容	计算式
（一）		①号负筋Φ10@200
1	端支座负筋计算公式	端支座负筋长度＝（向板跨内伸出长度＋端支座锚固长度）×根数
2	向板跨内伸出长度	$l=1.5$m
3	端支座锚固长度	（1）左侧板端为梁支座，梁宽＝0.3m，支座宽－梁保护层厚度＝0.3－0.025＝0.275m （2）查图集 22G101-1 第 2-3 页可查 $l_a=30d=30\times0.01=0.3$m （3）比较 0.275＜0.30，所以端支座采用弯锚，弯锚长度＝端支座宽度－梁保护层厚度＋$15d+6.25d$＝0.3－0.025＋$15\times0.01+6.25\times0.01=0.49$m
4	①号负筋单根长度	$\Sigma l_{\text{单根}}=1.5+0.49=1.99$m

序号	计算内容	计算式
5	①号负筋根数	①轴根数 $n_1 = \dfrac{4.8 - 0.3 - 1/2 \times 0.2 \times 2}{0.2}$ 取整 $+1 = 23$ 根 Ⓐ根数 $n_2 = \dfrac{5 - 0.3 - 1/2 \times 0.2 \times 2}{0.2}$ 取整 $+1 = 24$ 根 Ⓑ轴根数 $n_2 = \dfrac{5 - 0.3 - 1/2 \times 0.2 \times 2}{0.2}$ 取整 $+1 = 24$ 根 $\Sigma n = 23 + 24 + 24 = 71$ 根
6	①号负筋汇总	长度合计：$l = \Sigma_{单根长度} \times \Sigma_{根数} = 1.99 \times 71 = 141.29\text{m}$ 重量合计：$141.29\text{m} \times 0.617\text{kg/m} = 81.18\text{kg} = 0.081\text{t}$
（二）		②号负筋Φ10@200
1	中间支座负筋长度计算公式	（左侧向板跨内伸出长度＋中间支座宽度＋右侧向板跨内伸出长度）×根数
2	左侧向板跨内伸出长度	1.8m
3	右侧向板跨内伸出长度	1.8m
4	中间支座梁宽度	0.3m
5	②号负筋单根长度	$\Sigma l_{单根} = 1.8 + 0.3 + 1.8 = 3.9\text{m}$
6	②号负筋根数	$n = \dfrac{4.8 - 0.3 - 1/2 \times 0.2 \times 2}{0.2}$ 取整 $+1 = 23$ 根
7	②号负筋汇总	长度合计：$\Sigma l_{单根 \times 根数} = 3.9 \times 23 = 89.7\text{m}$ 重量合计：$89.7\text{m} \times 0.617\text{kg/m} = 55.34\text{kg} = 0.055\text{t}$
（三）		分部钢筋Φ6@250
1	①号负筋下分布筋单根长度	①轴：$l_1 = 4.8 - 0.3 - 1.5 - 1.5 + 0.15 \times 2 = 1.8\text{m}$ Ⓐ：$l_A = 5 - 0.3 - 1.5 - 1.8 + 0.15 \times 2 = 1.7\text{m}$ Ⓑ：$l_B = 5 - 0.3 - 1.5 - 1.8 + 0.15 \times 2 = 1.7\text{m}$
2	①号负筋下分布筋根数	$n = \dfrac{1.5 - 1/2 \times 0.25}{0.25}$ 取整 $+1 = 7$ 根
3	①号负筋下分布筋长度	①轴：$l = $ 单根长度 $\times$ 根数 $= 1.8 \times 7 = 12.6\text{m}$ Ⓐ：$l = $ 单根长度 $\times$ 根数 $= 1.7 \times 7 = 11.9\text{m}$ Ⓑ：$l = $ 单根长度 $\times$ 根数 $= 1.7 \times 7 = 11.9\text{m}$ 合计：$12.6 + 11.9 + 11.9 = 36.4\text{m}$

任务 6 ——板钢筋工程量计算

续表

序号	计算内容	计算式
4	②号负筋下分布筋单根长度	$l = 4.8 - 0.3 - 1.5 - 1.5 + 0.15 \times 2 = 1.8\text{m}$
5	②号负筋下分布筋根数	$n = \dfrac{1.8 - 1/2 \times 0.25}{0.25}$ 取整 $+1 = 8$ 根
6	②号负筋下分布筋长度	$l =$ 单根长度 $\times$ 根数 $= 1.8 \times 8 = 14.4\text{m}$
7	分布筋汇总	分布筋长度合计：$\Sigma l = 36.4 + 14.4 = 50.8\text{m}$ 分布筋重量合计：$50.8\text{m} \times 0.26\text{kg/m} = 13.208\text{kg} = 0.013\text{t}$

6.2.3 有梁楼盖楼（屋）面板下部纵筋计算

1. 下部纵筋钢筋构造

下部纵筋钢筋构造见图集 22G101-1 第 2-50 页，如图 6-3 所示。

有梁楼盖楼（屋）面板下部纵筋计算

2. 下部纵筋计算

（1）X 方向下部纵筋长度

X 方向下部纵筋长度＝（X 向板跨净跨长＋支座处锚固长度）×根数

公式中：①X 向板跨净跨长图纸中可以读取。

②支座处锚固长度分为端支座锚固和中间支座锚固长度。

1）端支座锚固：板端为梁支座时，端支座锚固长度有两种情况：普通楼屋面板和梁板式转换层的楼面板。

① 普通楼屋面板：构造节点见图集 22G101-1 第 2-50 页 a 节点，如图 6-10 所示。

A. 下部纵筋伸入支座长度为 5d 且至少到梁中线，d 为下部纵筋直径。

B. 计算公式：普通楼屋面板端支座锚固长度＝max（5d，1/2 梁宽）

② 梁板式转换层的楼面板：构造节点见图集 22G101-1 第 2-50 页 b 节点，见图 6-11。

A. 转换层指建筑物某层的上部与下部采用不同结构类型，并通过该楼层进行结构转换，则认为该楼层为结构转换层。

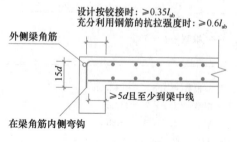

图 6-10 普通楼屋面板端支座

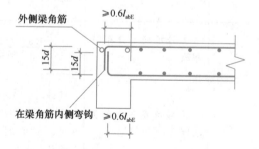

图 6-11 梁板式转换层的楼面板端支座

B. 平直段长度构造要求伸至外侧梁角筋内侧，同时满足设计要求$\geq 0.6 l_{abE}$，所以平直段长度＝支座宽－保护层厚度；弯折长度是一个固定值取 $15d$，d 为下部纵筋直径。

C. 计算公式：梁板式转换层的楼面板端支座弯锚长度＝支座宽－保护层厚度＋$15d$

2）中间支座锚固：板端为梁支座时，中间支座锚固长度见 22G101-1 第 2-50 页，如图 6-12 所示。

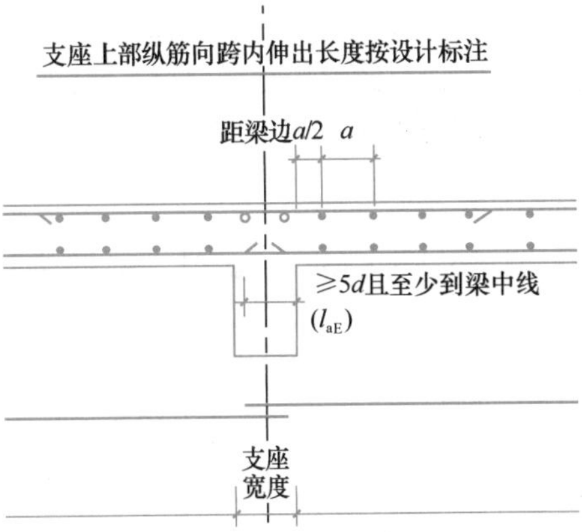

支座上部纵筋向跨内伸出长度按设计标注

距梁边$a/2$ a

$\geq 5d$且至少到梁中线 (l_{aE})

支座宽度

图 6-12　中间支座锚固

① 当楼板为普通楼屋面板时，锚固长度为 $5d$ 且至少到梁中线，d 为下部纵筋直径。

计算公式：中间支座锚固长度＝max（$5d$，1/2 梁宽）

② 当楼板为梁板式转换层的楼面板时，计算公式：中间支座锚固长度＝l_{aE}

（2）X 方向下部纵筋根数 $\Sigma = \dfrac{\text{Y 方向板净跨长} - \text{板钢筋起步距离} \times 2}{\text{X 向板钢筋间距}}$ 向上取整＋1

公式中：① 板跨净跨长图纸中可以读取。

② 板筋起步距离为 X 向板筋间距的 1/2。

③ X 向板筋间距图纸中查找。

（3）Y 向下部纵筋计算方法同 X 向。

3. 板下部纵筋计算实例

【案例 6-3】图 6-6 中有梁板，混凝土强度等级 C30，图中未注明梁宽度为 300mm，轴线居梁中，梁混凝土保护层厚度 25mm，平板混凝土保护层厚度 15mm，试计算 LB1 中下部纵筋工程量。

解：

LB1 中 X 方向下部纵筋 Φ10@200，Y 方向下部纵筋 Φ10@200，计算过程见表 6-4。

钢筋工程量计算表　　　　　　　　　　　　　　　表 6-4

序号	计算内容	计算式
（一）		X 方向 Φ10@200
1	X 方向净跨长	$l_n = 5 - 0.3 = 4.7$m
2	左侧下部纵筋伸入支座长度	max（$5d$，1/2 梁宽）＝max（5×0.01，$1/2 \times 0.3$）＝0.15m
3	右侧下部纵筋伸入支座长度	max（$5d$，1/2 梁宽）＝max（5×0.01，$1/2 \times 0.3$）＝0.15m
4	一级钢增加弯钩	$6.25d \times 2$ 个＝$6.25 \times 0.01 \times 2$＝0.125

续表

序号	计算内容	计算式
5	X 方向下部纵筋单根长度	$\Sigma l = 4.7 + 0.15 + 0.15 + 0.125 = 5.13$m
6	X 方向下部纵筋根数	$n = \dfrac{4.8 - 0.3 - 1/2 \times 0.2 \times 2}{0.2}$ 向上取整 $+1 = 23$ 根
7	X 方向 $\Phi 10@200$ 长度合计	$l_X = 5.13 \times 23 = 117.99$m
(二)		Y 方向 $\Phi 10@200$
1	Y 方向净跨长	$l_{aE} = 4.8 - 0.3 = 4.5$m
2	左侧下部纵筋伸入支座长度	$\max(5d, 1/2 \text{梁宽}) = \max(5 \times 0.01, 1/2 \times 0.3) = 0.15$m
3	右侧下部纵筋伸入支座长度	$\max(5d, 1/2 \text{梁宽}) = \max(5 \times 0.01, 1/2 \times 0.3) = 0.15$m
4	一级钢增加弯钩	$6.25d \times 2$ 个 $= 6.25 \times 0.01 \times 2 = 0.125$
5	Y 方向下部纵筋单根长度	$\Sigma l = 4.5 + 0.15 + 0.15 + 0.125 = 4.93$m
6	Y 方向下部纵筋根数	$n = \dfrac{5 - 0.3 - 1/2 \times 0.2 \times 2}{0.2}$ 取整 $+1 = 24$ 根
7	Y 方向 $\Phi 10@200$ 长度合计	$l_Y = 4.93 \times 24 = 118.32$m
(三)	LB1 下部钢筋汇总	$\Phi 10$ 总长: $\Sigma l_{\text{总长}} = 117.99 + 118.32 = 236.31$m $\Phi 10$ 总重: 236.31m $\times 0.617$kg/m $= 145.80$kg $= 0.146$t

6.3 悬挑板钢筋计算

悬挑板上部受力筋长度计算

6.3.1 悬挑板上部受力筋长度计算

1. 悬挑板钢筋构造

悬挑板钢筋构造见图集 22G101-1 第 2-54 页,如图 6-13 所示。

2. 悬挑板按上部受力筋构造分为延伸悬挑板、纯悬挑板、有高差延伸悬挑板三种类型

(1) 延伸悬挑板

1) 延伸悬挑板上部受力筋构造要求如图 6-13 (a) 节点。跨内板上部受力筋延伸至悬挑板端部并弯折至悬挑板底。

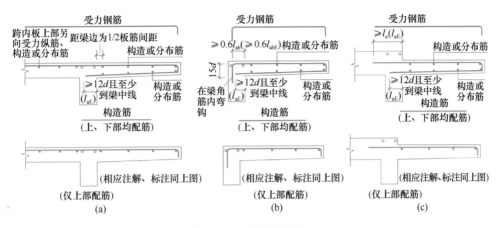

图 6-13 悬挑板钢筋构造

2）延伸悬挑板上部受力筋长度＝悬挑板长度－混凝土保护层厚度＋悬挑板端部厚度－2×混凝土保护层厚度（此公式未考虑跨内板上部受力筋长度）

（2）纯悬挑板

1）纯悬挑板上部受力筋构造要求如图 6-13（b）节点。上部受力筋一端伸至支座端部在梁角筋内侧弯折，弯折长度 $15d$，伸入支座平直段长度$\geqslant 0.6l_{ab}$（$\geqslant 0.6l_{abE}$），如果不满足需要找设计部门核查。另一端延伸至悬挑板端部并弯折至悬挑板底。

2）纯悬挑板上部受力筋长度＝支座宽－梁混凝土保护层厚度＋$15d$＋悬挑板长度－混凝土保护层厚度＋悬挑板端部厚度－2×混凝土保护层厚度

（3）有高差延伸悬挑板

1）有高差延伸悬挑板上部受力筋构造要求如图 6-13（c）节点。上部受力筋伸入跨内板内$\geqslant l_{aE}$（$\geqslant l_a$）（抗震工程取 l_{aE}，非抗震工程取 l_a），另一端延伸至悬挑板端部并弯折至悬挑板底。

2）有高差延伸悬挑板上部受力筋长度＝悬挑板长度＋l_{aE}（l_a）－混凝土保护层厚度＋悬挑板端部厚度－2×混凝土保护层厚度

3. 悬挑板上部受力筋计算实例

【案例 6-4】某框架工程，混凝土强度等级 C30，环境类别一类，抗震等级二级，悬挑板 XB1 如图 6-14 所示，L3 宽度为300mm，梁混凝土保护层厚度 25mm，悬挑板混凝土保护层厚度 15mm，悬挑板长度 2100mm，试计算悬挑板 XB1 中上部受力筋⊈8@130 工程量。

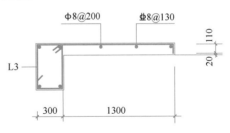

图 6-14 悬挑板 XB1 平面图

解：

悬挑板 XB1 为纯悬挑板，上部受力筋⊈8@130，支座宽为 0.3m，悬挑板宽度为 1.3m，悬挑板端部厚度为 0.11m，计算过程见表 6-5。

钢筋工程量计算表　　　　　　　　　　　　　　　　　　表 6-5

序号	计算内容	计算式
1	上部受力筋计算公式	支座宽－梁混凝土保护层厚度＋15d＋悬挑板长度－混凝土保护层厚度＋悬挑板端部厚度－2×混凝土保护层厚度
2	⊕8@130 单根长度	$0.3-0.025+15×0.008+1.3-0.015+0.11-2×0.015=1.76m$
3	⊕8@130 根数	$\dfrac{2.1-0.015×2}{0.13}$ 取整＋1 = 17 根
4	⊕8 上部受力筋汇总	长度＝1.76×17＝29.92m 重量＝29.92m×0.395kg/m＝11.82kg＝0.012t

6.3.2　悬挑板下部构造或分布筋计算

1. 悬挑板下部钢筋构造

悬挑板下部钢筋构造见图集 22G101-1 第 2-54 页，如图 6-13 所示。

悬挑板下部构造
或分布筋计算

（1）悬挑板下部是否设置钢筋，要看工程设计。

（2）悬挑板下部钢筋为分布或构造钢筋。

（3）悬挑板下部钢筋构造要求：板下部钢筋伸至支座≥12d且至少到梁中线；当考虑竖向地震作用时，板下部钢筋伸至支座平直段的长度还需要满足 l_{aE}。

2. 悬挑板下部钢筋计算公式

（1）不考虑竖向地震作用时，计算公式：悬挑板长度－混凝土保护层厚度＋max（12d，梁宽一半）

（2）考虑竖向地震作用时，计算公式：悬挑板长度－混凝土保护层厚度＋max（l_{aE}，12d，梁宽一半）

楼梯钢筋工程量计算

【目标描述】

通过本任务的学习，学生能够：

（1）熟练进行楼梯钢筋计算。

（2）熟练应用《混凝土结构施工图平面整体表示方法制图规则和构造详图（现浇混凝土板式楼梯）》22G101-2 平法图集和结构规范解决实际问题。

【任务实训】

学生通过钢筋计算完成实训任务，进一步提高钢筋计算能力和图集的实际应用能力。

7.1 知识准备

根据图集 22G101-2 第 1-3 页表 2.2.1 可知，楼梯类型有

AT-DTb 型 14 种楼梯类型。我们首先来了解 AT 型、BT 型与 CT 型楼梯钢筋构造。下面以 AT 型为例对楼梯的钢筋进行了解。

楼梯钢筋示意图，如图 7-1 所示。楼梯钢筋思维导图，如图 7-2 所示。

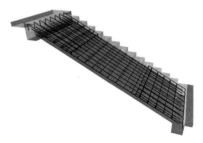

图 7-1　楼梯钢筋示意图

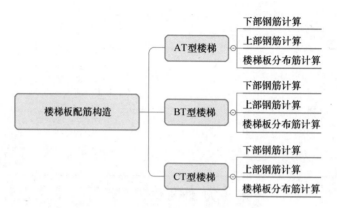

图 7-2　楼梯钢筋思维导图

7.2　AT 型楼梯钢筋计算

AT 型楼梯钢筋计算

1. AT 型楼梯截面形状与支座位置

AT 型楼梯截面形状与支座位置见图集 22G101-2 第 1-8 页，如图 7-3 所示。

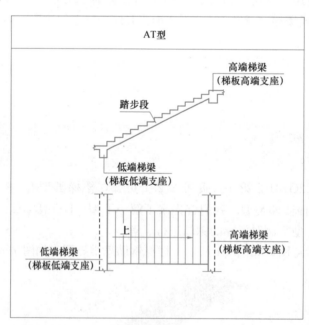

图 7-3　AT 型楼梯截面形状与支座位置

2. AT 型楼梯适用条件

见图集 22G101-2 第 2-7 页图 1～图 5，如图 7-4 所示。

AT 型楼梯的适用条件为：两梯梁之间的矩形梯板全部由踏步段构成，即踏

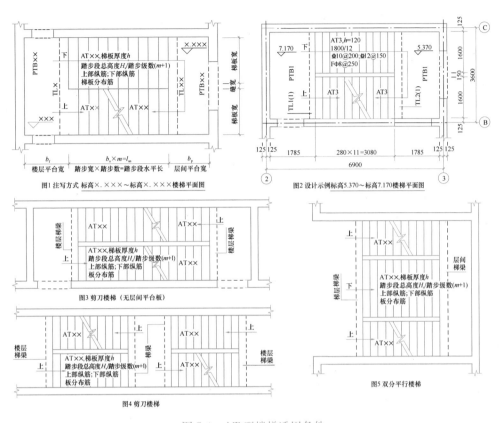

图1 注写方式 标高×.×××～标高×.×××楼梯平面图

图2 设计示例标高5.370～标高7.170楼梯平面图

图3 剪刀楼梯（无层间平台板）

图4 剪刀楼梯

图5 双分平行楼梯

图 7-4　AT 型楼梯适用条件

步段两端均以梯梁为支座。凡是满足该条件的楼梯均可为 AT 型，如：双跑楼梯（图 1、图 2）、剪刀楼梯（图 3、图 4）和双分平行楼梯（图 5）等。

7.2.1　下部钢筋计算

1. 下部钢筋构造

见图集 22G101-2 第 2-8 页 AT 型楼梯板配筋构造节点，如图 7-5 所示。

2. 构造要求

通过分析图集 AT 型楼梯板配筋构造可知：楼梯下部钢筋长度受楼梯斜长、钢筋伸入支座 $5d$ 和 1/2 支座宽度的影响；根数受间距与起步筋距离影响。

（1）楼梯斜长的确定方法

1）梯板净跨：$l_n = b_s \times m$，b_s 为踏步宽度，m 为踏步个数，读图可知。

2）斜长系数：$K = \dfrac{\sqrt{h_s^2 + b_s^2}}{b_s}$，$b_s$ 为踏步宽度，h_s 为踏步高度，读图可知。

3）楼梯斜长 $= l_n \times K$。

（2）伸入支座长度的确定

1）$5d$，d 为钢筋直径。

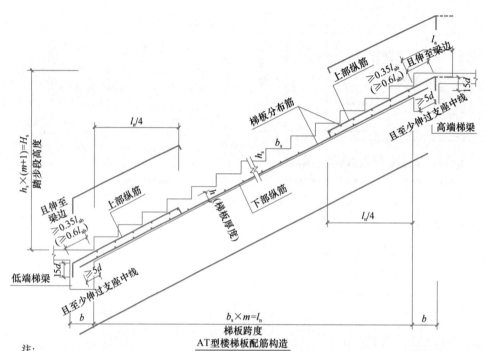

AT 型楼梯板配筋构造

注：
1. 图中上部纵筋锚固长度0.35l_{ab}用于设计按铰接的情况，括号内数据0.6l_{ab}用于设计考虑充分发挥钢筋抗拉强度的情况，具体工程中设计应指明采用何种情况。
2. 上部纵筋需伸至支座对边再向下弯折。
3. 上部纵筋有条件时可直接伸入平台板内锚固，从支座内边算起总锚固长度不小于l_n，如图中虚线所示。

图 7-5　AT 型楼梯板配筋构造

2）至少伸至支座中线，b 为支座宽度，支座中线为 $b/2$。

3）同时满足 $5d$ 与支座中线 $b/2$，即 $\max(5d，b/2 \times K)$。

（3）楼梯下部钢筋根数的确定

1）下部钢筋间距图纸中可以读取。

2）起步筋距离为 50mm。

3. 楼梯下部钢筋

（1）楼梯下部钢筋

楼梯下部钢筋示意图，如图 7-6 所示。

（2）楼梯下部钢筋计算公式

下部钢筋长度＝$\max(5d，b/2 \times K)+l_n \times K+\max(5d，b/2 \times K)$（一级钢筋两端加弯钩 6.25$d$）

$$纵筋根数＝\left(\frac{梯板净宽-起步筋距离 \times 2}{下部钢筋间距}\right)向上取整+1$$

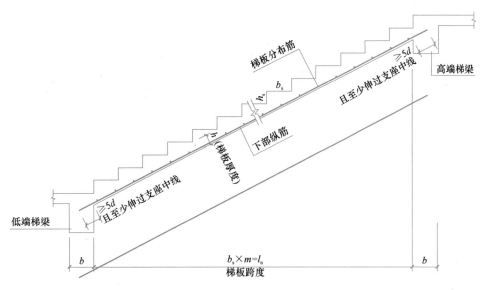

图 7-6　楼梯下部钢筋示意图

【案例 7-1】 TL1 和 TL2 宽 200mm，梯梁保护层厚度 25mm，梯板保护层厚度 15mm，详见图 7-7，试计算出 AT 型楼梯下部钢筋工程量。

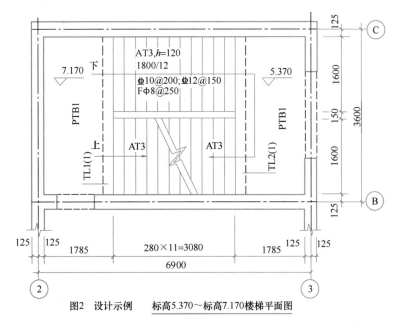

图2　设计示例　标高5.370～标高7.170楼梯平面图

图 7-7　楼梯示意图

解：

计算过程见表 7-1。

钢筋工程量计算表 表 7-1

序号	计算内容	计算式
1	钢筋斜长	(1) 读图可知：梯板净跨度 3.08m (2) 读图可知：$h_s = 0.15$，$b_s = 0.28$；斜长系数 $K = \dfrac{\sqrt{h_s^2 + b_s^2}}{b_s} = \dfrac{\sqrt{0.15^2 + 0.28^2}}{0.28} = 1.134$ (3) 斜长 $= 3.08 \times K = 3.49$m
2	伸入支座长度	(1) 读图可知：$5d = 5 \times 0.012 = 0.06$m (2) 读图可知：$b/2 = 0.2/2 = 0.1$m (3) 左支座 $=$ 右支座 $= \max\{0.06, 0.1 \times K\} = 0.11$m
3	楼梯下部钢筋根数	根数合计 $=$（梯板宽－起步距离×2）/下部钢筋间距（向上取整）$+1 =$（1.6－0.05×2）/0.15（向上取整）$+1 = 11$ 根
4	楼梯下部钢筋工程量	$\Phi 12$ 长度合计：$(3.49 + 0.11 + 0.11) \times 11 = 40.81$m $\Phi 12$ 重量合计：$40.81\text{m} \times 0.888\text{kg/m} = 36.239\text{kg} = 0.036$t

注：读图 7-7 可知，楼梯下部钢筋为 $\Phi 12$ 钢筋。

7.2.2 上部钢筋计算

1. 上部钢筋构造

AT 型楼梯上部钢筋构造见图集 22G101-2 第 2-8 页节点，如图 7-5 所示。

2. 构造要求

通过分析图集构造 AT 型楼梯板配筋构造可知：楼梯上部钢筋分为高端和低端两种，高端与低端的钢筋长度受梯板跨度、厚度、钢筋伸入支座长度和弯折长度的影响；根数受间距与起步筋距离影响。

（1）梯板内斜长的确定方法

1）梯板净跨度：$l_n = b_s \times m$，b_s 为踏步宽度，m 为踏步个数，图纸中可以读取。

2）梯板内斜长 $= 1/4 l_n K$

（2）伸入支座长度的确定

1）伸至支座对边，由支座内水平长度 $b - c$ 算斜长，b 是支座宽度，c 支座保护层厚度，用到斜长公式 K。

2）伸至支座对边弯折 $15d$，d 为钢筋直径。

（3）板内弯折长度的确定

板内弯折长度由梯板厚度 h、板保护层厚度 c 共同决定，梯板厚度 h、板保护层厚度 c 图纸中可以读取。

（4）楼梯上部钢筋根数的确定

1）上部钢筋间距图纸中可以读取。

2）起步筋距离为 50mm。

3. 楼梯上部钢筋

（1）楼梯上部钢筋

楼梯上部钢筋示意图，如图 7-8 所示。

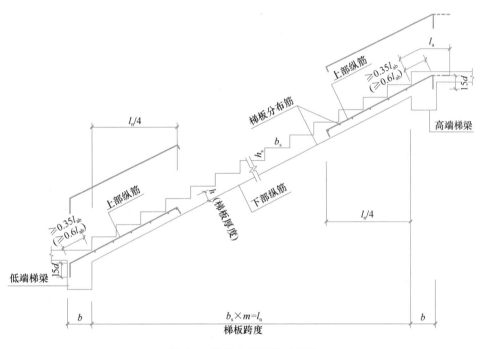

图 7-8 楼梯上部钢筋示意图

（2）楼梯上部钢筋计算公式

1）上部钢筋低端长度 $= 15d + (b-c) \times K + 1/4 l_n \times K + h - 2c$（一级钢筋两端加弯钩 $6.25d$）

$$上部钢筋低端根数 = \left(\frac{梯板净宽 - 起步筋距离 \times 2}{上部钢筋间距}\right) 向上取整 + 1$$

2）上部钢筋高端长度 $= h - 2c + 1/4 l_n \times K + (b-c) \times K + 15d$（一级钢筋两端加弯钩 $6.25d$）

$$上部钢筋高端根数 = \left(\frac{梯板净宽 - 起步距离 \times 2}{上部钢筋间距}\right) 向上取整 + 1$$

【案例 7-2】 TL1 和 TL2 宽 200mm，梯梁保护层厚度 25mm，梯板保护层厚度

15mm，详见图 7-7，试计算出 AT 型楼梯上部钢筋工程量。

解：

计算过程见表 7-2。

钢筋工程量计算表　　　　　　　　　　　　　　　　表 7-2

序号	计算内容	计算式
1	楼梯上部低端钢筋长度	(1) 读图可知：梯板厚度 0.12m (2) 读图可知：梯板保护层厚度 0.015m，梯梁保护层厚度 0.025m (3) 读图可知：l_n=3.08m (4) 斜度系数：$K=\dfrac{\sqrt{h_s^2+b_s^2}}{b_s}=\dfrac{\sqrt{0.15^2+0.28^2}}{0.28}=1.134$ (5) 楼梯上部低端钢筋长度计算公式=梯板厚 $h-$ 板保护层厚度 $c\times 2+$ $(l_n/4+b-c)\times K+15d=0.12-0.015\times 2+(3.08/4+0.2-0.025)\times 1.134$ $+15\times 0.01=1.31$m
2	楼梯上部高端钢筋长度	(1) 读图可知：梯板厚度 0.12m (2) 读图可知：梯板保护层厚度 0.015m，梯梁保护层厚度 0.025m (3) 读图可知：l_n=3.08m (4) 斜度系数：$K=\dfrac{\sqrt{h_s^2+b_s^2}}{b_s}=\dfrac{\sqrt{0.15^2+0.28^2}}{0.28}=1.134$ (5) 楼梯上部高端钢筋长度计算公式 = 梯板厚 $h-$ 板保护层厚度 $c\times 2+$ $(l_n/4+b-$ 梁保护层厚度 $c)\times K+15d=0.12-0.015\times 2+(3.08/4+0.2$ $-0.025)\times 1.134+15\times 0.01=1.31$m
3	楼梯上部钢筋根数	根数合计 =（梯板宽 - 起步距离 $\times 2$）/ 上部钢筋间距（向上取整）+1= $(1.6-0.05\times 2)/0.2$（向上取整）+1= 9 根
4	楼梯上部钢筋工程量	⏀10 长度合计 = $1.31\times 9+1.31\times 9=23.58$m ⏀10 重量合计 = 23.58m$\times 0.617kg/m=14.55$kg=0.015t

注：读图 7-7 可知，楼梯上部钢筋为 ⏀10 钢筋。

7.2.3 梯板分布筋计算

1. 分布钢筋构造

见图集 22G101-2 第 2-8 页 AT 型楼梯板配筋构造节点，如图 7-5 所示。

2. 构造要求

通过分析图集构造 AT 型楼梯板配筋构造可知：楼梯分布钢筋分上部下部两部分，长度受梯板宽度、保护层厚度影响。

（1）分布筋长度的确定方法

1）梯板宽度图纸中可以读取。

2）保护层厚度在图纸或图集中查找。

（2）分布筋根数的确定方法

1）下部分布筋，布筋范围为梯板区域内，两端有起步筋距离 50mm。

2）上部分布筋，布筋范围为上部钢筋所在区域内，一端有起步筋距离 50mm。

3. 楼梯分布钢筋

（1）楼梯分布钢筋示意图

楼梯分布钢筋示意图，如图 7-9 所示。

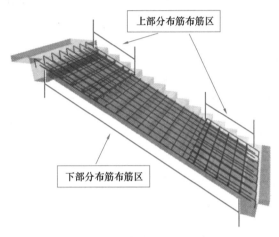

图 7-9　楼梯分布钢筋示意图

（2）楼梯分布钢筋计算公式

分布钢筋长度 ＝ 梯板宽度 － 保护层厚度 × 2

下部分布钢筋根数 ＝ $(l_n \times K - 0.05 \times 2)/$ 下部分布钢筋间距(向上取整)＋1

上部分布钢筋根数 ＝ $(1/4l_n \times K - 0.05)/$ 上部分布钢筋间距(向上取整)＋1

【**案例 7-3**】TL1 和 TL2 宽 200，梯梁保护层厚度 25mm，梯板保护层厚度 15mm，详见图 7-7，试计算出 AT 型楼梯分布钢筋工程量。

解：

计算过程见表 7-3。

钢筋工程量计算表　　　　　　　　　　　　　　　　　　　　表 7-3

序号	计算内容	计算式
1	分布筋长度	（1）读图可知：梯板宽度 1.6m （2）读图可知：梯板保护层厚度 15mm （3）分布筋长度＝1.6－2×0.015＝1.57m
2	下部分布筋根数	（1）读图可知：l_n＝3.08m （2）斜度系数：$K = \dfrac{\sqrt{h_s^2 + b_s^2}}{b_s} = \dfrac{\sqrt{0.15^2 + 0.28^2}}{0.28} = 1.134$ （3）下部分布筋根数 ＝ $(l_n \times K - 0.05 \times 2)/$ 分布筋间距(向上取整)＋1 　　　＝$(3.08 \times 1.134 - 0.1)/250 + 1$＝15 根

215

续表

序号	计算内容	计算式
3	上部分布筋根数	(1) 读图可知：$l_n = 3.08\text{m}$ (2) 斜度系数：$K = \dfrac{\sqrt{h_s^2 + b_s^2}}{b_s} = \dfrac{\sqrt{0.15^2 + 0.28^2}}{0.28} = 1.134$ (3) 上部分布筋根数 $= (l_n/4 \times K - 0.05)/$分布筋间距（向上取整）$+ 1$ $\qquad = (3.08/4 \times 1.134 - 0.05)/250 + 1 = 5$ 根
4	楼梯分布筋工程量	$\Phi 8$ 长度合计：$1.57 \times (15 + 5 \times 2) = 39.25\text{m}$ $\Phi 8$ 重量合计：$39.25\text{m} \times 0.395\text{kg/m} = 15.5\text{kg} = 0.016\text{t}$

注：读图 7-7 可知，楼梯分布钢筋为 $\Phi 8$ 钢筋。

7.3　BT 型楼梯钢筋计算

BT 型楼梯钢筋计算

1. BT 型楼梯截面形状与支座位置

BT 型楼梯截面形状与支座位置见图集 22G101-2 第 1-8 页，如图 7-10 所示。

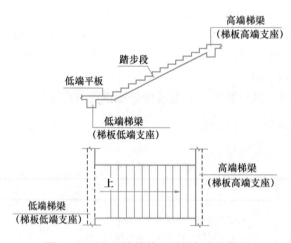

图 7-10　BT 型楼梯截面形状与支座位置

2. BT 型楼梯适用条件

见图集 22G101-2 第 2-9 页图 1～图 5，如图 7-11 所示。

BT 型楼梯的适用条件为：两梯梁之间的矩形梯板由低端平板和踏步段构成，两部分的一端各自以梯梁为支座。凡是满足该条件的楼梯均可为 BT 型，如：双跑楼梯（图 1、图 2）、剪刀楼梯（图 3、图 4）和双分平行楼梯（图 5）等。

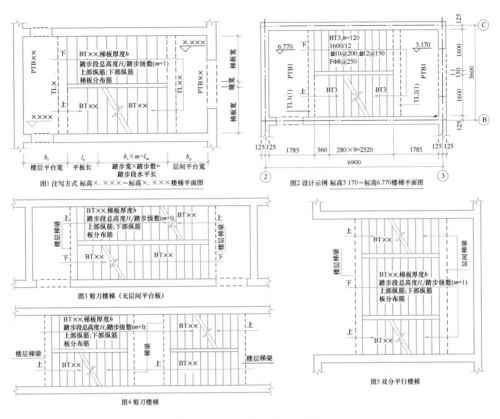

图1 注写方式 标高×.×××~标高×.×××楼梯平面图

图2 设计示例 标高5.170~标高6.770楼梯平面图

图3 剪刀楼梯（无层间平台板）

图4 剪刀楼梯

图5 双分平行楼梯

图 7-11　BT 型楼梯适用条件

7.3.1　下部钢筋计算

1. 下部钢筋构造

见图集 22G101-2 第 2-10 页 BT 型楼梯板配筋构造节点，如图 7-12 所示。

2. 构造要求

通过分析图集构造 BT 型楼梯板配筋构造可知：楼梯下部钢筋长度受楼梯斜长、低端平板长、钢筋伸入支座 $5d$ 和 1/2 支座宽度的影响；根数受间距与起步筋距离影响。

（1）楼梯斜长的确定方法

1）梯板净跨度：$l_n = b_s \times m$，b_s 为踏步宽度，m 为踏步个数，图纸中可以读取。

2）斜长系数：$K = \dfrac{\sqrt{h_s^2 + b_s^2}}{b_s}$，$b_s$ 为踏步宽度，h_s 为踏步高度，图纸中可以读取。

3）楼梯斜长 $= l_n \times K$。

（2）楼梯水平长度的确定方法

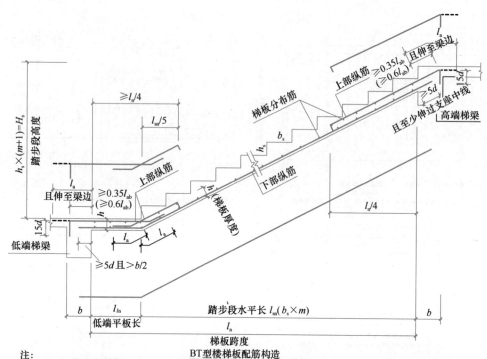

图 7-12 BT 型楼梯板配筋构造

注:
1. 图中上部纵筋锚固长度 $0.35l_{ab}$ 用于设计按铰接的情况,括号内数据 $0.6l_{ab}$ 用于设计考虑充分发挥钢筋抗拉强度的情况,具体工程中设计应指明采用何种情况。
2. 上部纵筋需伸至支座对边再向下弯折。
3. 上部纵筋有条件时可直接伸入平台板内锚固,从支座内边算起总锚固长度不小于 l_a,如图中虚线所示。

低端平板长:l_{ln},图纸中可以读取。

（3）伸入支座长度的确定

1）$5d$,d 为钢筋直径。

2）至少伸至支座中线,b 为支座宽度,支座中线为 $1/2b$。

3）伸入高端支座:同时满足 $5d$ 与支座中线 $1/2b \times K$,即 $\max(5d,1/2b \times K)$。

4）伸入低端支座:同时满足 $5d$ 与支座中线 $1/2b$,即 $\max(5d,1/2b)$。

（4）楼梯下部钢筋根数的确定

1）下部钢筋间距图纸中可以读取。

2）起步筋距离为 50mm。

3. 楼梯下部钢筋

（1）楼梯下部钢筋

楼梯下部钢筋示意图,如图 7-13 所示。

（2）楼梯下部钢筋计算公式

下部钢筋长度 $= \max(5d,1/2b) + l_{ln} + l_n \times K + \max(5d,1/2b \times K)$（一级钢筋两端加弯钩 $6.25d$）

纵筋根数 =（梯板净宽 - 起步筋距离 $\times 2$）/ 下部钢筋间距（向上取整）+ 1

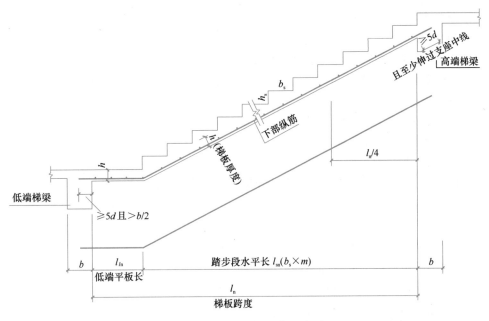

图 7-13 楼梯下部钢筋示意图

7.3.2 上部钢筋计算

1. 上部钢筋构造

BT 型楼梯上部钢筋构造见图集 22G101-2 第 2-10 页节点，如图 7-12 所示。

2. 构造要求

通过分析图集构造 BT 型楼梯板配筋构造可知：楼梯上部钢筋分为低端和高端两种，低端与高端的钢筋长度受梯板跨度、梯板厚度、钢筋伸入支座长度和弯折长度的影响；根数受间距与起步筋距离影响。

（1）上部钢筋高端

1）梯板内斜长的确定方法

① 梯板净跨度：l_n，图纸中可以读取。

② 梯板内斜长＝$1/4 l_n$。

2）伸入支座长度的确定

① 伸至支座对边，由支座内水平长度算斜长，用到斜长公式 K。

② 伸至支座对边弯折 $15d$，d 为钢筋直径。

3）板内弯折长度的确定

板内弯折长度由梯板厚度 h、保护层厚度 c 共同决定，梯板厚度 h、保护层厚度 c 图纸中可以读取。

4）楼梯上部钢筋高端钢筋根数的确定

① 上部钢筋高端钢筋间距图纸中可以读取。

② 起步筋距离为 50mm。

（2）上部钢筋低端

1）低端钢筋平段长度的确定

① 平段弯折到斜段梯板的长度确定

弯折长度：l_a，读图可知。

② 平段长度的确定

平段长度：l_{ln}，图纸中可以读取。

③ 平段伸入支座长度的确定

A. 第一种情况直锚入支座 l_a。

B. 第二种情况伸至支座对边弯折 $15d$，支座宽 b，保护层厚度 c，伸至对边为 $b-c$，d 为钢筋直径。

C. 选择哪种情况，读图可知。

④ 楼梯上部钢筋低端钢筋根数的确定

A. 图纸中可以读取上部钢筋低端钢筋间距。

B. 起步筋距离为 50mm。

2）低端钢筋斜段长度的确定

① 斜段弯折到直段梯板的长度确定

弯折长度：l_a，读图可知。

② 斜段长度的确定

斜段长度：$\geqslant l_n/4 - l_{ln}$ 且 $\geqslant l_{sn}/5$，l_n 为梯板跨度，l_{ln} 为低端平板长，l_{sn} 为踏步段水平长，梯板跨度 l_n ＝ 低端平板长 l_{ln} ＋ 踏步段水平长 l_{sn}，图纸中可以读取。

③ 斜段斜板内弯折长度的确定

板内弯折长度由梯板厚度 h、板保护层厚度 c 共同决定，梯板厚度 h、板保护层厚度 c 图纸中可以读取。

④ 楼梯上部钢筋低端钢筋根数的确定

A. 图纸中可以读取上部钢筋低端钢筋间距。

B. 起步筋距离为 50mm。

3. 楼梯上部钢筋

（1）楼梯上部钢筋

楼梯上部钢筋示意图，如图 7-14 所示。

（2）楼梯上部钢筋计算公式

1）上部钢筋低端平段长度 ＝ $l_a + l_{ln} + l_a$（情况 1：直锚）

$$= 15d + b - c + l_{ln} + l_a（情况 2：弯锚）$$

上部钢筋低端平段根数 ＝（梯板净宽 － 起步筋距离 × 2）/ 上部钢筋间距（向上取整）＋1

2）上部钢筋斜段长度 ＝ $l_a + \max(l_n/4 - l_{ln}, l_{sn}/5) \times K + h - 2c$

上部钢筋低端斜段根数 ＝（梯板净宽 － 起步筋距离 × 2）/ 上部钢筋间距（向上取整）＋1

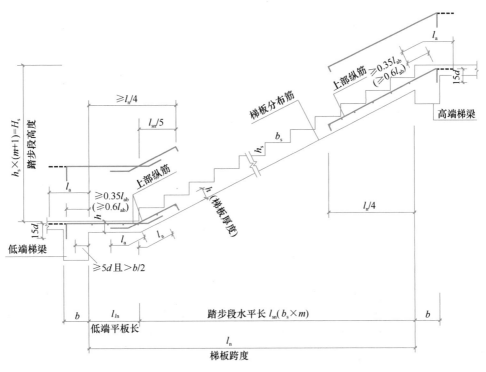

图 7-14 楼梯上部钢筋示意图

3）上部钢筋高端长度 $= h - 2c + l_n/4 \times K + (b - c) \times K + 15d$

上部钢筋高端根数 $=$（梯板净宽－起步筋距离$\times 2$）/上部钢筋间距(向上取整)$+1$

7.3.3 梯板分布筋计算

1. 分布钢筋构造

见图集 22G101-2 第 2-10 页 BT 型楼梯板配筋构造节点，如图 7-12 所示。

2. 构造要求

通过分析图集构造 BT 型楼梯板配筋构造可知：楼梯分布钢筋分上部下部两部分，长度受梯板宽度、保护层厚度影响。

（1）分布筋长度的确定方法

1）梯板宽度图纸中可以读取。

2）保护层厚度从图纸或图集中查找。

（2）分布筋根数的确定方法

1）下部分布筋，布筋范围为梯板区域内，两端有起步筋距离 50mm。

2）上部分布筋，布筋范围为上部钢筋所在区域内，一端有起步筋距离 50mm。

3. 楼梯分布钢筋

（1）楼梯分布筋示意图

楼梯分布钢筋示意图，如图 7-15 所示。

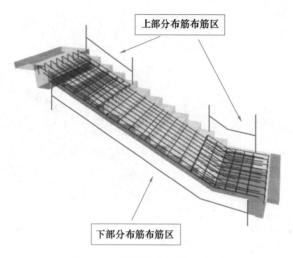

图 7-15　楼梯分布钢筋示意图

（2）楼梯分布钢筋计算公式

分布钢筋长度 = 梯板宽度 − 保护层厚度 × 2

下部分布钢筋根数 = $(l_{sn} \times K + l_{ln} - 0.05 \times 2)/$ 下部分布钢筋间距（向上取整）+1

上部高端分布钢筋根数 = $(1/4 l_n \times K - 0.05)/$ 上部分布钢筋间距（向上取整）+1

上部低端分布钢筋根数 = $[l_{ln} + \max(l_n/4 - l_{ln}, l_{sn}/5) \times K - 0.05]/$ 上部分布钢筋间距（向上取整）+1

7.4　CT 型楼梯钢筋计算

1. CT 型楼梯截面形状与支座位置

CT 型楼梯截面形状与支座位置见图集 22G101-2 第 1-9 页，如图 7-16 所示。

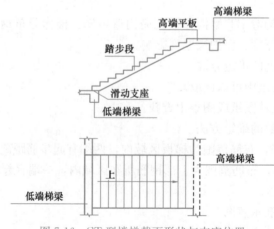

图 7-16　CT 型楼梯截面形状与支座位置

2. CT 型楼梯适用条件

见图集 22G101-2 第 2-11 页图 1～图 5，如图 7-17 所示。

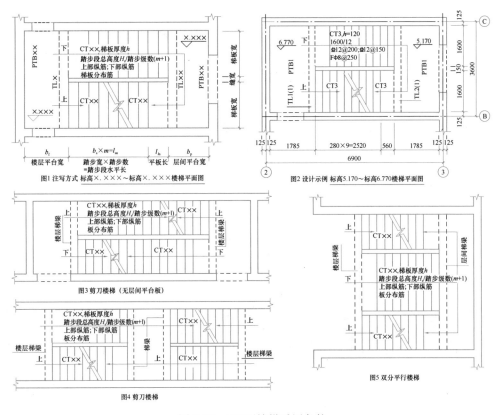

图 7-17　CT 型楼梯适用条件

CT 型楼梯的适用条件为：两梯梁之间的矩形梯板由高端平板和踏步段构成，两部分的一端各自以梯梁为支座。凡是满足该条件的楼梯均可为 CT 型，如：双跑楼梯（图 1、图 2）、剪刀楼梯（图 3、图 4）和双分平行楼梯（图 5）等。

7.4.1　下部钢筋计算

1. 下部钢筋构造

见图集 22G101-2 第 2-12 页 CT 型楼梯板配筋构造节点，如图 7-18 所示。

2. 构造要求

通过分析图集构造 CT 型楼梯板配筋构造可知：楼梯下部钢筋长度受楼梯斜长、高端平板长、钢筋伸入支座 $5d$ 和 1/2 支座宽度的影响；根数受间距与起步距离影响。

（1）下部钢筋斜段钢筋

1）斜段伸入支座长度的确定

① $5d$，d 为钢筋直径。

② 至少伸至支座中线，b 为支座宽度，支座中线为 $1/2b$。

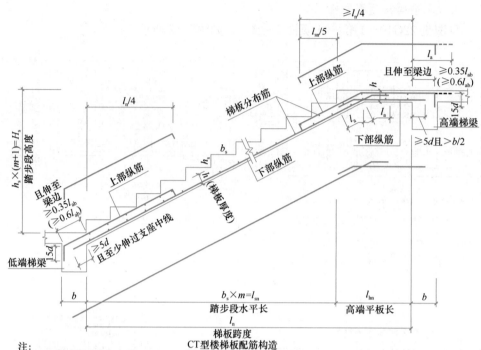

CT型楼梯板配筋构造

注：
1. 图中上部纵筋锚固长度0.35l_{ab}用于设计按铰接的情况，括号内数据0.6l_{ab}用于设计考虑充分发挥钢筋抗拉强度的情况，具体工程中设计应指明采用何种情况。
2. 上部纵筋需伸至支座对边再向下弯折。
3. 上部纵筋有条件时可直接伸入平台板内锚固，从支座内边算起总锚固长度不小于l_a，如图中虚线所示。

图 7-18　CT 型楼梯板配筋构造

③ 同时满足 5d 与支座中线 1/2b，即 max（5d，1/2b×K）。

2）斜段长度的确定

① 踏步段水平长：$l_{sn} = b_s \times m$，b_s 为踏步宽度，m 为踏步个数，图纸中可以读取。

② 斜长系数：$K = \dfrac{\sqrt{h_s^2 + b_s^2}}{b_s}$，$b_s$ 为踏步宽度，h_s 为踏步高度，图纸中可以读取。

③ 踏步段斜长 = $l_{sn} \times K$。

3）斜段弯折到直段梯板的长度确定

弯折长度：l_a，图集中可以查找。

4）楼梯下部钢筋斜段钢筋根数的确定

① 下部钢筋间距图纸中可以读取。

② 起步筋距离为 50mm。

（2）下部钢筋平段钢筋

1）平段弯折到斜段梯板的长度确定

弯折长度：l_a，图集中可以查找。

2）平段长度的确定

平段长度：l_{hn}，图集中可以查找。

3）平段伸入支座长度的确定

$5d$ 与支座中心线 $b/2$ 取大值。d 为钢筋直径，b 为支座宽。

4）楼梯下部钢筋平段钢筋根数的确定

① 下部钢筋间距图纸中可以读取。

② 起步筋距离为 50mm。

3. 楼梯下部钢筋

（1）楼梯下部钢筋

楼梯下部钢筋示意图，如图 7-19 所示。

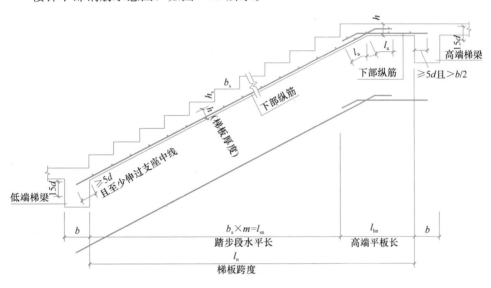

图 7-19　楼梯下部钢筋示意图

（2）楼梯下部钢筋计算公式

1）下部钢筋斜段长度 $= \max(5d, b/2 \times K) + (l_{sn} + b_s) \times K + l_a$

纵筋根数 $=$（梯板净宽 $-$ 起步筋距离 $\times 2$）/ 下部钢筋间距（向上取整）$+ 1$

2）下部钢筋平段长度 $= l_a + (l_{hn} - b_s) + \max(5d, 1/2b)$

纵筋根数 $=$（梯板净宽 $-$ 起步筋距离 $\times 2$）/ 下部钢筋间距（向上取整）$+ 1$

7.4.2　上部钢筋计算

1. 上部钢筋构造

CT 型楼梯上部钢筋构造见图集 22G101-2 第 2-12 页节点，如图 7-18 所示。

2. 构造要求

通过分析图集构造 CT 型楼梯板配筋构造可知：楼梯上部钢筋分为高端和低端两种，高端与低端的钢筋长度受梯板跨度、厚度、钢筋伸入支座长度和弯折长度的影响；根数受间距与起步距离影响。

（1）上部钢筋高端

1）踏步段内弯折长度的确定

板内弯折长度由梯板厚度 h、保护层厚度 c 共同决定，梯板厚度 h、保护层厚度 c 图纸中可以读取。

2）斜段长度的确定

斜段长度：斜段长度由两部分构成，第一部分斜段长 $\geqslant l_n/4-(l_{hn}-b_s)$ 且 $\geqslant l_{sn}/5$，l_n 为梯板跨度，l_{hn} 为高端平板长，l_{sn} 为踏步段水平长，梯板跨度 $l_n=$ 高端平板长 l_{hn}+踏步段水平长 l_{sn}；第二部分斜段长为 $b_s \times K$，图纸中可以读取。

3）平段长度的确定

平段长度：$l_{hn}-b_s$，l_{hn} 为高端平板长，b_s 为踏步宽度，图纸中可以读取。

4）平段伸入支座长度的确定

① 第一种情况直锚入平台板内，锚固长度为从支座内边算起总锚固长度不小于 l_a。

② 第二种情况伸至支座对边弯折 $15d$，锚固长度为支座宽 $b-$保护层厚度 $c+15d$（d 为钢筋直径）。

③ 选择哪种情况，根据图纸选择。

5）楼梯上部钢筋高端钢筋根数的确定

① 上部钢筋高端钢筋间距图纸中可以读取。

② 起步筋距离为 50mm。

（2）上部钢筋低端

1）梯板内斜长的确定方法

① 梯板跨度：l_n，图纸中可以读取。

② 梯板内斜长 $=1/4l_n$

2）伸入支座长度的确定

① 伸至支座对边，由支座内水平长度算斜长，用到斜长公式 K。

② 伸至支座对边弯折 $15d$，d 为钢筋直径。

3）板内弯折长度的确定

板内弯折长度由梯板厚度 h、保护层厚度 c 共同决定，梯板厚度 h、保护层厚度 c 图纸或图集中查找。

4）楼梯上部钢筋低端钢筋根数的确定

① 上部钢筋低端钢筋间距图纸中可以读取。

② 起步筋距离为 50mm。

3. 楼梯上部钢筋

（1）楼梯上部钢筋

楼梯上部钢筋示意图，如图 7-20 所示。

（2）楼梯上部钢筋计算公式

1）上部钢筋低端长度 $=15d+b-c+l_n/4\times K+h-2c$

上部钢筋低端根数 $=$（梯板净宽$-$起步距离$\times2$）/ 上部钢筋间距(向上取整)$+1$

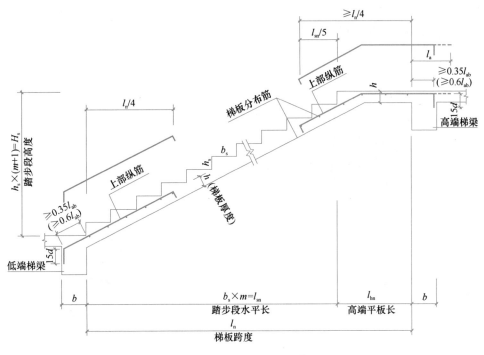

图 7-20　楼梯上部钢筋示意图

2）上部钢筋高端长度 $= h - 2c + \max(l_{\text{n}}/4 - l_{\text{hn}}, l_{\text{sn}}/5) \times K + b_{\text{s}} \times K + l_{\text{hn}}$

$$- b_{\text{s}} + l_{\text{a}}（情况 1：直锚）$$

$$= h - 2c + \max(l_{\text{n}}/4 - l_{\text{hn}}, l_{\text{sn}}/5) \times K + b_{\text{s}} \times K$$

$$+ l_{\text{hn}} - b_{\text{s}} + 15d + b - c（情况 2：弯锚）$$

上部钢筋高端根数 $=$（梯板净宽 $-$ 起步筋距离 $\times$ 2）/ 上部钢筋间距（向上取整）$+1$

7.4.3　梯板分布筋计算

1. 分布钢筋构造

见图集 22G101-2 第 2-12 页 CT 型楼梯板配筋构造节点，如图 7-18 所示。

2. 构造要求

通过分析图集构造 CT 型楼梯板配筋构造可知：楼梯分布钢筋分上部下部两部分，长度受梯板宽度、保护层厚度影响。

（1）分布筋长度的确定方法

1）梯板宽度，图纸中可以读取。

2）保护层厚度，图纸或图集中查找。

（2）分布筋根数的确定方法

1）下部分布筋，布筋范围为梯板区域内，两端有起步距离 50mm。

2）上部分布筋，布筋范围为上部钢筋所在区域内，一端有起步距离 50mm。

3. 楼梯分布钢筋

（1）楼梯分布筋示意图

楼梯分布钢筋示意图，如图 7-21 所示。

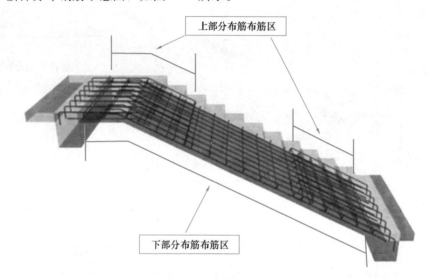

上部分布筋布筋区

下部分布筋布筋区

图 7-21　楼梯分布钢筋示意图

（2）楼梯分布钢筋计算公式

$$分布钢筋长度 = 梯板宽度 - 保护层厚度 \times 2$$

$$下部分布钢筋根数 = [(l_{sn} + b_s) \times K + l_{hn} - b_s - 0.05 \times 2]/$$
$$下部分布钢筋间距(向上取整) + 1$$

$$上部高端分布钢筋根数 = [\max(l_n/4 - l_{hn}, l_{sn}/5) \times K + b_s \times K + l_{hn} - b_s - 0.05]/ 上部分布钢筋间距(向上取整) + 1$$

$$上部低端分布钢筋根数 = (1/4l_n \times K - 0.05)/ 上部分布钢筋间距(向上取整) + 1$$

综合实训

【目标描述】

通过本任务的学习，学生能够：

（1）熟练进行钢筋混凝土施工图整套图纸的钢筋计算，把原来每个项目所学习的单一构件知识综合成为一个结构整体。

（2）熟练应用《混凝土结构施工图平面整体表示方法制图规则和构造详图（现浇混凝土框架、剪力墙、梁、板）》22G101系列平法图集和结构规范解决实际问题。

【任务实训】

以完整的施工图纸为载体，学生通过钢筋计算完成实训任务，进一步提高钢筋计算能力和图集的实际应用能力。

8.1 钢筋混凝土结构钢筋工程量计算方法

8.1.1 计算流程

了解工程概况

分析图纸，了解构件的特点，查找计算钢筋相关数据

根据构件，确定选用22G101图集节点

计算钢筋长度

检查图纸，以防遗漏

各楼层构件钢筋汇总

形成钢筋统计汇总表

汇总各构件钢筋长度，计算钢筋重量

8.1.2 注意事项

1. 计算钢筋时，应看清图纸中构件的钢筋特点，准确查找到 22G101 图集中的标准构造详图。

2. 若图纸中有钢筋计算的相关数据，应优先选用。

3. 钢筋工程量的单位为"吨"，小数点后应保留三位小数。

8.1.3 报表格式

1. 钢筋工程量计算表

（1）空表

序号	计算内容	计算式
1		
2		
3		
4		

（2）样表

序号	计算内容	计算式
1	首层柱楼面处非连接区长度	（1）查层高表得知首层层高为 3.0m （2）首层楼面处非连接区长度计算见上一章节地下一层计算，低位钢筋伸出长度＝0.8m，高位钢筋伸出长度＝1.5m
2	二层楼面处非连接区长度	二层楼面处为非嵌固部位，非连接区长度为 $\max(1/6H_n, h_c, 500)$，H_n 为二层柱净高，结构层高表得知二层层高为 2.95m，梁高为 0.6m，柱净高 $H_n=2.95-0.6=2.35m$，$1/6H_n=0.392m$，$h_c=0.8m$，$\max(0.392, 0.8, 0.5)$ 三者取大值为 0.8m
3	低位钢筋	低位钢筋计算公式＝首层层高－首层楼面处低位钢筋长度＋二层楼面处非连接区长度 8⌀20：3.0－0.8＋0.8＝3×8＝24m
4	高位钢筋	高位钢筋计算公式＝首层层高－首层楼面处高位钢筋长度＋二层楼面处非连接区长度＋相邻纵筋交错连接差值 8⌀20：3.0－1.5＋0.8＋35×0.02＝3×8＝24m
5	首层柱钢筋汇总	长度⌀20：48m 重量⌀20：48m×2.47kg/m＝118.56kg＝0.119t ⌀20 机械螺纹接头：16 个

2. 楼层构件类型级别直径汇总表

（1）空表

工程名称：

楼层构件类型级别钢筋汇总表

单位：kg

楼层名称	构件类型	钢筋总重	HPB300			HRB400										
			6	8	10	6	8	10	12	14	16	18	20	22	25	28
	合计															
	合计															

(2) 样表

工程名称：某办公大厦工程

楼层构件类型级别钢筋汇总表

单位：kg

楼层名称	构件类型	钢筋总重 kg	HPB300 6	HPB300 8	HRB400 6	8	10	12	14	16	18	20	22	25
基础层	柱	184.704		3.144							57.192	69.944	24.116	30.308
	暗柱/端柱	125.246		6.988								118.258		
	剪力墙	4547.358			15.364	56.721		1382.725	3092.548					
	独立基础	4813.905						2067.411	2746.494					
	合计	9671.213		10.132	15.364	56.721		3450.136	5839.042		57.192	188.202	24.116	30.308
第一层	柱	7972.048				2607.212					1578.528	2050.176	440.696	1295.436
	暗柱/端柱	1028.568					471.336					557.232		
	剪力墙	11525.042				226.218	257.382	4875.174	5625.56			540.708		
	梁	12451.954	78.008			16.656	1832.574	448.068	36.96	51.648		313.788	952.072	8722.18
	连梁	116.447	1.044				17.039	23.98					74.384	
	现浇板	7250.615		562.515		95.776	4673.819	1918.505						
	合计	40344.674	79.052	562.515		2945.862	7252.15	7265.727	5662.52	51.648	1578.528	3461.904	1467.152	10017.616
首层	柱	7268.768				2115.064					1478.4	1908.888	458.92	1307.496
	暗柱/端柱	942.756					441.84					500.916		
	剪力墙	728.748				10.434		393.714	324.6					
	梁	12451.954	78.008			16.656	1832.574	448.068	36.96	51.648		313.788	952.072	8722.18
	连梁	116.447	1.044				17.039	23.98					74.384	
	现浇板	7046.855		554.633		81.896	4491.821	1918.505						
	合计	28555.528	79.052	554.633		2224.05	6783.274	2784.267	361.56	51.648	1478.4	2723.592	1485.376	10029.676
第2层	柱	6156.472				1968.12				673.68	1941.04		686.592	887.04
	暗柱/端柱	871.086					408.702					462.384		

楼层名称	构件类型	钢筋总重 kg	HPB300		HRB400									
			6	8	6	8	10	12	14	16	18	20	22	25
第2层	剪力墙	677.138				9.768		364.55	302.82					
	梁	12518.155	78.008			16.656	1832.574	448.068	36.96	51.648		313.984	854.728	8885.529
	连梁	116.447	1.044				17.039	23.98					74.384	
	现浇板	7561.092		623.329		81.896	4937.362	1918.505						
	合计	27900.39	79.052	623.329		2076.44	7195.677	2755.103	339.78	725.328	1941.04	776.368	1615.704	9772.569
	柱	6178.488				1968.12				679.968	1958.4		684.96	887.04
	暗柱/端柱	871.086					408.702					462.384		
第3层	剪力墙	677.138				9.768		364.55	302.82					
	梁	12518.155	78.008			16.656	1832.574	448.068	36.96	51.648		313.984	854.728	8885.529
	连梁	116.447	1.044				17.039	23.98					74.384	
	现浇板	7037.225		554.633		81.896	4482.191	1918.505						
	合计	27398.539	79.052	554.633		2076.44	6740.506	2755.103	339.78	731.616	1958.4	776.368	1614.072	9772.569
	柱	5126.028				1873.772				494.92	1429.104		590.08	738.152
	暗柱/端柱	725.55					375.564					349.986		
第4层	剪力墙	559.948				9.102		335.386	215.46					
	梁	12518.155	78.008			16.656	1832.574	448.068	36.96	51.648		313.984	854.728	8885.529
	连梁	116.447	1.044				17.039	23.98					74.384	
	现浇板	7216.112				81.896	4661.078	1918.505						
	合计	26262.24	79.052			1981.426	6886.255	2725.939	252.42	546.568	1429.104	663.97	1519.192	9623.681
	柱	32886.508		3.144		10532.288				1848.568	8442.664	4029.008	2885.364	5145.472
	暗柱/端柱	4564.292		6.988			2106.144					2451.16		
全部层汇总	剪力墙	18715.372			15.364	322.011	257.382	7716.099	9863.808			540.708		
	梁	62458.373	390.04			83.28	9162.87	2240.34	184.8	258.24		1569.528	4468.328	44100.947
	连梁	582.235	5.22				85.195	119.9					371.92	
	现浇板	36111.899		2849.743		423.36	23246.271	9592.525						
	独立基础	4813.905						2067.411	2746.494					
	合计	160132.584	395.26	2859.875	15.364	11360.939	34857.862	21736.275	12795.102	2106.808	8442.664	8590.404	7725.612	49246.419

任务 8 综合实训

233

3. 钢筋统计汇总表

（1）空表

钢筋统计汇总表

工程名称： 单位：t

构件类型	合计（t）	级别	6	8	10	12	14	16	18	20	22	25	28
合计（t）													

（2）样表

钢筋统计汇总表

工程名称：某办公大厦工程 单位：t

构件类型	合计（t）	级别	6	8	10	12	14	16	18	20	22	25
柱	0.003	Φ		0.003								
	32.883	Φ		10.532				1.849	8.443	4.029	2.885	5.145
暗柱/端柱	0.007	Φ		0.007								
	4.557	Φ			2.106					2.451		
剪力墙	18.715	Φ		0.015	0.322	0.257	7.716	9.864			0.541	
梁	0.39	Φ	0.39									
	62.068	Φ		0.083	9.163	2.24	0.185	0.258		1.57	4.468	44.101
连梁	0.005	Φ	0.005									
	0.577	Φ			0.085	0.12					0.372	
现浇板	2.85	Φ		2.85								
	33.262	Φ		0.423	23.246	9.593						
独立基础	4.813	Φ				2.067	2.746					
合计（t）	3.255	Φ	0.395	2.86								
	156.875	Φ	0.015	11.36	34.857	21.736	12.795	2.107	8.443	8.591	7.725	49.246

4. 钢筋接头汇总表

（1）空表

钢筋接头汇总表

工程名称：　　　　　　　　　　　　　　　　　　　　　　　单位：个

钢筋连接形式	楼层名称	构件类型/钢筋规格	16	20	22	25	28
		合计					
		合计					
		合计					
		合计					
		合计					
	整楼合计	—					

（2）样表

钢筋接头汇总表

工程名称：某办公大厦工程　　　　　　　　　　　　　　　　单位：个

钢筋连接形式	楼层名称	构件类型/钢筋规格	16	20	22	25	28
直螺纹连接	基础层	基础梁	40				120
		筏形基础				1519	
		集水坑				38	
		合计	40			1557	120
	地下一层	柱		16	8	72	
		暗柱/端柱	459	356			
		暗梁		44			
		梁				84	
		合计	459	416	8	156	
	首层	柱		28	8		
		暗柱/端柱	481	392			
		梁				24	
		合计	481	420	8	24	
	第2层	柱		28	8		
		暗柱/端柱	481	392			
		梁				36	
		合计	481	420	8	36	
	第3层	柱		28	8		
		暗柱/端柱	481	392			
		梁				36	
		合计	481	420	8	36	
	整楼合计	—	1942	1676	32	1809	120

8.2　钢筋混凝土结构钢筋工程量计算

实训1：计算1号商业楼中独立基础钢筋

实训2：计算1号商业楼中柱配筋图中柱钢筋

实训3：计算1号商业楼中梁配筋图中梁钢筋

实训4：计算1号商业楼中板配筋图中板钢筋

实训5：计算1号商业楼中楼梯配筋图中楼梯钢筋

实训6：计算附图1、附图2中梁板式筏形基础钢筋

实训7：计算附图3中平板式筏形基础钢筋

实训8：计算附图4、附图5、附图6中剪力墙平法施工图中剪力墙身墙柱、墙梁钢筋

实训9：1号商业楼钢筋汇总

1号商业楼图纸

附图图纸

参 考 文 献

［1］ 中国建筑标准设计研究院．混凝土结构施工图平面整体表示方法制图规则和构造详图（22G101-1、2、3)［M］．北京：中国标准出版社，2016.

［2］ 中国建筑标准研究院．混凝土结构施工钢筋排布规则与构造详图(18G901-1、2、3)［M］．北京：中国计划出版社，2018.

［3］ 李月辉，姜波．钢筋混凝土结构平法施工图识读［M］．北京：中国建筑工业出版社，2020.